표준안전관리 기준

경기도 건설안전
가이드라인

경기도

Contents

01 일반사항

1. 목 적 ··· 06
2. 적용범위 ·· 06
3. 가이드라인의 구성 및 특징 ·· 07
4. 현황 및 문제점 ··· 08
5. 건설공사장 코로나 현황 ·· 12
6. 건설공사 신고제도 ··· 16
7. 건설공사장 주요 사고사례 ··· 20

02 재해 유형별 안전기준

1. 추락(떨어짐) 재해 ··· 30
2. 가설통로 ·· 38
3. 낙하(맞음) 재해 ·· 40
4. 붕괴(무너짐) 재해 ··· 45
5. 감전 재해 ··· 53
6. 협착/충돌(부딪힘·접촉) 재해 ····································· 61
7. 전도(넘어짐·깔림) 재해 ·· 64
8. 화재/폭발/질식 재해 ·· 66

03 기계/기구/설비 설치 및 사용안전기준

1. 건설기계 안전점검 기준(Check List) ························· 73
2. 가시설 및 설비 안전기준 ·· 103

04 대형재해 5대 건설장비 안전기준

1. 타워크레인 …………………………………… 145
2. 리프트 ………………………………………… 179
3. 곤돌라 ………………………………………… 205
4. 이동식 크레인 ………………………………… 221
5. 고소작업대 …………………………………… 241

05 중대재해 3대 건설작업 안전기준

1. 추락사고 위험 ………………………………… 259
2. 밀폐공간 위험 ………………………………… 271
3. 화재사고 위험 ………………………………… 287

06 부록

1. 건설현장 사전 안전작업검토 ……………… 301
2. 관련법령 기준, 기준 및 지침 ……………… 315
   - 산업안전보건법 개정안내(건설업) ……… 318
3. 감염증 예방수칙 안내 ……………………… 330

경기도 건설안전
가이드라인

01
일반사항

01 일반사항

1. 목 적

　최근 건설현장에서 지속 반복 발생하는 중대사고 예방과 건설관계자의 안전관리에 도움이 되고자 건설 현장에서 자주 발생하는 재해유형(떨어짐, 맞음, 무너짐, 감전 등), 건설기계 및 가시설, 5대 건설장비 (타워크레인, 리프트, 곤도라, 이동식크레인, 고소작업대), 중대재해 3대 건설작업(추락, 밀폐, 화재) 등에 대한 안전기준과 안전수칙을 수록한 「건설현장 안전가이드라인」을 발행함.

2. 적용범위

　가. 이 가이드라인은 「산업안전보건법」, 「건설기술 진흥법」 등에 따라 건설공사장의 안전을 확보하기 위하여 안전점검 및 법규에 의한 안전기준 등이 적용되는 도내 모든 건설공사장에 적용된다.

　나. 건설공사 안전관리 참여자의 업무와 관련하여 이 가이드라인 이외의 사항은 건설 공사의 특성에 따라 발주자가 별도로 정하여 적용할 수 있으며, 이 가이드라인에 명시되지 않은 사항은 관계법령, 규정 및 지침 등을 따라야 한다

3. 가이드라인의 구성 및 특징

이 가이드라인은 총 5 장 및 부록으로 구성되어 있으며 각 장마다 건설현장에서 주로 발생되는 대형장비와 위험설비 등의 안전사고 예방을 위해 안전관리업무를 수행하기 위하여 필요한 법령 및 기준 등의 핵심내용을 요약하여 기준과 준수사항이 제시되어 있다.

- 제 1 장은 이 가이드라인의 목적, 적용범위, 구성 및 특징, 관련법령, 지침 및 기준에 대해 설명하고 있다.
- 제 2 장은 재해유형별(떨어짐, 맞음, 무너짐, 감전 등)로 사고의 발생을 억제하는 안전시설의 설치기준을 법규를 중심으로 설명하고, 안전한 작업기준을 수립할 수 있도록 설명하고 있다.
- 제 3 장은 건설공사에서 주로 사용되는 기계/기구/설비의 사용안전을 법규 중심으로 쉽게 설명하고 체크리스트 등을 활용하여 안전한 기계/설비가 설치되고 점검될 수 있도록 설명하고 있다.
- 제 4 장은 대형재해가 발생되는 건설공사장 주요 5대 장비인 타워크레인, 리프트, 곤돌라, 이동식크레인, 고소작업대의 안전기준 및 안전 작업 방법을 설명하고 있다.
- 제 5 장은 건설공사장에서 발생하는 사고의 유형 중 중대재해가 가장 빈번하게 발생하는 주요 3대 위험작업(추락, 밀폐, 화재)의 안전기준을 설명하고 있다.

부록에는 건설업 사전 안전작업검토 공종 서식 등을 수록하였으며, 건설현장과 관련된 법규, 기준 항목의 필요 체크 항목에 대해 참고토록 하였다.

4. 현황 및 문제점

(1) 최근 10년간 건설업 재해 동향

□ 건설업은 사고시 **대형사고로 확대** 가능성, **높은 치사율*** 등으로 **산재사고 사망자**의 **절반이상**(약 52%)을 **차지**하는 등 국민 불안이 높은 실정

○ (사고사망자) '20년 882명으로 '19년에 비해 27명 증가(3.2%↑)

○ (사고사망만인율) 전반적인 감소로 '20년은 '19년과 같은 0.46‰임. 건설업은 2.00‰, 제조업은 0.50‰로 제조업에 비해 4배 높은 수준

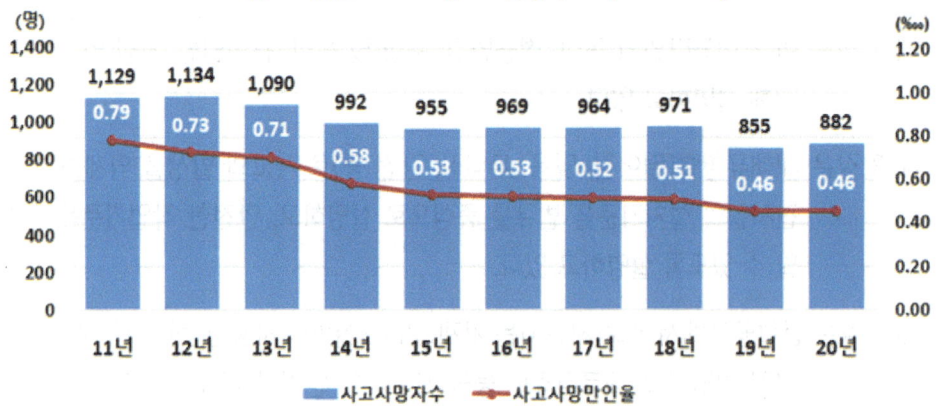

< 최근 10년간 사고사망자 발생추이 ('11. ~ '20.) >

(단위 : 명)

구 분	계	만인율	건설업			제조업			기타산업		
				비중	만인율		비중	만인율		비중	만인율
2020년	882	0.46	458	51.9	2.00	201	22.8	0.50	223	25.3	0.18
2019년	855	0.46	428	50.1	1.72	206	24.1	0.51	221	25.8	0.18
증 감	27	0.00	30	1.8	0.28	-5	-1.3	-0.01	2	-0.5	0.00

※ (자료출처) 고용노동부

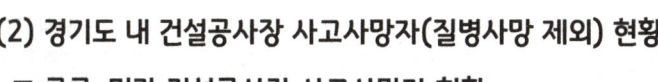

(2) 경기도 내 건설공사장 사고사망자(질병사망 제외) 현황

□ 공공, 민간 건설공사장 사고사망자 현황

(단위 : 명)

구 분		2018년	2019년	2020년	3년평균 (18~20년)
전국		485	428	458	457
경기도	합계	128	113	136	126
	민간	126	111	133	123
	공공	3	2	3	3
전국대비 경기도(%)		26.4	26.4	29.7	27.6

※ (자료출처) 고용노동부

○ 최근 3년(18년~20년) 평균 126명의 사고사망자가 발생했으며, 이 중 민간 건설공사장에서 123명(97.6%), 공공 건설공사장에서 3명(2.4%)의 사고사망자 발생

○ 공공 건설공사장 내 사고사망자는 18년(용인시1, 안산시1, 포천시1), 19년(부천시1, 연천군1), 20년(화성시2, 이천시1)

□ 사고유형 별 사고사망자

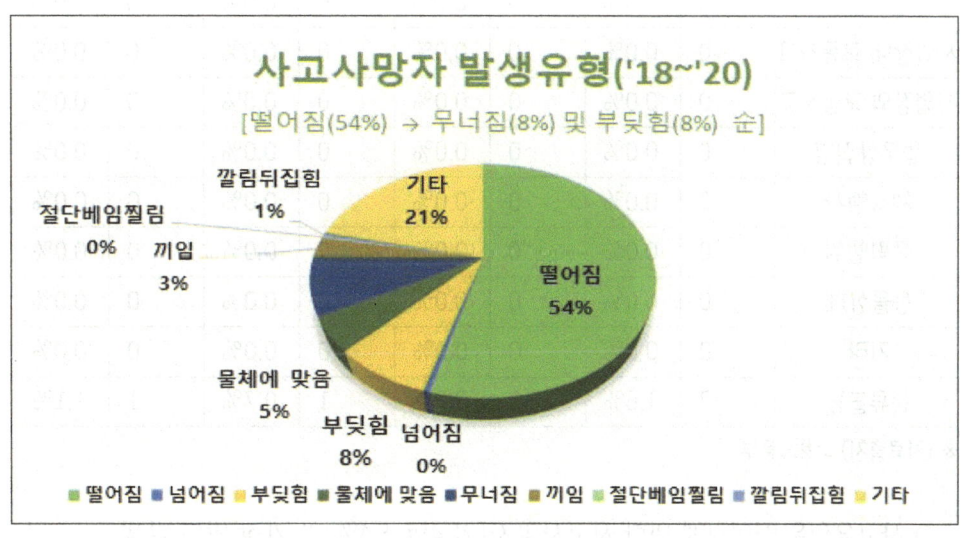

01 일반사항

(단위 : 명)

구 분	2018년		2019년		2020년		3년평균	
	사망자수	비율	사망자수	비율	사망자수	비율	사망자수	비율
계	128		113		136		126	
떨어짐	82	63.5%	64	57.8%	58	42.3%	68	54.1%
넘어짐	2	1.6%	0	0.0%	0	0.0%	1	0.5%
부딪힘	8	6.3%	10	8.6%	11	8.0%	10	7.7%
맞음	3	2.4%	6	5.2%	9	6.6%	6	4.8%
무너짐	13	10.3%	7	6.0%	10	7.3%	10	8.0%
끼임	3	2.4%	6	5.2%	2	1.5%	4	2.9%
절단베임찔림	1	0.8%	0	0.0%	0	0.0%	0	0.3%
감전	0	0.0%	6	5.2%	1	0.7%	2	1.9%
폭발파열	2	1.6%	3	2.6%	1	0.7%	2	1.6%
화재	1	0.8%	1	0.9%	36	26.3%	13	10.1%
깔림뒤집힘	6	4.8%	5	4.3%	8	5.8%	6	5.0%
이상온도 물체접촉	0	0.0%	0	0.0%	0	0.0%	0	0.0%
빠짐익사	1	0.8%	0	0.0%	0	0.0%	0	0.3%
불균형 및 무리한동작	0	0.0%	0	0.0%	0	0.0%	0	0.0%
화학물질 누출접촉	4	3.2%	4	3.4%	0	0.0%	3	2.1%
산소결핍	0	0.0%	0	0.0%	0	0.0%	0	0.0%
사업장내 교통사고	0	0.0%	0	0.0%	0	0.0%	0	0.0%
사업장외 교통사고	0	0.0%	0	0.0%	0	0.0%	0	0.0%
업무상질병	0	0.0%	0	0.0%	0	0.0%	0	0.0%
체육행사	0	0.0%	0	0.0%	0	0.0%	0	0.0%
폭력행위	0	0.0%	0	0.0%	0	0.0%	0	0.0%
동물상해	0	0.0%	0	0.0%	0	0.0%	0	0.0%
기타	0	0.0%	0	0.0%	0	0.0%	0	0.0%
분류불능	2	1.6%	1	0.9%	1	0.7%	1	1.1%

※ (자료출처) 고용노동부

○ 사고유형은 떨어짐에 의한 사고사망자(204명, 54%)가 가장 많이 발생

□ 공사금액 별 사고사망자

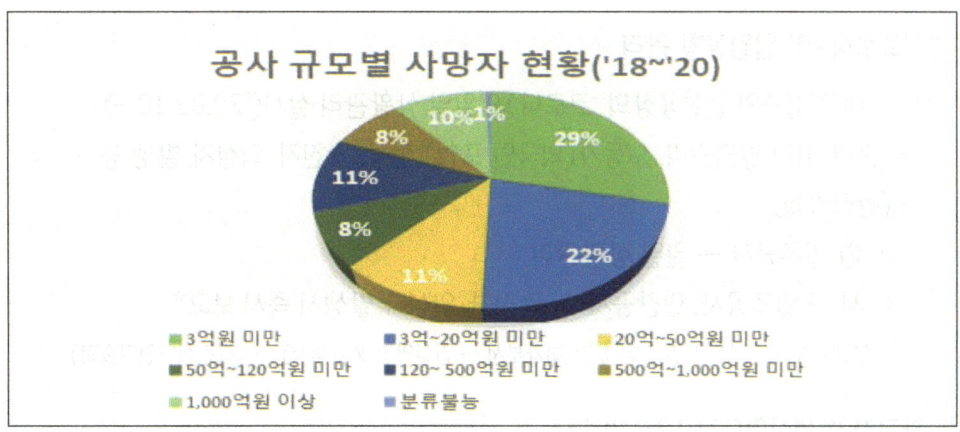

(단위 : 명)

구 분	2018년		2019년		2020년		3년평균	
	사망자수	비율	사망자수	비율	사망자수	비율	사망자수	비율
계	128		113		136		126	
3억원 미만	41	32%	34	30%	33	24%	36	29%
3억~20억원 미만	20	16%	30	27%	33	24%	28	22%
20억~50억원 미만	16	13%	5	4%	22	16%	14	11%
50억~120억원 미만	11	9%	9	8%	10	7%	10	8%
120~500억원 미만	14	11%	14	12%	14	10%	14	11%
500억~1,000억원 미만	10	8%	3	3%	17	13%	10	8%
1,000억원 이상	15	12%	18	16%	6	4%	13	10%
분류불능	1	1%	0	0%	1	1%	1	1%

※ (자료출처) 고용노동부

○ 최근 3년(18년~20년) 평균 126명의 사고사망자가 발생했으며, 이 중 50억 미만 소규모 건설공사장이 약 62%인 78명임.

○ 50억 미만 소규모 건설공사장 78명 중 道 및 시·군 발주공사인 공공 건설공사장에서 3명, 민간 건설공사장에서 75명 발생

5. 건설공사장 코로나 현황

□ '코로나19' 일일상황 관리

○ 道 내 진행중인 건설공장의 '코로나19' 일일 상황관리 실시('20.03.10.~)
- (관리내용) 방역관리, 노동자(외국인 포함) 현황, 확진자·의심자 발생 등
- (관리방법)
    ○ 道 발주공사 → 일일 상황관리
    ○ 시·군 발주공사, 민간공사 → 확진자·의심자 발생시 즉시 보고*
    * 현장관계자 → 시·군(발주부서, 인·허가부서 → 건설안전 총괄부서) → 道(건설안전기술과)

○ 확진자 발생현황('21.12.7.기준)

(단위 : 명)

구 분	확진환자 현황		
	계	격리중	격리해제
합 계	479	41*	438
道 발주공사	39	1	38
시·군 발주공사 및 민간공사	440	40	400

* 1) 道 발주공사 : 경기주택도시공사(1명)
  2) 시·군 발주공사 및 민간공사 : 부천시(2명), 오산시(1명), 광명시(2명), 하남시(6명), 성남시(1명), 안산시(14명), 수원시(6명),

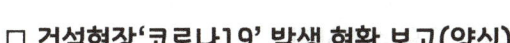

□ 건설현장 '코로나19' 발생 현황 보고(양식)

○○ 건설현장 코로나 환자 발생 현황 보고 (작성예시)

< 공 사 개 요 >
- 공사명 :
- 위 치 :
- 사업량 / 사업비 :
- 일투입노동자 : 00명(외국인00명)

□ **발생개요**

○ 일 시 : 2000. 00. 00.(00:00)
○ 발생경위
  - '20. 12. 7. : 강북연세병원 수술(무릎, 개인질병)
  - '20. 12. 8. ~ 12.15 : 강북연세병원(서울시 노원구 소재) 입원
  - '20. 12.16. ~ 12.24. : 퇴원 후 숙소 휴식(남양주 퇴계원 소재)
  - '20. 12.26. : 코로나 확진 통보(00보건소)

□ **코로나 검사 결과 및 대응현황**

구분(현재기준)	검사결과 완료						검사결과 대기중 (자가격리자)	비고
	합계	확진자			음성판정			
		소계	병원	자가격리	소계	자가격리 해제	자가격리		
인원수			00명			00명		00명 (00명)	

○ '20.12.26.(10:00) : 확진자 발생 구간 작업 중단및 현장 방역 조치
○ '20.12.27.(13:00) : 확진자 이송(숙소→안산 생활치료센터)
○ '20.12.28.(14:00) : 접촉자(00명) 검사 → 00명 음성(0명 결과 대기 중)
　　　　　　　　　※ 음성 판정자 중 밀접접촉자(00명) 자가격리 조치
　　　　(15:00) : 공사 재개

□ **향후계획**

○ 현장 방역 지속적인 방역 조치, 마스크 착용 및 사회적 거리두기 실시
　 신규 근로자 작업 참여 제제 및 상시적 발열검사 실시

01 일반사항

□ **건설공사장 '코로나19' 감염예방을 위한 주요 수범사례**

① 환기가 어려운 지하공사의 경우, '지하 덕트위치'에 공기를 불어넣어 환기(OO시)

② 모든 방문자 및 근로자 출입 시 전자출입명부 및 안면인식시스템을 이용한 '안전과장 app'과 연동 후 출입 관리(OO시)

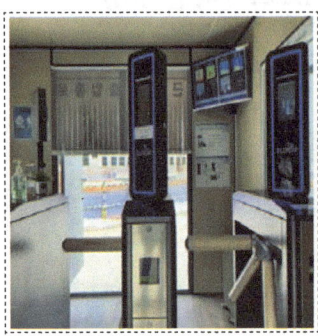  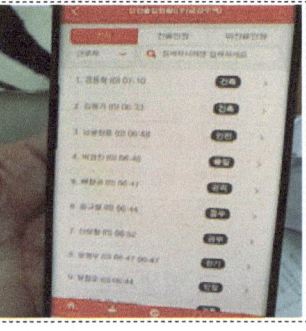

- 안전과장 APP을 연계하여 출입 관리

③ 건설현장 출입 시 체온측정과 소독을 연계한 일원적 시스템을 통해 건설현장 근로자들의 코로나19 감염 예방에 효과적으로 운영(OO시)

④ 작업자 진입·출입부에 자동 살균 소독기 설치(OO시)

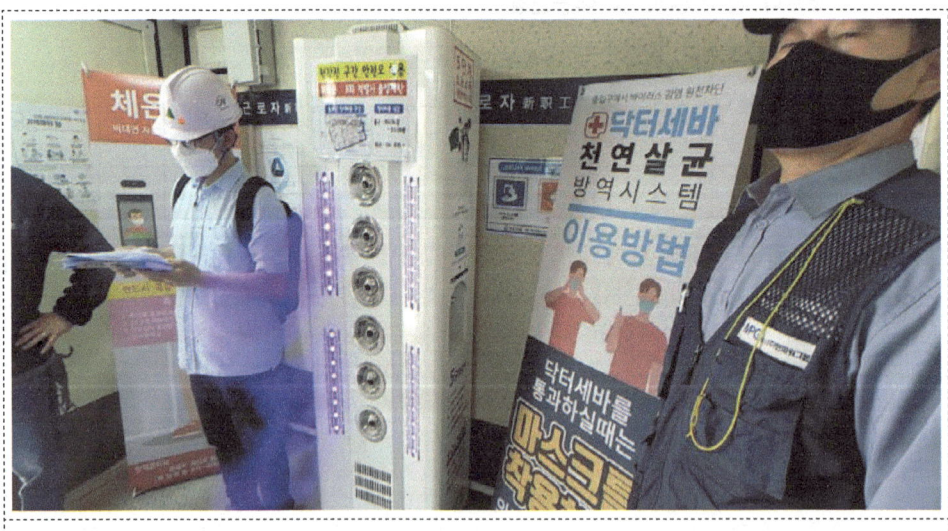

-자동 살균 소독기 설치

⑤ 현장 근로자들에 대해 코로나19 전수검사(1개소) 실시(OO시)

⑥ 근로자 출근 시 출입 명부 작성 불편 해소를 위해 전자카드로 출입 기록 관리(OO시)

⑦ 건설현장 내 마스크 보관함을 배치, 근로자들에게 자유롭게 마스크 배부(00시)

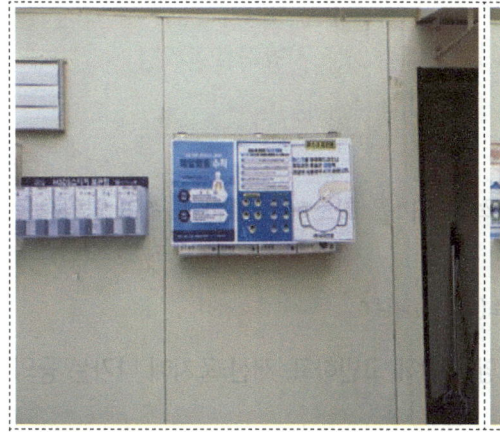 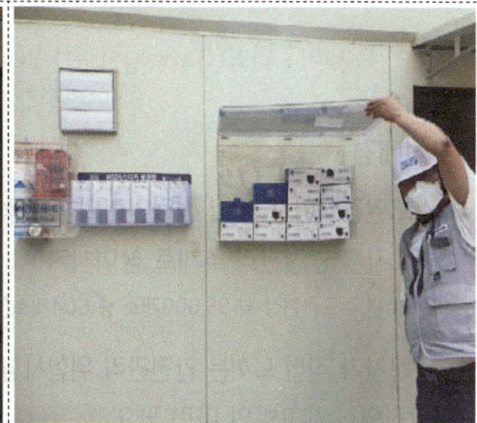

- 마스크 보관함 설치

⑧ 현장관리자 이외에 방역점검 담당자를 별도로 두어 관리(00시)

⑨ 코로나19 자가진단 부스 운영(00시
  - 일용직 근로자의 특수성을 고려하여 현장 투입 전 자기진단키트를 활용한 자체검사 실시

⑩ QR코드 인증, 출입명부 작성 불편 해소를 위해 안면인식시스템*, 열화상카메라 도입(00시)
  * 개인정보 노출 없이 출입자 정보 저장

⑪ 한 방향 흡연장 운영 및 대화금지 실천(00시)

⑫ 외국인 및 신규근로자는 코로나 19 전수검사 실시하고, 검사결과 제출토록 지시 (00시)   * 미제출시 미채용 및 채용 취소

⑬ 밴드를 이용하여 매일 방역점검, 소독실시 결과 등을 공유하고, 지속적으로 코로나 관련내용 홍보 및 교육실시(00시)

⑭ 현장 출·입자 전원 체온 측정 후 "검역필" 스티커 배부(00시)

01 일반사항

6. 건설공사 신고제도

《 세이프티콜(Safety Call) 》(국토교통부 서울지방국토관리청)

□ **추진배경**

○ 수도권건설현장 대비 점검인력의 물리적 한계*를 최소하기 위한 노력의 일환으로 근로자를 안전관리 주체로 참여시켜

  * '20년 수도권현장 약 95,000개소 중 604개소(0.6%) 점검

- 근로자가 직접 느끼는 안전관리 위험사항을 함께 고민하고, 개선·조치해 나가는 등의 안전의식 제고방안 마련 필요

□ **세이프티콜**

○ (세이프티콜) 사고위험이 있거나 안전조치가 미흡한 상태에서 작업지시를 받은 경우, 근로자가 직접 신고하는 세이프티콜(safety-call) 운영

○ (주관) 국토교통부 서울지방국토관리청

○ (운영) 근로자의 신고내용에 대하여 발주청 및 인·허가 기관에 조치토록 통보하고, 중요 위반사항 또는 조치 미이행 시 불시점검 추진

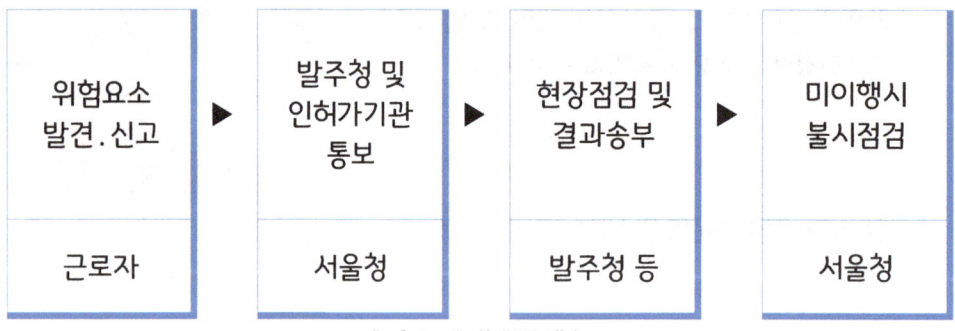

< Safety Call 프로세스 >

□ 홍보물
　ㅇ 포스터: 420×594㎜

　ㅇ 명함: 50×90㎜

01 일반사항

《 아차사고 》(국토교통부)

□ **추진배경**

  ○ 건설공사 중의 아차사고를 발견·조치하고 현장조사를 실시하여 인적, 물적 피해 등을 발생시킬 수 있는 건설사고들을 예방

□ **아차사고**

  ○ (개념) 건설공사 중 사고가 발생할 뻔하였으나 직접적인 피해가 발생하지 않은 사고

  ○ (주관) 국토교통부

  ○ (신고주체) 건설공사 참여자, 일반 국민

  ○ (신고방법) 건설공사 안전관리 종합정보망(www.csi.go.kr) - 사고보고/조사 – 아차사고 – 아차사고 신고

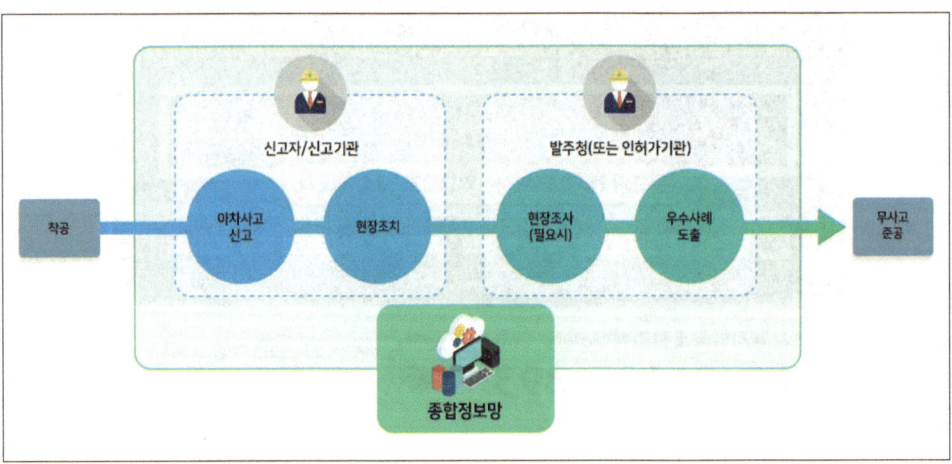

□ 홍보물

  ㅇ 카드뉴스

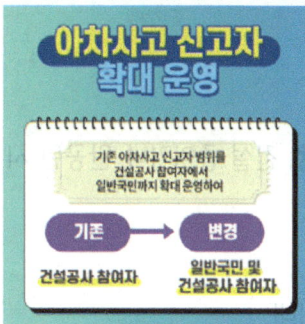 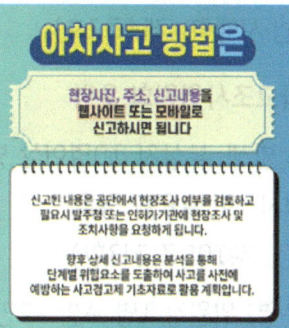 

  ㅇ 웹 배너(Web Banner)

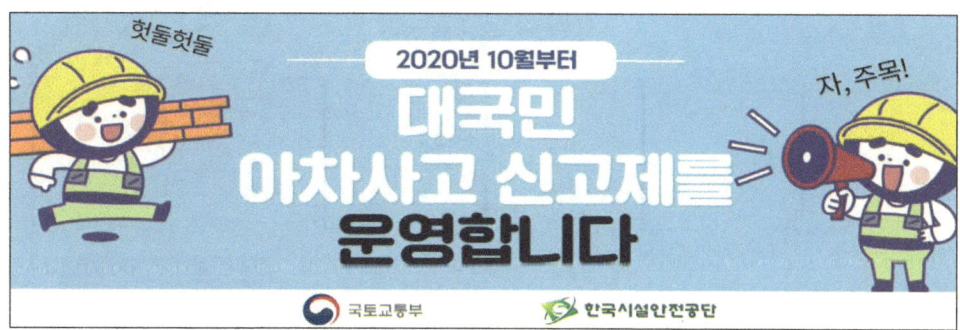

7. 건설공사장 주요 사고사례

1 건설공사장 사고 신고대상 및 절차

□ 개 요

○ (운영목적) 건설공사 참여자(발주자는 제외)가 모든 건설사고를 국토교통부로 신고토록 하여 건설사고 통계를 관리하고 정책자료로 활용하기 위함

○ (관련근거) 「건설기술 진흥법」 제67조 (건설공사 현장의 사고조사 등)

□ (경미한 사고 발생시) 종합정보망 신고

○ (대 상) 사망 또는 3일 이상의 휴업이 필요한 부상의 인명피해, 1천만원 이상재산피해 (『건설기술 진흥법 시행령』 제4조2호)

□ (중대사고 발생시) 건설사고조사위원회 운영

○ (대 상) 사망자 3명이상 발생, 부상자 10명이상 발생, 건설 중이거나 완공된 시설물이 붕괴, 전도되어 재시공이 필요한 경우
(『건설기술 진흥법 시행령』 제105조 제3항)

○ (사고조사위원회 구성·운영) 위원장 1명 포함 12인 이내
 - 사고관련 정보수집 및 정리, 건설사고 경위 및 원인조사, 사고조사 보고서의 작성 및 결과보고, 신속한 복구대책 수립 등 (국토부 건설사고조사위원회 운영규정)

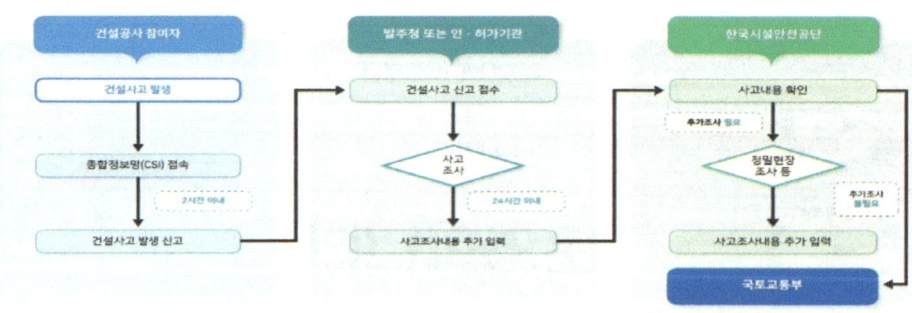

□ 사고발생 미 신고시 과태료(300만원) 부과

○ 「건설기술진흥법」 제91조제3항16호
 - 제67조 제1항에 따른 건설사고 발생 사실을 발주청 및 인·허가기관에 통보하지 아니한 건설공사 참여자(발주자는 제외한다)

2 건설공사장 주요 사고사례 ※ (자료출처) 국토안전관리원·안전보건공단

1. 떨어짐 (동바리 운반을 위해 비계 이동 중 떨어짐)

● 재해개요
- 지식산업센터 신축현장에서 시스템동바리 멍에재 이어받기 작업 위치로 이동하기 위해 램프 바닥에서 비계 외측으로 이동하여 작업발판이 있는 내측으로 진입하는 하던중 24m 아래로 떨어짐

● 안전대책
- 안전한 작업통로 확보 및 사용
- 거푸집동바리 고정, 설치시 관리감독자의 유해위험방지 업무 철저

2. 떨어짐 (마감작업 위해 갱폼 이동중 개구부로 떨어짐)

● 재해개요
아파트신축공사 현장에서 105동 15층 3-4호세대 갱폼에서 외벽 미장작업을 위해 이동 중 갱폼 작업발판이 해체된 개구부에 빠져 29m 아래 낙하물방지망으로 떨어져 사망한 재해임.

● 안전대책
- 작업자 이동이 예상되는 구간의 개구부 방호조치 철저
- 관리감독자를 지정하여 기계,기구,설비등의 안전보건 점검 및 이상유무 확인

3. 떨어짐 (외부비계 해체중 떨어짐)

● 재해개요
  다가구주택신축공사 현장에서 외부비계 해체 작업 중 3단위치 작업발판에서 해체된 비계부재를 아래로 던지는 과정에 몸의 중심을 잃고 4.6m 아래로 떨어짐

● 안전대책
  - 추락방지조치 미실시 : 안전대착용 및 부착설비 설치, 안전난간 설치 가능한 곳은 난간 설치
  - 작업계획서 작성 및 이행
  - 작업지휘자 지정 및 배치

4. 떨어짐 (강풍에 의한 철골보 충격으로 고소작업자 떨어짐)

● 재해개요
  -소형고장 신축공사 현장에서 철골 상부에서 H형 거더 설치작업을 하던 중, 이동식크레인으로 인양 중이던 거더가 강풍에 의해 기설치된 주변 철골보 타격에 의한 충격으로 상부에서 작업중이던 작업자 떨어짐.

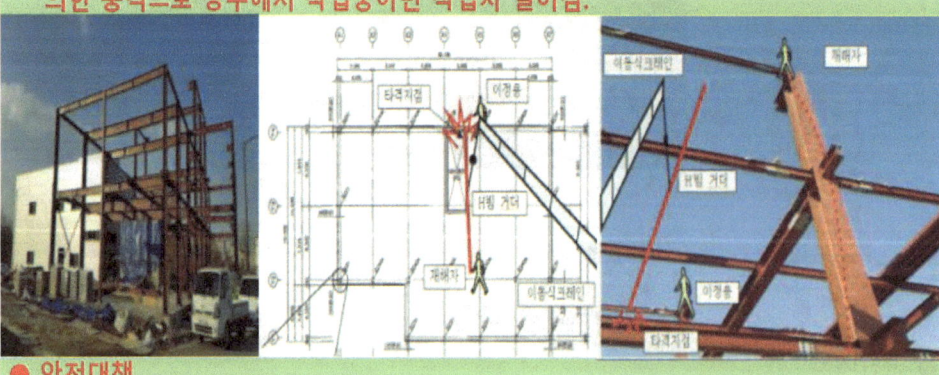

● 안전대책
  - 고소작업자 추락방지용 안전대 부착설비 설치
  - 철골연결 작업시 작업발판 설치 철저
  - 중량물 인양시 2줄걸이, 유도로프 설치등의 안전작업 준수

5. 떨어짐 (비계 상부 이동중 실족에 의한 떨어짐)

● 재해개요
 사찰 주변정비작업 현장에서 건물 지붕층 작업발판에서 2층 발코니에 있던 안전모 및 안전대를 가지러 가기 위해 비계를 통하여 해당 장소로 이동 중 실족하여 약 3.8m 아래 지면으로 떨어짐

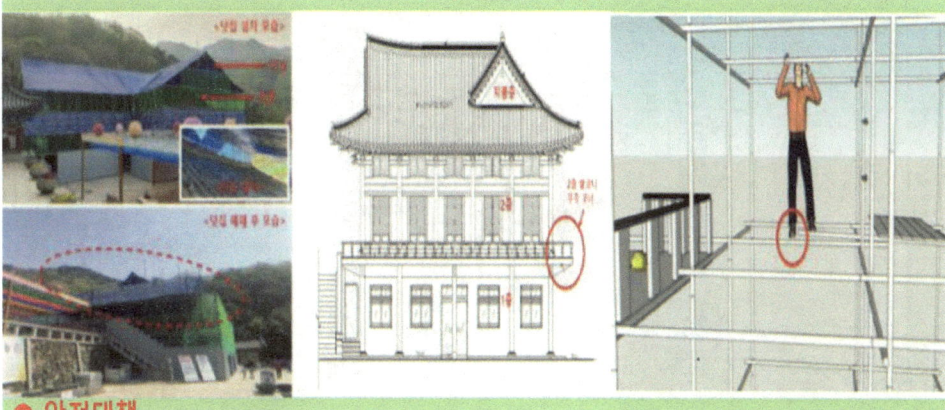

● 안전대책
- 작업자 이동경로에 추락방지조치 철저
- 추락위험장소에서의 개인보호구 착용 및 확인 철저

6. 떨어짐 (교각 거푸집 해체 중 발생한 개구부로 떨어짐

● 재해개요
- 고속국도 건설공사 현장에서 교각 기둥 거푸집 해체 중 거푸집을 결속하고 있는 마지막 수평볼트를 해체하는 순간 교각 기둥과 거푸집 사이가 벌어지며 발생한 개구부로 떨어짐.

● 안전대책
- 교각 구조물 시공시 고소작업자 떨어짐 방지조치 철저 : 안전대 설치 확인등
- 교각기둥 해체작업전 교육 및 훈련 실시

7. 떨어짐 (철골조립 위해 고소작업대를 이용 고소부위 이동중 떨어짐)

● 재해개요
　소형공장신축공사 현장에서 자주식 시저형 고소작업대에 탑승하여 약 12미터 위치의 철골조립을 위해 상승하던 중 지상으로 떨어져 사망한 재해임

● 안전대책
- 고소작업대 사용시 작업계획서 작성 및 준수
- 고소작업대 탑승중 불안전한 행동 금지

8. 떨어짐 (강관비계 해체 중 떨어짐)

● 재해개요
- 구조물 철거 현장의 외측 외줄비계 최상단 수직 강관 파이프를 해체하던 중 균형을 잃고 약 9m 아래로 추락, 사망한 재해임.

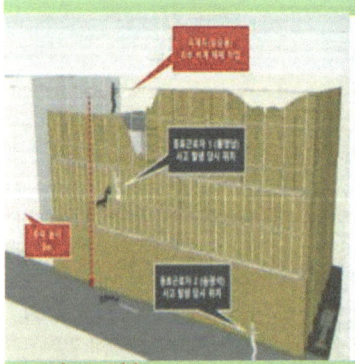  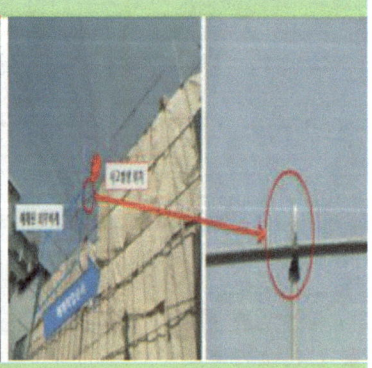

● 안전대책
- 추락방지 조치 미실시 (근로자의 작업 동선을 고려한 작업발판 설치)
- 안전대의 착용 미실시 (추락의 위험이 있는 높이 2m 이상의 장소에서 안전대 착용)
- 보호구의 지급 미실시 (추락의 위험이 있는 높이 2m 이상의 장소에서 안전대, 안전모 지급)

9. 교량 및 터널공

사고명 및 사고경위	사고유형	관련사진
철도 건설현장 풍도슬래브 붕괴사고 터널 내 풍도슬래브에 PC구조물 (9.0m ×1.2m)을 설치하기 위한 작업 중 PC구조물이 붕괴되어 근로자 4명 사상	무너짐 (붕괴·도괴)	
○○국제대교 거더 붕괴사고 ILM공법으로 제작장에서 1Seg(30m) 제작 후 압출로 밀어내는 과정에 25m 압출 후 더 이상 압출이 진행되지 않아, 백런칭(30㎝)을 진행하였고, 백런칭 후 휴식시간 중 P15~P19번 사이의 거더 및 P16이 붕괴	무너짐 (붕괴·도괴)	

10. 옹벽공

사고명	사고유형	관련사진
건축복합허가지 옹벽(부대토목) 붕괴사고 옹벽(식생블럭) 하단에서 측량작업 중 옹벽 붕괴로 인한 매몰사고 발생	무너짐 (붕괴·도괴)	
옹벽 비탈면 붕괴사고 단지조성용 옹벽(L형, 높이5m)을 시공하기 위하여 비탈면 (높이 약 12m)을 절취한 후 옹벽 벽체 콘크리트 타설을 위한 거푸집을 설치하던 중 인접한 절취 비탈면의 토사(풍화잔류토, 4~5㎥)가 붕괴 되어 근로자 2명이 매몰된 사고 발생	무너짐 (붕괴·도괴)	

11. 철근콘크리트공

사고명	사고유형	관련사진
○○공원 숙박시설 건설현장 슬래브 붕괴사고 RC보와 데크플레이트로 구성된 카지노 상부슬래브(1층 바닥슬래브) 콘크리트 타설(600㎡/611㎡) 중 중앙부 RC보의 측면거푸집 파손으로 시스템 동바리가 연쇄 붕괴되면서, 콘크리트 타설 작업중인 근로자 8명이 지하2층 바닥(10.7m)으로 추락	무너짐 (붕괴·도괴)	
○○업무시설 건설현장 슬래브 붕괴사고 지식산업센터 TOWER C동 1층 바닥 슬래브(데크플레이트)가 콘크리트 타설 중에 붕괴되면서 슬래브 상부에서 타설 작업 중이던 작업자 4명 추락	무너짐 (붕괴·도괴)	

12. 관로 및 굴착공

사고명	사고유형	관련사진
오피스텔 신축현장 가설흙막이 붕괴사고 CIP의 손상 및 흙막이공 배면 토사의 유실 등으로 가설흙막이 및 상부 도로 일부가 붕괴되면서 2명 부상(경상) 발생	무너짐 (붕괴·도괴)	
다세대주택 신축현장 가설 흙막이 붕괴사고 다세대주택 공사현장의 가설 흙막이 및 인접한 축대의 붕괴로 기존 건축물(○○유치원)이 약 10도 가량 기울어짐 발생	무너짐 (붕괴·도괴)	

13. 가설공

사고명	사고유형	관련사진
청소년수련원 신축공사현장 외부비계 붕괴사고 2동 후면부의 1층 외벽 돌붙이기 작업 중 가설 외부비계(연장 약 30m, 높이 6~8m)가 순차적으w로 전도·붕괴되어 작업자 3명 부상	무너짐 (붕괴·도괴)	
교회 신축공사현장 거푸집 전도사고 건축물 외벽 및 내부벽체 콘크리트 타설(약 100㎥)을 마치고, 건축물의 출입구 단독벽체(연장6m, 높이 4m, 폭0.2m)를 타설(약 5㎥) 하던 중 거푸집 벽체가 외측으로 전도되면서 벽체외부 쌍줄비계에서 거푸집 두드리기 작업 중이던 근로자 1명 사망	넘어짐 (전도)	

14. 해체 및 철거공

사고명	사고유형	관련사진
○○숙박시설 해체공사현장 붕괴사고 호텔 리모델링을 위해 기존 건물(지하3층, 지상11층) 1층 바닥슬래브에서 백호우(버켓 0.6㎥)로 1층~3층 벽체 해체 작업 중 1층 바닥슬래브가 붕괴되면서 백호우(운전자 포함)와 인근에서 살수작업 중인 근로자 3명이 지하 2층~3층으로 추락 및 매몰	무너짐 (붕괴·도괴)	
○○타워 리모델링현장 건축부속물 전도사고 ○○타워 5층 피트니스센터 샤워장 철거 중 높이 2m의 자립식 벽체가 전도되면서 근로자가 깔려 사망함	무너짐 (붕괴·도괴)	

15. 건설기계

사고명	사고유형	관련사진
○○물류센터현장 타워크레인 전도사고 타워크레인 마스트 상승작업(13단→14단)을 위해 턴테이블을 상승하던 중 균형을 잃고 전도되어 11단 마스트 상부가 좌굴되어 지면으로 추락해 타워기사를 포함한 상승작업 중인 근로자 3명 사망, 4명 중상	넘어짐 (전도)	
○○교량 확장공사현장 천공기 전도사고 교량 교각의 파일조성 공사 중 천공작업을 위해 천공기를 이동하던 중 리더부가 균형을 잃고 전도되면서 교량을 덮쳐 교통통제 상황 발생	넘어짐 (전도)	

16. 기타_강구조물, 마감공 등

사고명	사고유형	관련사진
신축공사현장 화재사고 원인미상 화재로 약 30분 동안 10층이 소실되고 작업자 157명 대피	폭발/화재	
○○공장 신축현장 보 및 데크플레이트 붕괴사고 지하1층 상부슬래브 콘크리트를 타설하던 중 보 및 데크플레이트가 붕괴되면서 동시에 근로자가 추락함	무너짐 (붕괴·도괴)	

경기도 건설안전
가이드라인

02

재해 유형별 안전기준

02 재해 유형별 안전기준

1. 추락(떨어짐) 재해예방 안전시설 및 작업기준

건설현장에서의 각종 작업 및 작업대, 가설통로, 개구부, 개인보호구에 의한 추락 재해예방을 위하여 안전시설, 안전 작업방법의 기준을 수립 함

1) 일반사항

- 작업장이나 기계·설비의 바닥·작업발판 및 통로의 끝이나 개구부로부터 추락하거나 넘어질 우려가 있는 장소에는 관계자외의 출입을 금지시키고, 안전난간, 등받이울, 손잡이 또는 충분한 강도를 가진 덮개를 설치하여야 한다.

- 추락할 위험이 있는 모든 작업에는 안전모, 높이 또는 깊이 2m이상의 추락할 위험이 있는 장소에서의 작업에는 안전대를 지급·착용하여야 한다.

- 높이 2m이상의 장소에서 작업시 추락에 의하여 근로자에게 위험을 미칠 우려가 있을 때에는 작업발판을 설치, 발판을 설치하기 곤란할 때에는 안전방망을 치거나, 근로자에게 안전대를 착용하도록 하여야 한다.

- 안전방망의 설치위치는 작업면으로부터 가까운 지점에 설치하여야 하며, 작업면으로부터 망의 설치지점까지의 수직거리는 10미터를 초과하지 아니하도록 한다.

- 높이 2m이상인 장소에서 작업 시 필요한 조명유지, 악천후 시 작업금지

- 건축물·교량·비계 등의 조립·해체·변경작업에 의한 추락위험이 있을 때에는 관리감독자를 지정·작업을 지휘, 작업방법/절차를 근로자에 미리 주지시켜야 한다.

- 비계 설치·해체·변경 작업 시 특별안전교육 실시, 관리감독자가 지휘, 안전대 착용, 작업반경내 출입금지, 가공선로 접촉방지, 악천후시 작업중지 및 금지 하여야 한다.

▶ **안전난간 기준**

※ 안전난간 : 상부난간대 90cm 이상 120cm 이하에 설치하고, 중간난간대는 상부난간대와 바닥면의 중간에 설치할 것

※ 재질 : 지름 2.7cm 이상의 금속제 파이프나 그 이상의 강도를 가진 재료일 것

※ 구조 및 강도 : 임의의 방향에서(구조적으로 가장 취약한 지점에서 가장 취약한 방향으로 작용하는) 100kg 이상의 하중에 견딜 수 있는 튼튼한 구조일 것

▶ **악천후 기준**

	일반작업	철골작업
강 우	50mm/회	1mm/hr
강 설	25cm/회	1cm/hr
강 풍	10m/sec	10m/sec
지 진	리히터 규모 4	-

2) 강관비계

· 침하방지용 밑받침 철물을 설치하거나, 깔판·깔목을 사용하여 밑둥잡이 설치하여야 한다.

· 기둥간격은 띠장방향 1.8m 이하, 장선방향 1.5m 이하로 설치하여야 한다, 기둥 최고부로 부터 31m되는 지점 밑부분은 2본의 강관으로 설치하여야 한다.

· 띠장간격은 1.8m 이하로 설치하되 지상에서 첫번째 띠장은 2m 이하에 설치하여야 한다.

· 기둥간의 적재하중은 400kg, 접속 부는 부속철물로 단단히 결속하여야 한다.

· 발판의 재료·지지물은 하중에 견딜 수 있는 견고한 것, 발판 폭은 40cm 이상, 발판 재료간의 틈은 3cm 이하, 비계파이프와 발판간의 이격거리는 10cm 이하로 설치한다.

- 발판은 2이상의 지지물에 고정, 발판단부에 안전난간 설치, 작업진행에 의해 난간 설치가 어려울 경우에는 안전대를 착용하거나 추락 방지망을 설치.
- 작업발판간 수직이동 및 구조물로의 수평이동을 위한 가설통로를 설치하여야 한다.
- 수직방향 및 수평방향 5m이내마다 벽이음 또는 버팀을 설치하여야 한다.
- 설치위치가 느슨한 매립층이거나 연약층일 경우, 치환/다짐/골재부설 등의 침하 방지조치와 함께 침하방지용 밑받침을 설치하여야 한다.

▲ 밑받침 철물   ▲ 가설통로   ▲ 안전대걸이시설/추락방지망

3) 강관틀 비계

- 밑둥에 밑받침철물 사용, 조절형을 사용하여 수평·수직을 유지하여야 한다.
- 높이가 20m를 초과하거나 중량물의 적재를 수반하는 작업을 할 경우에는 주틀간의 간격이 1.8m 이하로 하여야 한다.
- 주틀간에 교차 가새를 설치하고 최상층 및 5층이내 마다 수평재를 설치해야 한다.
- 수직방향으로 6m, 수평방향으로 8m 이내마다 벽이음을 하여야 한다.
- 길이가 띠 장방향으로 4m이하이고 높이가 10m를 초과하는 경우에는 10m 이내마다 띠장 방향으로 버팀 기둥을 설치하여야 한다.
- 발판의 재료·지지물은 하중에 견딜 수 있는 견고한 것, 발판 폭은 40cm 이상, 발판 재료간의 틈은 3cm 이하, 비계파이프와 발판간의 이격거리는 10cm 이하로 설치한다.
- 발판은 2이상의 지지물에 고정, 발판 단부에 안전난간 설치, 작업진행에 의해 난간설치가 어려울 경우에는 경우에는 안전대를 착용하거나 추락방지망 설치하여야 한다.
- 작업발판간 수직이동 및 구조물로의 수평이동을 위한 가설통로를 설치하여야 한다.

- 설치위치가 느슨한 매립층이거나 연약층일 경우, 치환/다짐/골재부설 등의 침하 방지 조치와 함께 침하방지용 밑받침을 설치하여야 한다.

4) 이동식비계

- 작업발판은 작업상 전면에 빈틈없이 깔고 고정, 추가 연장 작업대 사용 금지.
- 안전난간 및 승강용 사다리를 견고하게 설치/고정/사용하여야 한다.
- 제동장치를 설치하고, 견고한 시설물에 고정하거나 아웃트리거를 설치하여야 한다.
- 최대높이는 밑변 최소폭의 4배 이하, 최대적재하중을 준수하여야 한다.
- 이동시 충분한 인원을 배치하고, 탑승상태로 이동 금지하여야 한다.
- 작업시에는 추락방지를 위한 안전대 착용하여야 한다.

▲ 아웃 트리거(outrigger)

▶ 가새(Brace)

  ※ 목구조 또는 철골구조의 벽체구조에서 수평방향의 힘에 대한 보강재로 대각선 방향으로 빗대는 경사부재(傾斜部材)는 압축력에 견디는 압축가새와 인장력을 받는 인장가새가 있다.

5) 말비계

- 지주부재 하단에 미끄럼방지장치를 하고, 양 끝부분에 서서 작업하지 말아야 한다.
- 지주부재와 수평면과의 기울기를 75도 이하로 하고, 지주부재와 지주부재 사이를 고정시키는 보조부재를 설치하여야 한다.
- 높이가 120cm 초과하지 않도록 하고 작업발판의 폭을 40cm 이상으로 하여야 한다.
- 부식·손상·변형·옹이 등 재료가 불량한 작업대는 사용하지 말아야 한다.
- 경사구간 작업시 발판의 수평을 유지하여야 한다.
- 안전모는 반드시 착용하고, 개구부 근접 및 추락우려 지역에는 안전대를 착용하여야 한다.

6) 사다리

- 사다리는 원칙적으로 높이 2m(바닥에서 답단까지)미만의 작업에 한하여 사용한다.
- 공간협소 등으로 부득이 사다리를 작업대로 사용할 경우에는, 갈라짐·흠·변형·손상된 불량 사다리 사용금지, 각부에 미끄럼방지장치, 아웃트리거 설치 및 2인 1조 작업으로 전도방지조치 후 작업을 하여야 한다.
- 이동식사다리는 길이가 6m를 초과해서는 안되며, 벽면상부로부터 60cm 이상의 연장길이가 있도록 설치하여야 한다.

▲ 전도방지대/2인1조 작업

7) 고소작업대

- 고소작업대는 동력에 의해 사람이 탑승한 작업대를 작업 위치로 이동시키기 위한 목적으로 생산된 차량탑재형을 포함한 다양한 형태의 것으로서 크레인을 사용하여 작업대 등에 탑승한 근로자를 운반하거나 근로자를 달아 올린 상태에서 작업할 수 없으며 추락을 방지하기 위해 안전난간이 설치되거나, 안전난간의 역할을 할 수 있는 구조의 작업대를 사용하고, 별도의 안전대 부착설비를 설치하여 안전대를 착용하고 작업을 하여야 한다.
- 작업대의 부재접속은 구조검토에 의한 규정된 볼트와 너트 등을 사용하고, 3산 이상의 여유 나사산이 확보되도록 조립하여 작업대의 이탈방지 조치를 해야 한다.
- 와이어나 체인으로 상승·하강시 안전율 5 이상, 끊어져 낙하하지 않는 구조, 유압을 사용할 경우에는 작업대를 일정위치에 유지할 수 있는 장치를 하고, 압력의 이상저하를 방지할 수 있는 구조이어야 한다.
- 권과방지장치를 갖추거나 과상승을 방지할 수 있는 조치를 하여야 한다.
- 고소작업대를 설치할 경우에는 바닥면과 수평이 유지되도록 하고, 불시이동 방지 위해 아웃트리거 설치 또는 브레이크를 확실히 사용하여야 한다.

- 작업대 이동은 가장 낮게 하강시키고, 상승상태로 작업자를 태우고 이동금지, 이동 통로의 요철상태, 장애물 유무를 사전에 확인하고 조치하여야 한다
- 악천후시 작업을 금지하고, 작업구간에 조도확보 및 출입금지 조치를 하여야 한다.

▶ **고소작업대**

1. Scissor 형
   - 수직상승 및 굴절 형식의 Table Lift

2. 차량탑재형
   - 스카이 (고소작업차)
   - 굴절식 고소작업차 (전기, 통신작업용)

3. 건설기계관리법 적용장비 제외
   - 터널공사용 고소작업차(Charging Car) 등

8) 특수작업대

- 특수작업대의 작업발판은 견고한 재료, 손상.변형이 없고, 지지고정 철저, 개구부/단차가 발생하지 않도록 밀실하게 설치, 작업대 발판의 틈은 3cm 이내, 각각의 Cage 및 작업발판간의 간격은 20cm 이내를 유지하여야 한다.
- 작업발판 및 작업대의 단부 발생구간, 이동통로구간에는 견고한 안전난간을 설치하고, 안전난간의 이탈방지를 위해 고정하여야 한다.
- 작업대의 작업발판간 및 작업구간으로의 이동구간에는 안전한 가설통로나 승강설비를 설치하고, 가설통로(계단/경사로/사다리 등)에는 안전난간이나 등받이 울을 설치, 통로는 직입발판간 지그재그로 설치하고 고정하여야 한다
- 작업대는 구조검토를 통하여 안전성을 확보, 작업대의 부재조립 및 구조물과 작업대의 고정시에는 규정된 고정/분할핀, 각종 볼트/너트, 강봉, 용접 등의 지지고정 철저, 여유나사산 확보, 조립/고정부재의 이탈/이완상태 수시점검, 설치/해체시 양중기에 의한 매달기전 고정볼트의 사전해체는 금지하도록 한다.

- 갱폼 인양시 작업발판용 케이지에 근로자가 탑승한 상태에서 갱폼의 인양작업을 금지토록 하여야 한다.
- 작업대의 조립해체 및 작업진행 중 발판/난간의 설치가 곤란하거나 작업대의 이탈우려, 추락위험이 있는 경우 안전대 착용하여 작업하거나 추락 방지망을 설치하고 작업을 하여야 한다.

▶ **건설기계관리**

1. Gang/ACS/GCS Form
2. Coping/Pier Form
3. Slip/Climing Form
4. F/T등 특수교량 Form
5. 교량 거푸집 해체대차
6. Lining Form 및 터널철근/방수대차
7. 기타 특수작업대차

▲ 차징카 헤드가드 설치

9) 개구부 방호시설

- 개구부로 추락에 의하여 근로자에게 위험을 미칠 우려가 있는 장소에는 안전난간이나 방호울을 설치하거나, 충분한 강도를 가진 구조의 덮개로 뒤집히거나 떨어지지 않도록 설치하고, 식별이 가능토록 개구부 임을 표시하여야 한다.
- 작업진행상 안전난간의 설치가 곤란하거나, 임시로 난간을 해체하여야 하는 때에는, 안전방망을 치거나, 당해 근로자에게 안전대를 착용토록 하여야 한다.

10) 안전대 부착설비

· 높이 2m이상의 장소에서 추락방지를 위하여 안전대를 착용시킬 때에는, 안전대를 안전하게 걸어서 사용할 수 있는 부착설비를 설치하여야 한다.

· 안전대 부착설비로서 지지로프를 설치할 경우에는 처짐 또는 풀림을 방지 할 수 있도록 설치하여야 한다.

· 안전대 및 부착설비를 설치하여 작업할 경우에는 작업 시작 전에 이상유무를 점검하여야 한다.

▶ 개구부

1. 바닥 대형/소형개구부
2. 발코니/E/V 개구부
3. 슬라브/데크 단부
4. 계단/계단참 단부
5. 굴착/흙막이 단부
6. 옹벽/석축 단부
7. 철골/흙막이가시설/Girder 단부
8. 작업발판/작업대 단부
9. 파일, 기타 개구부

2. 가설통로 안전시설 및 작업기준

1) 가설통로

- 작업장으로 통하는 장소 또는 작업장 내에는 근로자가 사용하기 위한 안전한 통로나 승강설비를 설치하고 항상 사용 가능한 상태로 유지하여야 한다.
- 통로에는 근로자가 안전하게 통행할 수 있도록 충분한 조명을 설치하여야 한다.
- 통로를 설치할 경우에는 걸려 넘어지거나 미끄러지는 위험이 없도록 하고, 높이 2m 이내에 장애물이 없도록 조치하여야 한다.
- 가설통로는 견고한 구조, 재료는 심한 손상, 부식이 없는 것으로 할 것
- 경사는 30도 이하로 설치하고(계단을 설치한 경우는 제외), 경사가 15도를 초과할 경우에는 미끄러지지 아니하는 구조로 하여야 한다.
- 추락의 위험이 있는 장소에는 안전난간을 설치하여야 한다.
- 수직갱에 가설된 통로의 길이가 15m 이상인 때는 10m 이내마다 계단참 설치 높이 8m 이상인 비계다리에는 7m 이내마다 계단참을 설치하여야 한다.
- 통로는 이동하기에 충분한 넓이가 확보되어야 하며, 발판 폭은 40cm 이상, 발판 재료간의 틈은 3cm 이하, 비계파이프와 발판간의 이격 거리는 10cm 이하, 고정 철저, 못·철선·자재에 걸리지 않도록 유지하여야 한다.

▲ 가설통로

▲ 가설경사로

2) 사다리식 통로

- 견고한 구조로 하고, 재료는 심한 손상, 부식이 없어야 한다.
- 발판의 간격은 동일하게 하고, 폭은 30cm 이상으로 하여야 한다.
- 발판과 벽 사이는 15cm 이상의 간격을 유지하여야 한다.
- 사다리가 넘어지거나 미끄러지는 것을 방지하기 위한 조치하여야 한다.
- 사다리 상단은 걸쳐놓은 지점으로부터 60cm 이상 올라가도록 설치하여야 한다.
- 사다리식 통로의 길이가 10m 이상일 경우는 5m 이내마다 계단참을 설치해야 한다.
- 사다리식 통로의 기울기는 75도 이내로 하여야 한다. (높이 2.5m를 초과하는 지점부터 등받이 울을 설치한 경우는 제외)
- 이동식사다리의 길이는 6m를 초과하지 않도록 하고, 접이식 사다리 기둥은 철물 등을 사용하여 기둥과 수평면의 각도가 충분히 유지되어야 한다.
- 부서지기 쉬운 재료(벽돌 등)를 받침대로 사용하지 말고, 사다리를 다리처럼 사용하지 말아야 한다.

3) 가설계단(Walking Tower포함)

- 견고한 구조로 하고, 재료는 심한 손상, 변형이 없는 것으로 하여야 한다.
- 계단의 폭은 1m 이상으로 할 것(보수용,비상용,나선형계단은 제외)
- 높이 1미터 이상인 계단의 개방된 측면에 안전난간을 설치하여야 한다.
- 계단에는 통행에 지장을 주는 자재를 적재하지 말고, 높이 2m 이내의 공간에는 장애물이 없도록 하여야 한다. (작업/설계상 상부에 장애물이 있을 경우에는 충돌 주의를 알리는 표지판을 설치하고, 충격을 완화시킬 수 있는 보호시설을 설치하여야 한다.)
- 높이가 3m를 초과하는 계단에는 높이 3m 이내마다 너비 1.2m 이상의 계단참을 설치, 계단참은 개구부가 발생하지 않도록 밀실하게 발판을 처리하여야 한다.
- 계단에서 구조물로의 이동구간에는 안전한 통로발판을 설치하고, 추락방지를 위한

안전난간을 설치하여야 한다.

- 특히 느슨한 매립층이거나, 연약층 지반에 설치할 경우는 반드시 치환/다짐/골재 부설과 기초구조물 설치 등으로 침하방지를 조치하여야 한다.

4) 철골공사 가설통로

- 근로자가 수직방향으로 이동하는 철골부재에는 답단(踏段 ;딛는 계단)간격이 30cm 이내인 고정된 승강로를 설치하여야 한다.
- 수평방향 철골과 수직방향 철골이 연결되는 부분에는 연결작업을 위하여 작업 발판 등 을 설치하여야 한다.
- 철골 작업중 근로자의 주요 이동통로에는 고정된 가설통로를 설치하여야 한다. 다만, 안전대의 부착설비 등을 갖춘 경우에는 그러하지 아니하다.

3. 낙하(맞음) 재해예방 안전시설 및 작업기준

(1) 낙하·비래(맞음) 안전시설 및 작업기준

건설현장에서 사용중인 낙하(맞음) 방지시설과 관련하여 낙하(맞음) 재해예방을 위하여 설치기준과 안전시설, 안전작업방법의 최소한의 기준을 수립 하고자 함

1) 일반사항

- 작업장의 바닥, 도로 및 통로 등에서 근로자에게 낙하물에 의한 위험을 미칠 우려가 있는 때에는 보호망 설치 등의 조치를 하여야 한다.
- 물체가 떨어짐에 의한 위험이 있는 작업에는 안전모, 안전화를 착용하여야 한다.
  - 높이가 3m이상인 장소로부터 물체를 투하하는 때에는 적당한 투하설비를 설치

- 하거나 감시인을 배치하는 등 위험방지 조치를 하여야 한다.
- 작업으로 인하여 물체가 떨어지거나 날아올 위험이 있는 때에는 낙하물 방지망, 수직 보호망 또는 방호선반의 설치, 출입금지구역의 설정, 보호구의 착용 등 위험방지 조치를 하여야 한다.
- 낙하물 방지망, 방호선반을 설치시 높이는 10m 이내마다 설치하고, 내민 길이는 벽면으로부터 2m 이상으로하며, 수평면과의 각도는 20도 내지 30도를 유지 하여야 한다.

2) 개구부/가설통로/작업대/가시설 등의 낙하(맞음) 방지 시설

- 각종 개구부 및 통로, 작업발판 및 작업대 단부 등에 낙하위험이 있는 경우 낙하방지를 위하여 수직방망이나 수직 보호망, 낙하물 방지망을 견고하게 설치하거나 높이 10cm 이상의 발끝막이판을 설치하여야 한다.
- 덮개를 설치 할 경우에는 개구부 크기보다 상부판의 크기를 크게 하고 밀실하게 설치·고정하여 낙하물이 발생되지 않도록 조치하여야 한다.
- 개구부 및 통로, 작업발판 및 작업대, 철골 및 흙막이가시설 등의 단부에 근접하거나 상부에 자재를 불안전하게 적치하거나 기대어 놓지 말아야 한다.
- 낙하위험이 있는 장소에 낙하방지시설을 설치하기 곤란한 경우에는 출입금지구역을 설정하거나 감시인을 배치하여야 한다.

3) 양중작업의 낙하(맞음) 방지

① 양중기의 와이어로프 또는 달기체인(고리걸이용 샤클 및 후크)의 안전계수를 준수하여야 한다.
- 근로자가 탑승하는 운반구를 지지하는 경우 10 이상
- 화물의 하중을 직접 지지하는 경우 5 이상
- 훅, 샤클, 클램프, 리프팅 빔의 경우 3 이상
- 그 외에는 4 이상

② 고리걸이용 로프 또는 달기체인의 경우 최대허용하중 등이 표시된 표식이 견고하게 붙어있는 것을 사용하여야 한다.

③ 와이어로프를 절단하여 양중작업 용구를 제작하는 경우는 반드시 기계적인 방법에 의하여 절단하여야하며, 가스용단 등 열에 의한 방법으로 절단하여 아크, 화염, 고온부 접촉 등으로 열 영향을 받은 와이어로프를 사용하지 않아야 한다.

④ 다음 각호의 1에 해당하는 와이어로프를 양중기에 사용하지 말 것.
- 이음매가 있는 것
- 와이어로프의 한 꼬임[스트랜드(strand)를 의미]에서 끊어진 소선[素線, 필러(pillar)선을 제외한다]의 수가 10% 이상인 것
- 지름의 감소가 공칭지름의 7%를 초과하는 것
- 꼬인 것
- 심하게 변형 또는 부식된 것

▶ **안전계수**

와이어로프 또는 달기체인 절단하중의 값을 그 와이어로프 또는 달기체인에 걸리는 하중의 최대값으로 나눈 값

⑤ 다음 각호의 1에 해당하는 달기체인을 양중기에 사용하지 말아야 한다.
- 체인의 길이의 증가가 그 체인이 제조된 때의 길이의 5%를 초과한 것
- 링의 단면지름의 감소가 그 달기체인이 제조된 때의 당해 링의 지름의 10%를 초과한 것
- 균열이 있거나 심하게 변형된 것

⑥ 다음 각호의 1에 해당하는 섬유로프.벨트를 양중기에 사용하지 말아야 한다.
- 꼬임이 끊어진 것
- 심하게 손상 또는 부식된 것

⑦ 샤클 및 링 등의 철구로서 변형되어 있는 것 또는 균열이 있는 것을 크레인 또는 이동식 크레인의 고리걸이 용구로 사용하지 말아야 한다.

⑧ 양중기 사용 작업시 정격하중을 초과하는 하중을 걸어서 사용하지 말아야 한다.

⑨ 신호방법을 정하고 그 내용을 근로자에 주지하고 준수하여야 한다.

⑩ 양중기 운전도중에 운전위치로부터 이탈을 금지하여야 한다.

⑪ 과부하방지장치, 권과방지장치, 비상정지장치 및 브레이크장치 등 방호장치를 부착, 유효하게 작동될 수 있도록 미리 조정 및 사용하여야 한다.

⑫ 권과방지장치를 구비하지 아니한 크레인은 권상용 와이어로프에 위험표시를 하고 경보장치를 설치하는 등 권과에 의한 위험방지 조치하여야 한다.

⑬ 훅 걸이용 와이어로프 등이 훅으로부터 벗겨지는 것을 방지하기 위한 장치를 구비한 크레인을 사용하여야 하며, 작업시 해지장치를 사용하여야 한다.

⑭ 양중기에 매달기전 각종 고정상태의 사전해체를 금지하여야 한다.

⑮ 양중기, 고리걸이, 슬링, 차량계건설기계 및 하역운반기계를 사용하여 작업시 작업전 점검을 실시하고 관리감독자 지휘하에 작업하여야 한다.

⑯ 양중은 결속철저, 2점지지, 종류/규격/형상별 인양, 인양함 및 유도로프 사용, 작업반경 하부 출입금지 및 신호자를 배치하여야 한다.

▶ **양중기 작업**

크레인, 리프트, 곤도라를 사용하는 작업

▶ **고리걸이 작업**

양중기의 와이어로프, 달기체인, 섬유로프, 섬유벨트 또는 훅, 샤클, 링 등의 철구를 사용하는 작업

4) 중량물 취급/기타 낙하(맞음) 방지

① 중량물을 취급하는 작업을 하는 경우에는 그 작업에 따른 추락·낙하·전도·협착 및 붕괴 등의 위험을 예방할 수 있는 안전대책에 관한 작업계획서를 작성하고 이를 준수하여야 한다.

② 작업계획서 내용을 해당 근로자에게 주지시켜야 한다.

③ 중량물을 취급하는 작업을 하는 때에는 당해 작업지휘자를 지정하여 규정을 준수하여야 한다.

④ 굴삭기 버켓에는 안전핀을 설치하고 작업하여야 한다.

⑤ 모든 작업 시 상하 동시작업에 의한 낙하위험이 없도록 작업방법을 개선하고, 부득이 작업 필요시 상호 충분한 연락과 협조에 의한 작업을 수행하여야 한다.

⑥ 각종 자재의 적치 시 불안전한 다단 적치를 금지하여 안전상태를 유지하고, 구름방지조치를 실시하여야 한다.

5) 중량물 취급/기타 낙하(맞음) 방지

① 각종 개구부 및 통로, 작업발판 및 작업대 단부 등에 낙하위험이 있는 경우 낙하방지를 위하여 수직방망이나 수직 보호망, 낙하물 방지망을 견고하게 설치하거나 높이 10cm 이상의 발끝막이판을 설치하여야 한다.

② 덮개를 설치 할 경우에는 개구부 크기보다 상부판의 크기를 크게 하고 밀실하게 설치·고정하여 낙하물이 발생되지 않도록 조치하여야 한다.

③ 개구부 및 통로, 작업발판 및 작업대, 철골 및 흙막이가시설 등의 단부에 근접하거나 상부에 자재를 불안전하게 적치하거나 기대어 놓지 말아야 한다.

④ 낙하위험이 있는 장소에 낙하방지시설을 설치하기 곤란한 경우에는 출입금지구역을 설정하거나 감시인을 배치하여야 한다.

4. 붕괴(무너짐) 재해예방 안전시설 및 작업기준

(1) 거푸집 동바리 안전시설 및 작업기준

건설현장에서 사용중인 각종 동바리에 의한 붕괴(무너짐) 재해예방을 위해 설치기준과 안전시설, 안전작업방법의 최소한의 기준 수립

1) 거푸집 동바리

- 변형, 부식, 심하게 손상된 재료는 사용금지 하여야 한다.
- 조립시는 구조를 검토한 후 조립도 작성, 조립도에 의하여 조립하여야 한다.
- 깔목 사용, 콘크리트 타설, 말뚝박기 등 동바리의 침하방지 조치를 하여야 한다.
- 개구부 상부에 동바리 설치시 하중을 견딜 수 있는 견고한 받침대를 설치하여야 한다.
- 동바리의 상하 고정, 미끄럼방지조치를 하고, 하중의 지지상태를 유지하여야 한다.
- 동바리 이음은 맞댄 또는 장부 이음으로 하고, 같은 품질의 재료를 사용하여야 한다.
- 강재의 접속부 및 교차부는 볼트·클램프 등 전용철물을 사용하여 연결하여야 한다.
- 거푸집이 곡면인 때는 버팀대 부착 등 거푸집 부상방지를 위한 조치를 하여야 한다.
- 조립시에는 거푸집이 넘어지지 않도록 버팀대 설치 등 필요조치를 하여야 한다.

2) 파이프 서포트(pipe support)

- 파이프 서포트를 3본 이상 이어서 사용하지 않아야 한다.
- 파이프 서포트를 이어서 사용할 때에는 4개 이상의 볼트 또는 전용철물을 사용하여야 한다.
- 높이가 3.5m를 초과할 때에는 높이 2m 이내마다 수평 연결재를 2개 방향으로 만들고 수평연결재의 변위를 방지하여야 한다.

3) 강관틀동바리

- 강관틀과 강관틀과의 사이에 교차 가새를 설치하여야 한다.
- 최상층 및 5층 이내 마다 거푸집 동바리의 측면과 틀면의 방향 및 교차가새의 방향에서 5개 이내 마다 수평 연결재를 설치, 수평연결재의 변위를 방지하여야 한다.
- 최상층 및 5층이내 마다 거푸집 동바리의 틀면의 방향에서 양단 및 5개틀 이내 마다의 장소에 교차 가새의 방향으로 띠장(Wale) 틀을 설치하여야 한다.
- 멍에 등을 상단에 올릴 때는 상단에 강재의 단판을 붙여 멍에 등에 고정하여야 한다.

4) 시스템 동바리

- 구조검토에 의한 조립도에 따라 정확히 설치하여야 한다.
- 설치 높이는 단변길이의 3배를 초과하지 말아야 한다.
- 잭베이스의 전체길이는 60cm 이내, 수직재와 물림길이는 20cm 이상 설치 하여야 한다.
- 수직 및 수평하중에 의한 동바리 변위 방지를 위해 각각의 단위 수평재 및 수직재에 가새를 견고하게 설치하여야 한다.
- 수평재와 수평재 사이에 수직재의 연결부위가 2개소 이상 되지 않도록 설치하여야 한다.
- 상부 U헤드는 멍에 또는 장선과 편심이 생기지 않도록 중심선에 맞추어 설치하고, 이동방지를 위하여 쐐기 등을 사용하여 밀착시켜 못 등으로 고정하여야 한다.
- 동바리의 전체적인 수직도를 유지하여야 한다.
- 동바리의 단절구간(슬라브와 보 접합부)은 수평재 또는 강관과 전용철물을 이용하여 폐합 철저하여야 한다.
- 조립·해체 작업시에는 작업발판을 설치하거나 추락방지망 설치 또는 안전대를 착용하여야 한다.

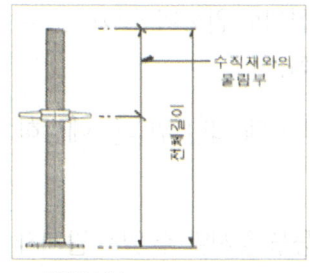
▲ 잭베이스

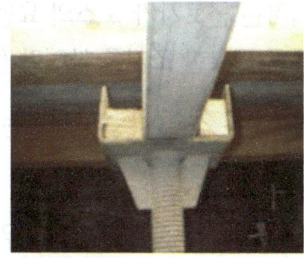
▲ 상부 U헤드

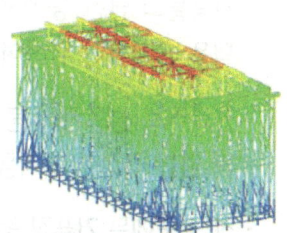
▲ 3D 구조검토 실시

5) 거푸집 동바리를 단상(段狀)으로 조립시 안전작업기준

- 거푸집의 형상에 따른 부득이한 경우를 제외하고는 깔판, 깔목 등을 2단 이상 끼우지 아니하도록 하여야 한다.
- 깔판, 깔목 등을 이어서 사용할 때에는 당해 깔판, 깔목 등을 단단히 연결하여야 한다.
- 상, 하부 동바리가 동일 수직선상에 위치하도록 하여 깔판 등에 고정시켜야 한다.
- 캔틸레버 구간이 발생되는 동바리 단상 구간에는 설계도 및 구조검토서의 지침에 따라 하중을 견딜 수 있도록 설치해야 한다.

6) 거푸집 동바리 조립/해체 시 안전작업기준

- 근로자 특별안전교육을 실시, 관리감독자의 지휘하에 작업을 실시하여야 한다.
- 비, 눈 그 밖의 기상상태의 불안정으로 인하여 날씨가 몹시 나쁠 때에는 그 작업을 중지하여야 한다.
- 재료, 기구, 공구 등을 올리거나 내릴 때는 달줄, 달포대 등을 사용하여야 한다.
- 보, 슬라브 등의 거푸집 동바리 등을 해체할 때에는 낙하, 충격에 의한 돌발재해를 방지하지 위하여 버팀목을 실시하는 등 필요한 조치를 하여야 한다.

7) 콘크리트 타설 작업 안전작업기준

- 작업을 시작하기 전에 당해 작업에 관한 거푸집 동바리 등의 변형, 변위 및 지반의 침하유무 등을 점검하고 이상을 발견한 때에는 이를 보수하여야 한다.

- 건축물의 난간 등에서 작업하는 근로자가 호스의 요동,선회로 인하여 추락하는 위험을 방지하기 위하여 설치 등 필요한 조치를 하여야 한다.
- 콘크리트 펌프카의 붐을 조정하는 경우에는 주변의 전선 등에 의한 위험을 예방하기 위한 적절한 조치를 한다.
- 작업 중에는 거푸집 동바리 등의 변형,변위 및 침하유무 등을 감시할 수 있는 감시자를 배치하여 이상을 발견한 때에는 작업을 중지시키고 근로자를 대피시켜야 한다.
- 콘크리트의 타설 작업시 거푸집붕괴의 위험이 발생할 우려가 있는 때에는 충분한 보강 조치하여야 한다.
- 설계도서상의 콘크리트 양생기간을 준수하여 거푸집 동바리 등을 해체하여야 한다.
- 콘크리트의 타설 순서를 준수(기둥→벽체→보→슬라브)하고 일정구간에 집중 타설로 인한 편심 하중 발생하지 않도록 계획 타설 하여야 한다.

(2) 굴착공사 안전시설 및 작업기준

건설현장에서 굴착공사에 따른 붕괴(무너짐) 재해예방을 위하여 안전작업 방법의 최소한의 기준을 수립

1) 굴착 작업 시 작업장소 등의 조사

- 굴착면의 길이가 2미터 이상이 되는 지반의 굴착작업의 경우 사전조사 및 작업 계획서를 작성하고 그 계획에 따라 작업을 하도록 한다.
- 작업계획서를 작성한 경우 작업지휘자를 지정하여 작업계획서에 따라 작업을 지휘하도록 한다.
- 지반의 굴착작업에 있어서 지반의 붕괴 또는 매설물 기타 지하공작물의 손괴 등에 의하여 근로자에게 위험을 미칠 우려가 있는 때에는 미리 작업장소 및 그 주변의 지반에 대하여 보링 등 적절한 방법으로 다음 각호의 사항을 조사하여 굴착시기와 작업순서를 정하여야 한다.

① 형상, 지질 및 지층의 상태
② 균열, 함수(含水), 용수 및 동결의 유무 또는 상태
③ 매설물 등의 유무 또는 상태
④ 지반의 지하수위

2) 굴착공사 안전시설 및 작업기준

- 지반 등을 굴착하는 때에는 굴착면의 기울기 기준에 적합하도록 하여야 한다.
- 지반의 붕괴 또는 토석의 낙하에 의한 근로자의 위험을 방지하기 위하여 관리감독자로 하여금 작업시작 전에 작업장소 및 그 주변의 부석, 균열의 유무, 함수, 용수, 동결상태의 변화를 점검하여야 한다.
- 굴착작업에 있어서 지반의 붕괴 또는 토석의 낙하에 의하여 근로자에게 위험을 미칠 우려가 있을 때에는 미리 흙막이 지보공 및 방호망을 설치하고, 근로자의 출입금지 등 위험을 방지하기 위하여 필요한 조치를 하여야 한다.
- 비가 올 경우를 대비하여 측구를 설치하거나 굴착사면에 비닐을 덮는 등 빗물의 침투에 의한 붕괴재해를 예방하기 위하여 필요조치를 하여야 한다.
- 매설물, 조적벽, 콘크리트 벽, 옹벽, 시설물 등에 근접하는 장소에서 굴착작업을 함에 있어서 가설물의 손괴에 의하여 근로자에게 위험을 미칠 우려가 있는 때에는 건설물을 보강하거나 이설하는 등 위험을 방지하기 위한 조치를 하여야 한다.
- 굴착작업 근로자에 특별안전교육 실시, 관리감독자 지휘하에 작업하여야 한다.

▶ **굴착면의 기울기 기준(산업안전 기준에 관한 규칙 제338조 제1항 관련)**

구 분	지반의 종류	기울기
보통흙	습 지	1:1 ~ 1:1.5
	건 지	1:0.5 ~ 1:1
암 반	풍화암	1:0.8
	연 암	1:0.5
	경 암	1:0.3

① 지반 등을 굴착하는 경우에는 굴착면의 기울기를 상기 기준에 맞도록 해야한다. 다만, 흙막이 등 기울기면의 붕괴 방지를 위하여 적절한 조치를 한 경우는 그러하지 아니하다.
② 상기 기준은 산업안전보건법 규정이며, 설계도면, 시방서 기타 법규 등에서 요구하는 사항이 상이할 경우 그에 적합한 조치를 하여야 한다.

▶ **지보공(支保工)**

땅이나 굴을 팔 때에, 흙이 무너지지 아니하도록 임시로 설치하는 가설 구조물 ≒ 동바리

(3) 흙막이 공사 안전시설 및 작업기준

건설현장에서 흙막이 공사에 따른 붕괴(무너짐) 재해예방을 위하여 안전 작업방법의 최소한의 기준을 수립

1) 일반사항

- 흙막이 지보공의 재료로 변형, 부식, 심하게 손상된 것을 사용하지 말아야 한다.
- 흙막이 지보공을 조립하는 때에는 미리 조립도를 작성하여 당해 조립도에 의하여 조립하도록 하여야 한다.
- 흙막이 지보공을 설치시 점검사항, 이상을 발견한 때에는 즉시 보수하여야 한다.
  ① 부재의 손상, 변형, 부식, 변위 및 탈락의 유무와 상태
  ② 버팀대의 긴압의 정도
  ③ 부재의 접속부, 부착부 및 교차부의 상태
  ④ 침하의 정도
- 설계도서에 따른 계측을 실시하고 계측분석결과 토압의 증가 등 이상한 점을 발견한 때에는 즉시 보강조치를 실시하여야 한다.
- 조립·해체·고정 근로자 특별안전교육 실시, 관리감독자 지휘하에 작업, 설치시기 지연 및 과 굴착 금지, HBP (Heaving, Boiling. Piping) 방지하여야 한다.

▶ **조립도 명시사항**

흙막이판, 말뚝, 버팀대 및 띠장 등 부재의 배치, 치수, 재질, 설치방법과 순서 부재의 재질, 단면규격, 설치간격, 이음방법

(4) 터널공사 안전시설 및 작업기준

건설현장에서 터널공사에 따른 붕괴(무너짐) 재해예방을 위하여 안전 작업 방법의 최소한의 기준을 수립

1) 터널공사

- 낙반·출수·가스폭발 등에 의한 위험을 방지하기 위하여 미리 지형·지질 및 지층 상태를 보링 등 적절한 방법으로 조사하여 그 결과를 기록·보존하고, 조사결과에 따라 미리 시공계획을 작성하고 그 시공계획에 의하여 작업을 하여야 한다.
- 낙반 등에 의하여 위험을 미칠 우려가 있는 때에는 터널지보공 및 록볼트의 설치, 부석의 제거 등 위험을 방지하기 위하여 필요한 조치를 하여야 한다.
- 터널굴착 및 터널지보공의 작업이 실행되고 있는 장소로서 낙반·낙석 등에 의해 근로자에 위험 우려가 있는 장소에는 관계자 외 출입을 금지하여야 한다.
- 출입구 부근의 지반붕괴, 토석낙하에 의하여 위험을 미칠 우려가 있는 때는 흙막이 지보공이나 방호망 설치 등 위험을 방지하기 위한 필요 조치를 하여야 한다.
- 낙반·출수 등에 의하여 재해발생의 급박한 위험이 있는 때에는 즉시 작업을 중지하고 근로자를 안전장소로 대피시켜야 하며, 재해발생위험을 근로자에 신속히 알리기 위한 통신설비를 설치하고, 그 설치장소를 주지시켜야 한다.

▶ 시공계획 포함사항

1. 굴착의 방법
2. 터널지보공 및 복공의 시공방법과 용수의 처리방법
3. 환기 또는 조명시설을 하는 때에는 그 방법

2) 터널지보공

- 지보공은 굴착 Type설계시공 Cycle에 반드시 준수해야하며, 이를 준수할 수 없을 경우는 감독자에게 필히 보고하고 지시를 받아야 한다.
- 터널지보공의 재료로 변형, 부식 또는 심하게 손상된 것을 사용하지 말아야 한다.
- 조립 때는 미리 그 구조를 검토한 후 조립도를 작성, 그에 의하여 조립하여야 한다.
- 조립·변경 때는 주재를 구성하는 1개조의 부재는 동일 평면내에 배치하여야 한다.
- 기둥에 침하방지를 위하여 받침목을 사용, 조립간격은 조립도에 의하며, 주재가 아치 작용을 충분히 할 수 있도록 쐐기를 박는 등 필요조치를 하고, 연결볼트 및 띠장 등을 사용하여 주재 상호간을 튼튼하게 연결하여야 한다.
- 터널의 출입구 부분에는 받침대를 설치하여야 한다.
- 터널내 작업 시 적정한 조도를 유지 관리하여야 한다.
- 다음사항을 수시로 점검하고 이상 발견 시 즉시 보강하거나 보수하여야 한다.
  ① 부재의 손상, 변형, 부식, 변위 탈락의 유무 및 상태
  ② 부재의 긴압의 정도
  ③ 부재의 접속부 및 교차부의 상태
  ④ 기둥 침하의 유무 및 상태
- 터널내 작업 시 적정한 조도를 유지 관리하여야 한다.

▶ 터널공사 조도기준

구 분	조도(Luk)
막장구간	60 이상
터널중간	50 이상
입출구	30 이상

▶ 조립도

부재의 재질, 단면규격, 설치간격 및 이음방법

▶ 긴압(緊壓)

가공 중 부재를 압축한 정도

5. 감전 재해예방 안전시설 및 작업기준

(1) 가설전기작업 운영기준

건설현장에서 가설전기 사용 시 발생할 수 있는 감전재해 예방을 위하여 전기 기계·기구 사용기준, 정전 및 활선 작업 시 안전작업방법 기준 수립

1) 일반사항

- 전기기계·기구 사용시 감전예방계획을 수립하고, 반입 전 및 사용 전 안전 검사를 실시하여야 한다.
- 정전 및 활선 작업 시 안전조치계획을 수립하고, 안전점검을 시행해야 한다.
- 해당 전압이 50볼트를 넘거나 전기에너지가 250볼트 암페어를 넘는 경우 사전조사 및 작업계획서를 작성하고 그 계획에 따라 작업을 하도록 한다.
- 작업계획서를 작성한 경우 작업지휘자를 지정하여 작업계획서에 따라 작업을 지휘하도록 한다.

▶ 안전 검사 항목
  - 배선의 손상 여부, 이중 절연 구조로된 켑 타이어 케이블선 사용 여부
  - 누전차단기의 경유 및 정상작동 여부
  - 외함 등 접지 여부 등

▲ 용접기

(2) 전기기계, 기구 사용시 안전작업기준

1) 공통

- 전기설비는 습기나 먼지 등에 노출되지 않도록 설치하여야 한다.
- 이동전선은 피복 손상이 없고, 이음매가 없도록 설치하여야 한다.
- 휴대용 전동기계.기구는 접지 및 누전차단기 경유하여야 한다.
- 110V 저전압 계통에서 사용하는 플러그와 콘센트는 220V 플러그와 콘센트가 구분 될 수 있도록 모양이나 색깔로 구분하여야 한다.
- 임시수전설비는 구획된 장소에 설치하고 울타리를 설치하여 관계자외 출입금지 안전표지판 설치 및 잠금장치 설치, 금속제 울타리는 접지를 하여야 한다.
- 가설전등 파손 및 감전방지를 위해 등 보호망을 설치 하고 배선은 가공상태에서 충전부가 노출되지 않도록 절연테이핑 등 안전조치를 하여야 한다.
- 교류아크 용접기는 자동전격방지기 부착하고 외함에는 접지를 하여야 한다.

▶ 수전 설비

수전설비란 전력회사부터 수전한 높은 전압의 전기를 부하설비의 운전에 적합한 낮은 전압의 전기로 변환하여 부하설비에 전기를 공급할 목적으로 사용되는 전기기기의 총 집합체

2) 접지설치에 대한 안전작업기준

① 접지 대상

- 전기기계·기구의 금속제 외함·금속제 외피 및 철대에 접지를 하여야 한다.
- 폭발위험이 있는 장소에서의 전기기계·기구(방폭지역)에 접지를 하여야 한다.
- 물기 또는 습기가 있는 장소에 접지를 설치하여야 한다.
- 크레인 등 이와 유사한 장비의 고정식 궤도 및 프레임에 접지를 하여야 한다.
- 고압(교류 750V – 7,000V)의 전기를 취급하는 변전소·개폐소의 울타리에 접지를 하여야 한다.
- 사용전압이 대지전압 150V이상으로 코드 및 플러그를 접속하여 사용하는 전기기계·기구는 접지를 하여야 한다.
- 고정형·이동형 또는 휴대형 전동기계·기구로 코드 및 플러그를 접속하여 사용하는 것은 접지를 하여야 한다.
- 수중펌프를 금속제 물탱크 등의 내부에 설치 시 탱크에 접지를 하여야 한다.

② 접지 방법

- 옥외 변대에서 부터 4심 케이블을 포설하여 3심은 동력선으로, 1심은 접지선으로 활용 하거나, 동력선과 별도로 주접지선 1선을 포설하여야 한다.
- 접지선은 모든 배·분전반에서 접속할 수 있도록 하고 개별 전기기계.기구의접지는 전원 인출 시 주접지선과 연결하거나 콘센트에 연결하여야 한다.
- 사용자 측의 잘못으로 접지가 누락되지 않도록 콘센트, 플러그 및 중간접속기(케이블 릴 등)는 반드시 접지극이 있는 것을 사용하거나 다심 캡타이어 케이블의 선심 하나를 접지선으로 사용하여야 한다.

▶ 접지

전기기기의 일부를 대지와 물리적으로 연결시켜 등전위로 만드는 것

3) 누전차단기에 대한 안전작업기준

- 대지전압이 150볼트를 초과, 물 등 도전성이 높은 액체에 의한 습윤장소, 철판, 철골 위 등 도전성이 높은 장소, 임시배선의 전로가 설치되는 장소에서 사용하는 이동형·휴대용 전기기계기구는 누전에 의한 감전 방지를 위해 정격에 적합하고 감도가 양호하며 확실 작동하는 누전차단기를 접속하여야 한다.

- 누전차단기를 접속할 때에는 다음 각호의 사항을 준수하여야 한다.

  ① 전기기계,기구에 접속되어 있는 누전차단기는 정격감도전류가 30mA 이하이고 작동시간은 0.03초이내 일 것. 다만, 정격 전 부하전류가 50A 이상인 전기기계, 기구에 접속되는 누전차단기는 오작동을 방지 위해 정격감도전류는 200mA 이하로, 작동시간은 0.1초 이내로 할 수 있다.

  ② 분기회로 또는 전기기계,기구마다 누전차단기를 접속하여야 한다. 다만, 평상시 누설전류가 미소한 소용량 부하의 전로에는 분기회로에 일괄하여 접속할 수 있다.

  ③ 누전차단기는 배전반 또는 분전반내에 접속하거나 꽂음 접속기 누전차단기를 콘센트에 연결하는 등 파손 또는 감전사고를 방지할 수 있는 장소에 접속할 수 있다.

▶ **누전차단기**

교류600V이하의 저압 전로에서 인체의 감전사고 및 누전에 의한 화재를 방지하기 위한 차단기

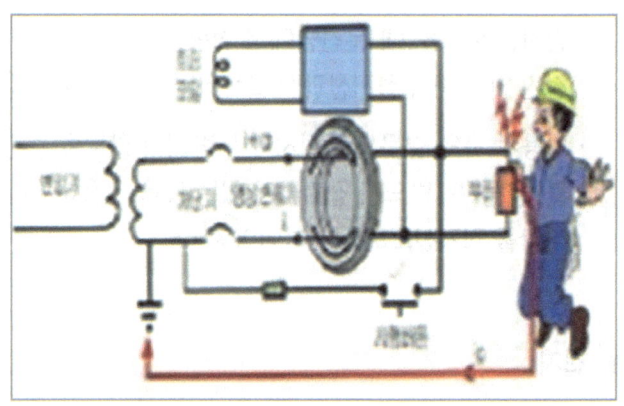

4) 전기기계기구 사용 시 안전기준

· 교류아크 용접기에는 자동전격방지기를 부착/결선하여 사용하여야 한다.
· 아크용접 등의 작업에 사용하는 용접봉의 홀더에 대하여는 관련 법령에 적합하거나 동등이상의 절연 내력 및 내열성을 갖춘 것을 사용하여야 한다.
· 이동전선에 접속하여 임시로 사용하는 전등이나 가설의 배선·이동전선에 접속하는 가공 매달기식 전등 등을 접촉함으로 인한 감전 및 전구의 파손에 의한 위험을 방지하기 위하여 보호망을 부착하여야 한다.
· 보호망을 설치하는 때에는 다음 각호의 사항을 준수하여야 한다.
  ① 전구의 노출된 금속부분에 근로자가 접촉되지 아니하는 구조로 할 것
  ② 재료는 용이하게 파손되거나 변형되지 아니하는 것으로 할 것
· 전기기계, 기구를 조작함에 있어서 감전, 오 조작에 의한 위험을 방지하기 위하여 당해 전기기계,기구의 조작 부분은 150lux 이상의 조도가 유지되어야 한다.

5) 배선 및 이동전선 사용시 안전작업기준

· 작업·통행 등으로 접촉하거나 접촉할 우려가 있는 배선 또는 이동 전선에는 절연피복이 손상되거나 노화로 인한 감전위험을 방지 위한 조치를 하여야 한다.
· 전선을 서로 접속하는 때에는 당해 전선의 절연성능이상으로 절연될 수 있는 것으로 충분히 피복하거나 적합한 접속기구를 사용하여야 한다.
· 물 등 도전성이 높은 액체가 있는 습윤한 장소에서 작업·통행 등으로 인하여 접촉할 우려가 있는 이동전선, 이에 부속하는 접속기구는 그 도전성이 높은 액체에 대하여 충분한 절연효과가 있는 것을 사용하여야 한다.
· 통로바닥에 전선 또는 이동전선을 설치하여 사용하여서는 아니 된다. 다만, 차량 기타물체의 통과 등으로 전선의 절연 피복이 손상될 우려가 없거나 손상되지 아니하도록 적절한 조치를 하여 사용하는 때는 그러하지 아니하다.
· 꽂음 접속기를 설치·사용하는 때에는 다음 각호의 사항을 준수하여야 한다.

① 서로 다른 전압의 접속기는 상호 접속되지 아니한 구조의 것을 사용할 것.
② 습윤장소 사용 접속기는 방수형 등 당해 장소에 적합한 것을 사용할 것.
③ 접속 시 땀 등에 의하여 젖은 손으로 취급하지 않도록 할 것.
④ 당해 꽂음 접속기에 잠금 장치가 있는 때에는 접속 후 잠그고 사용할 것

· 배·분전반 설치 방법
① 분전반은 잠금 장치를 하고 "취급자 외 조작금지" 등의 표지를 부착하여 Tag out조치를 실행해야 한다.
② 충전부에 보호판(절연덮개)를 설치 하고, 금속제 분전함의 외함은 접지하여야 한다.
③ 옥외 분전반 등의 외함은 빗물이 스며들지 않고 외부로 유출 되는 구조로 설치하고, 전원 인출은 콘센트 및 플러그를 통해 인출하도록 설치하여야 한다.

· 이동전선 설치 방법
① 1종 캡타이어 케이블 및 비닐 캡타이어 케이블 이외의 캡타이어 케이블로서 단면적이 0.75㎟이상인 것을 사용하여야 한다.
② 임시배선은 지중 또는 가공으로 포설하고, 도로 및 통로 등에 노출되지 않도록 조치하여야 한다.
③ 이동전선을 서로 접속하는 경우 전선의 절연성능 이상으로 절연될 수 있도록 절연테이프로 전선 절연층 두께의 1.5배가 되도록 감아서 연결하여야 한다.
④ 옥외에서 연결할 경우 방수형 꽂음접속기(콘센트 및 플러그)를 사용하여야 한다.

▶ **분전반(cabinet panel)**

간선으로 부터 각 분기회로로 갈라지는 곳에, 주개폐기, 분기회로용 분기개폐기나 자동차단기를 모아서 설치 한 것.

(3) 정전작업시 안전작업기준

1) 작업전 정전작업요령을 작성

- 작업책임자의 임명, 전로 또는 설비의 정전순서, 개폐기관리 및 표지판 부착, 단락 접지실시, 정전확인순서 등이 포함되도록 작업요령을 작성하여야 한다.

2) 단로기 또는 선로개폐기를 개·폐로하는 때에는 안전표지판을 설치

▶ 단로기 (斷路器 disconnector)
부하전류를 제거한 후 회로를 격리 하도록 하기 위한 장치

3) 정전 작업 시 조치기준성

- 전로의 개로에 사용한 개폐기에 잠금 장치를 하고, 통전금지에 관한 표지판을 설치하여야 한다.
- 개로된 전로가 전력케이블.전력콘덴서 등을 가진 것은 잔류전하를 확실히 방전 시켜야 한다.
- 개로된 전로의 충전여부를 검전기구에 의하여 확인 하고, 단락 접지기구를 사용하여 확실하게 단락 접지하여야 한다.

(4) 활선작업 및 활선 근접 작업 시 안전작업기준

1) 활선작업요령을 작성

- 작업책임자의 임명, 작업장소의 주변상태, 절연용 방호구 및 보호구, 활선작업용 기구, 장치 등이 포함되도록 작성하여야 한다.

2) 저압 활선 및 근접작업

· 근로자에게 절연용 보호구 착용 및 당해 충전전로에 절연용 방호구를 설치하여야 한다.

3) 고압 활선 근접 작업

· 근로자에게 절연용 보호구 착용 및 당해 충전전로에 절연용 방호구를 설치하여야 한다.

· 근로자에게 활선작업용 기구 및 장치를 사용하여야 한다.

▶ **저압**(低壓)
750V이하 직류전압이나 600V이하의 교류전압을 의미함

▶ **고압**(高壓)
750V이상 직류전압이나 600V - 7,000V사이의 교류전압을 의미함

4) 특별고압 활선 및 근접작업

· 활선작업용 기구 및 장치를 사용하고, 접근한계거리이상을 유지하여야 한다.
· 당해 충전전로 접근금지 표지판을 설치 하고, 감시인을 배치하여야 한다.

충전전로의 사용전압 (단위 : Kv)	충전전로에 대한 접근한계거리 (단위 : cm)
22 이하	20
22초과 33이하	30
33초과 66이하	50
66초과 77이하	60
77초과 110이하	90
110초과 154이하	120
154초과 187이하	140
187초과 220이하	160
220초과	220

5) 시설물 건설 등의 작업 시 감전방지

· 가공전선 또는 전기기계, 기구의 충전 전로에 접근하는 장소에서 시설물의 건설, 해체, 점검, 수리 및 도장 등의 작업 또는 이에 부수하는 작업 및 항타기, 항발기, 콘크리트 펌프카, 이동식크레인·모터카, 멀티플타이탬퍼 등을 사용하는 작업을 함에 있어서 당해 작업에 종사하는 근로자가 당해 충전 전로에 근로자의 신체 등이 접촉하거나 접근함으로 인하여 감전의 위험이 발생할 우려가 있는 때는 다음의 1에 해당하는 조치하여야 한다.
① 당해 충전 전로를 이설할 것
② 감전의 위험을 방지하기 위한 방책을 설치할 것
③ 당해 충전 전로에 절연용 방호구를 설치할 것
④ 제1호 내지 제3호에 해당하는 조치를 하는 것이 현저히 곤란한 때에는 감시인을 두고 작업을 감시하도록 할 것

6. 협착/충돌(부딪힘·접촉) 재해예방 안전시설 및 작업기준

(1) 기계 등의 안전시설 및 작업기준

건설현장에서 사용중인 각종 기계에 의한 협착/충돌(부딪힘·접촉) 재해예방을 위해 안전기준과 안전시설, 안전작업방법의 최소한의 기준을 수립

1) 기계 등의 일반기준

· 기계의 원동기, 회전축, 기어, 풀리, 플라이휠, 벨트 및 체인 등 근로자에게 위험을 미칠 우려가 있는 부위에는 덮개, 울, 슬리이브 및 건널다리 등을 설치하어야 한다.

· 회전축, 기어, 풀리 및 플라이휠 등에 부속하는 키, 핀 등의 기계요소는 묻힘형으로 하거나 해당 부위에 덮개를 설치하여야 한다.

· 벨트의 이음부분에는 돌출된 고정구를 사용금지 하여야 한다.

- 동력으로 작동되는 기계에는 스위치, 클러치 및 벨트이동장치 등 동력차단장치를 설치하여야 한다.
- 가공물 등이 절단되거나 절삭편이 날아오는 등으로 근로자에게 위험을 미칠 우려가 있는 때에는 기계에 덮개 또는 울 등을 설치하여야 한다.
- 정비, 청소, 급유, 검사, 수리 등의 작업을 함에 있어서 근로자에게 위험을 미칠 우려가 있는 때에는 당해 기계의 운전을 정지하여야 한다.
- 기계의 운전을 정지한 때에는 다른 사람이 당해 기계를 운전하는 것을 방지하기 위하여 당해 기계의 기동장치에 잠금장치를 하고 그 열쇠를 별도 관리하거나 표지판을 설치하는 등 필요한 방호조치 실시하여야 한다.
- 방호장치의 수리, 조정 및 교체 등의 작업 외에는 설치한 방호장치를 해체하거나 사용 정지 금지하여서는 아니된다.
- 날, 공작물 또는 축이 회전하는 기계를 취급하는 때에는 그 근로자의 손에 밀착이 잘되는 가죽제 장갑 등 외에 손이 말려 들어갈 위험이 있는 장갑을 사용하여서는 아니된다.
- 기계, 기구, 설비 및 수공구 등을 제조 당시의 목적 외 사용 금지하여야 한다.
- 기계에 부속하는 볼트, 너트의 풀림에 의한 위험을 방지하기 위하여 그 볼트, 너트가 적정하게 조여져 있는지 여부를 수시로 확인하여야 한다

2) 목재 가공용 기계

- 목재가공용 둥근톱기계에는 분할날 등 반발예방장치, 톱날접촉예방장치를 설치하여야 한다.
- 목재가공용 띠톱기계의 절단에 필요한 톱날부위 외의 위험한 톱날부위에는 덮개 또는 울 등을 설치하여야 한다.

3) 압력용기

- 압력용기 및 공기압축기 등에 부속하는 원동기, 축이음, 벨트, 풀리의 회전부위 등에는 덮개 또는 울 등을 설치하여야 한다.

4) 기타 기계기구

- 현장에서 사용하는 기계기구 중 고속절단기·그라인더 등의 회전부에 덮개, 고압살수기·이동식 철근절단기, 믹서기 등 회전부가 있는 기계·장비에는 방호커버를 설치하거나 묻힘형으로 협착점 보호조치를 실시하여야 한다.
- 철근가공기계 등 노출된 스위치에 불시작동에 의한 위험이 있는 경우에 덮개를 설치하여야 한다.

(2) 건설기계 등의 안전시설 및 작업기준

각종 건설기계에 의한 협착/충돌 재해예방을 위하여 안전기준과 안전시설, 안전작업방법 등 최소한의 기준을 수립

1) 차량계 하역운반기계 및 건설기계

- 작업계획을 작성하고 그 작업계획을 당해 근로자에게 교육하고 작업계획에 따라 작업을 실시하여야 한다.
- 작업지휘자(유도자), 신호방법 및 제한속도 지정하여 관리하여야 한다.
- 하역 또는 운반중인 화물이나 그 차량계 하역운반기계 등 또는 화물에 접촉위험 장소에 근로자 출입금지 하여야 한다.
- 운전자가 운전위치를 이탈하는 때에는 포크 및 버켓 등의 하역장치를 가장 낮은 위치에 두고 원동기를 정지시키고 브레이크를 확실히 거는 등 갑작스런 주행을 방지하기 위한 조치를 하여야 한다.
- 승차석 외의 위치에 근로자를 탑승 금지 및 주용도 외 사용금지 하여야 한다.
- 전조등 및 헤드가드의 설치하여야 한다.

2) 지게차

- 조명이 확보되어 있는 장소 외에서 작업시 전조등 및 후미 등을 설치하여야 한다.
- 헤드가드 및 백레스트의 설치 및 유지하여야 한다.
- 지게차를 운전하는 근로자는 좌석안전띠를 착용하여야 한다.

3) 고소작업대

- 작업대를 유압에 의하여 상승, 하강시킬 때에는 작업대를 일정한 위치에 유지할 수 있는 장치를 갖추고 압력의 이상저하를 방지할 수 있는 구조로 하여야 한다.
- 권과방지장치를 갖추거나 압력의 이상상승을 방지할 수 있는 구조로 하여야 한다.
- 바닥과 고소작업대는 수평을 유지하여야 한다.
- 불시이동을 방지하기 위하여 아웃트리거 또는 브레이크 등을 사용하여야 한다.
- 고소작업대 이동시 작업대를 가장 낮게 하강하여야 한다.
- 작업대를 상승시킨 상태에서 작업자를 태우고 이동하지 말아야 한다.
- 이동통로의 요철상태 또는 장애물의 유무 등을 확인하여야 한다.
- 고소작업대 사용시 보호구 착용 및 관계자 외 출입 금지토록 하여야 한다.

7. 전도(넘어짐·깔림) 재해예방 안전시설 및 작업기준

건설현장에서 건설기계, 작업대, 작업자 등이 이동 및 작업 중 발생할 수 있는 전도(넘어짐·깔림) 사고를 예방하기 위한 최소한의 기준을 수립

(1) 건설기계, 장비 및 운반하역기계

(넘어짐·깔림) 방지시설 설치 및 안전작업기준

1) 공통사항

- 건설현장에 투입,사용되는 모든 건설기계는 관련법령을 준수하여야 한다.
- 건설기계를 이용한 작업 시 작업계획서를 작성하고 관련 근로자를 대상으로 안전작업방법 등에 대한 사전교육을 실시하여야 한다.
- 건설기계는 유자격 운전자(해당 면허소지자)에 의하여 관리되어야 한다.
- 건설기계는 주용도 외 다른 목적으로 사용하거나 변칙으로 운행하지 말아야 한다.
- 작업시에는 작업반경내 임직원 등 출입인원을 통제하여야 한다.
- 건설기계는 일상점검을 실시하고 그 결과를 유지 기록하여야 한다.
- 차량계 하역운반기계 등을 사용하는 작업을 함에 있어서 그 기계가 넘어지거나 굴러 떨어짐으로써 근로자에게 위험을 미칠 우려가 있는 때에는 그 기계를 유도하는 자를 배치하고 지반의 부등침하(不等沈下) 방지 및 갓길의 붕괴를 방지하기 위한 조치를 하여야 한다.
- 건설기계는 규정속도를 준수한다.

2) 크레인 등 아웃트리거를 사용하는 건설기계

- 아웃트리거는 편평하고 견고한 지면에 설치하고 가능한 최대로 인출하여 설치하여야 한다.
- 연약지반에 설치 시 아웃트리거 하부에 견고한 받침목/철판을 설치하여야 한다.
- 아웃트리거 받침목은 수평을 유지하도록 설치하여야 한다.
- 정격하중을 표시하고 과부하 방지장치를 부착하여야 한다.

3) 기타 건설기계

- 이동로 또는 작업장소상에 요철 또는 장애물 발생시 요철 또는 장애물을 제거하여 수평상태 확보 후 작업 또는 이동하여야 한다.

· 연약지반에서 이동 또는 작업 시 지압 철판을 사용하여야 한다.

· 전도위험구간에서의 작업 및 이동시 유도/신호자 배치하여야 한다.

· 굴착 또는 성토구간의 단부에 근접하여 운행시 전도/전락을 방지하기 위해 토사다이크 및 라바콘 등 장비의 접근을 금지시킬 수 있는 안전시설을 설치하여야 한다.

8. 화재/폭발/질식 재해예방 안전시설 및 작업기준

(1) 화재/폭발 사고예방 및 작업 기준

건설현장에서 화재/폭발/질식은 사고 시 중대재해 위험도가 높아, 작업 중 재해예방을 위한 최소한의 기준을 수립

- 용접, 인화성 가스 등을 취급하는 작업의 경우
- 작업종료 시까지 작업지점으로부터 5m이내 쉽게 보이는 장소에 능력단위 3단위 이상인 소화기 2개 이상과 대형소화기 1개를 추가로 배치하여야 한다.
- 또한 간이소화장치가 설치되어 있는 경우에는 작업종료 시까지 작업지점으로부터 25m 이내에 설치 또는 배치하여 상시 사용이 가능하여야 하며 동결방지조치를 하여야 한다.

1) 전기 및 가스용접(절단)

· 가스용접기 게이지 파손 및 호스접속 상태(전용밴드/클립)를 확인하여야 한다.

· 가스용접기 호스 균열, 운반구 사용 유무, 전도방지 상태를 확인하여야 한다.

· 작업구간 소화기 비치 및 불꽃방지 시설을 설치하여야 한다.

· 작업자는 보안경, 용접장갑을 착용하여야 한다.

· 밀폐장소 화기 작업 시 작업 전/작업 재개시전 가연성 가스 측정을 하여야 한다.

· 작업 전 주변 가연성 물질 사전 제거 등 사전 안전조치를 하여야 한다.

· 배관 용접 작업 시 배관내 가스 유무에 대한 확인을 하여야 한다.

- 탱크 용접 작업 시 탱크내 가스 등 완전 제거 후 작업을 실시하여야 한다.
- 각종 고압용기(LPG, 산소 등)는 세워서 보관하고 전도방지 조치를 하여야 한다.
- 용기의 온도를 섭씨 40도 이하로 유지하여야 한다.

2) 고속절단기, 그라인더
- 고속절단기 사용시 불꽃방지시설을 설치하여야 한다.
- 회전날의 비래방지 조치를 하여야 한다.
- 작업 시 안전보호구를 착용하여야 한다.
- 작업구간 소화기 비치하여야 한다.
- 작업구간 주변 정리정돈을 하여야 한다.(작업 전 작업 주변 인화성 물질 유무 확인)
- 작업 중 흡연은 금지하여야 한다.

▲ 불티확산방지 조치

▲ 작업구간 소화기 비치

3) 사무실 및 편의시설
- 화재 발생시 경보 및 대피 계획을 모든 장소를 대상으로 작성하여야 한다.
- 주출입구 이외의 비상구를 설치하여야 한다.
- 규정된 누전차단기를 설치하여야 한다.
- 휴대용 버너, 전열기구 사용 시 적절한 화재예방 조치를 실시해야 한다.
- 가설사무실 및 숙소에는 소화설비 및 화재경보설비를 구축하여야 한다.
- 국민건강증진법 등을 참고하여 금연구역을 설정, 운영 관리하여야 한다.

4) 전기기구 및 전선 등의 결선 안전사항

- 전선 고유의 기계적 강도(인장)를 유지하여야 한다.
- 전선 피복과 동등한 절연 성능을 유지하여야 한다.
- 저항이 증가하지 않도록 충분한 길이로 꼬아 결선하여야 한다.
- 전기 결선 안전방법 및 안전취급 안전사항에 대해 교육을 실시하여야 한다.
  - 전기제품은 KS마크가 있는 것 사용, 정격용량의 전선 사용, 노후된 전선 교체
  - 누전차단기 설치, 문어발식 코드 사용 금지, 퓨즈는 정격 용량의 규격품 사용.
  - 평상시 불필요한 전원 끄고, 퇴근시 사용하지 않는 전원코드는 뽑아 둔다.
  - 전원 플러그를 뺄 때 전선을 당기지 않음.

5) 전열기기/난방설비

- 난방기기/난방설비에 대한 허가제를 운영하고 관리책임자를 지정하여 관리한다.
- 화기 사용 주변에 울(fence) 설치 또는 소화기 및 방화사를 비치하여야 한다.
- 연료공급 및 이동시에는 전원을 차단하는 등 안전조치를 취하여야 한다.
- 휴식 또는 작업 종료시에는 소화를 확인하고 이석 하여야 한다.

6) 소화설비 설치

- 현장 내 각 층별, 각 실별, 대상물별 방호능력 단위 이상으로 설치하여야 한다.
- 소화기는 보행거리 20m 이내 마다 설치하고, "소화기" 표지를 게시하여야 한다.
- 소화기는 정기 점검을 실시하고 이상 발견 시 즉시 교체 등 조치하여야 한다.
- 근로자에게 소화기 사용법에 대해 교육을 실시하여야 한다.

(2) 질식 사고예방 및 작업 기준

1) 밀폐공간 도장, 방수 및 단열작업

- 방폭형 랜턴사용, 환기시설을 설치하여야 한다.
- 작업장내 소화기를 비치하여야 한다.
- 비상대피시설 설치 및 위험물질에 대한 작업전 취급방법에 대해 교육을 실시하여야 한다.
- 작업장내 발화물질 휴대 금지조치를 하여야 한다.
- 밀폐된 공간에 들어가는 경우 가스농도 측정하여 산소농도 18% 이상시에만 출입하고 호흡용 보호구 사용 시 사용전 점검을 실시하여야 한다.
  - 산소용기 부식, 마모 상태 확인
  - 산소용기 습기가 적고, 통풍이 잘 되는 곳에 보관 확인
  - 조정구 등 연결부 부위 확인
  - 산소충액 상태 확인
- 현장내 흡연구역 설정하여 관리하여야 한다.
- 작업 주변 정리정돈을 철저하게 하여야 한다.(작업 전 주변 가연성 자재 정리).

2) 콘크리트 양생(열풍기 등 사용)

- 양생 중에는 상시 환기가 시행될 수 있도록 설비를 비치, 운영해야 한다.
- 작업장에 출입 전 산소농도, 가스(일산화탄소 외) 농도 측정을 실시하여야 한다.
- 가스농도 측정은 작업장 내에 상시 경보기(일산화탄소)를 설치하고, 그러지 않을 경우 휴대용 측정기를 휴대 후 출입해야 한다.
- 가스농도 측정 결과, 작업환경 범위를 벗어날 경우 송기마스크, 공기호흡기 중 1가지 방법을 선정하여 질식 재해를 예방해야 한다.

· 반드시 관리감독자를 배치하고, 근로자 단독 작업을 금지하여야 한다.

· 작업자와 관리감독자는 비상 상황 시 즉시 연락할 수 있는 수단을 사전에 결정후 작업을 시행해야 한다.

· 작업장 외부에는 긴급 상황 구조에 사용할 수 있는 공기호흡기 등을 비치해야 한다.

· 갈탄 또는 열풍기 등 화기 사용시 주변 정리정돈 및 소화기 비치를 하여야 한다.

▶ **작업장 가스농도 기준**
  1. 산소 : 18%이상, 23.5%미만
  2. 황화수소 10ppm이하
  3. 가연성가스는 10%미만
  4. 일산화탄소 30ppm 미만

3) 수직구, 터널시공 중 환가시설의 기준

· 설계에서 규정한 단면의 환기설비와 풍관을 적절히 설치해야 한다.

· 풍관은 막장면과 50m 이내에 위치하도록 시공구간 늘어날 때마다 추가설치 되어야 한다.

경기도 건설안전
가이드라인

03

기계/기구/설비
설치 및 사용안전기준

03 기계/기구/설비 설치 및 사용안전기준

1. 건설기계 안전 점검 기준

건설기계의 종류

건설기계 명	적용범위
1. 불도저	무한궤도 또는 타이어식인 것
2. 굴삭기	무한궤도 또는 타이어식으로 굴삭장치를 가진 자체중량 1톤 이상인 것
3. 로더	무한궤도 또는 타이어식으로 적재장치를 가진 자체중량 2톤 이상인 것
4. 지게차	타이어식으로 들어올림장치를 가진 것. 다만, 전동식으로 솔리드 타이어를 부착한 것을 제외한다.
5. 스크레이퍼	흙·모래의 굴삭 및 운반장치를 가진 자주식인 것
6. 덤프트럭	적재용량 12톤 이상인 것. 다만, 적재용량 12톤 이상 20톤 미만의 것으로 화물운송에 사용하기 위하여 자동차관리법에 의한 자동차로 등록된 것을 제외한다.
7. 기중기	무한궤도 또는 타이어식으로 강재의 지주 및 선회장치를 가진 것. 다만, 궤도(레일)식인 것을 제외한다.
8. 모터그레이더	정지장치를 가진 자주식인 것
9. 롤러	1. 조종석과 전압장치를 가진 자주식인 것 2. 피견인 진동식인 것
10. 노상안정기	노상안정장치를 가진 자주식인 것
11. 콘크리트뱃칭플랜트	골재저장통·계량장치 및 혼합장치를 가진 것으로서 원동기를 가진 이동식인 것
12. 콘크리트 피니셔	정리 및 사상장치를 가진 것으로 원동기를 가진 것
13. 콘크리트 살포기	정리장치를 가진 것으로 원동기를 가진 것
14. 콘크리트 믹서트럭	혼합장치를 가진 자주식인 것(재료의 투입·배출을 위한 보조장치가 부착된 것을 포함한다)
15. 콘크리트 펌프	콘크리트배송능력이 매시간당 5세제곱미터 이상으로 원동기를 가진 이동식과 트럭적재식인 것
16. 아스팔트믹싱플랜트	골재공급장치·건조가열장치·혼합장치·아스팔트공급장치를 가진 것으로 원동기를 가진 이동식인 것
17. 아스팔트피니셔	정리 및 사상장치를 가진 것으로 원동기를 가진 것
18. 아스팔트살포기	아스팔트살포장치를 가진 자주식인 것
19. 골재살포기	골재살포장치를 가진 자주식인 것
20. 쇄석기	20킬로와트 이상의 원동기를 가진 이동식인 것
21. 공기압축기	공기토출량이 매분당 2.83세제곱미터(매제곱센티미터당 7킬로그램 기준) 이상의 이동식인 것
22. 천공기	천공장치를 가진 자주식인 것
23. 항타 및 항발기	원동기를 가진 것으로 해머 또는 뽑는 장치의 중량이 0.5톤 이상인 것
24. 사리채취기	사리채취장치를 가진 것으로 원동기를 가진 것
25. 준설선	펌프식·바켓식·딧퍼식 또는 그래브식으로 비자항식인 것
26. 특수건설기계	제1호부터 제25호까지의 규정 및 제27호에 따른 건설기계와 유사한 구조 및 기능을 가진 기계류로서 국토교통부장관이 따로 정하는 것
27. 타워크레인	수직타워의 상부에 위치한 지브를 선회시켜 중량물을 상하, 전후 또는 좌우로 이동시킬 수 있는 정격하중 3톤 이상의 것으로서 원동기 또는 전동기를 가진 것

건설기계 안전점검 CHECK LIST - 크레인(무한궤도식)

후크해지장치 및 허용하중표시

BOOM 휨, 부식, 연결핀 부착

붐 BACK STOPPER 작동

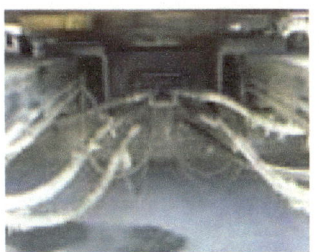
유압연결호스 이상유무

과부하방지장치 작동연결센서

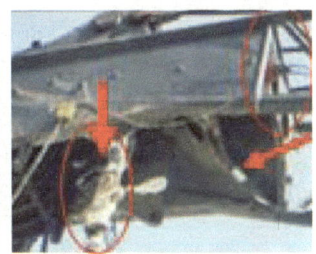
과부하방지장치

운전석 과부하방지장치등 작동 모니터

와이어 드럼 및 와이어 상태

권과방지장치 작동연결 센서

03 기계/기구/설비 설치 및 사용안전기준

운전석 권과방지장치 작동 알람(부져)

운전석 후방 카메라 모니터

비상정지(브레이크식/수동) 장치

비상정지(브레이크식/수동)장치

비상정지(자동)장치 스위치

후방 카메라

1. 건설기계 안전 점검 기준

건설기계 안전점검 CHECK LIST - 무한궤도

NO	주요점검사항	점검결과	비고
01	장비는 임의 개종/개량하지 않았는가 그런 사실이 있다면 정식 허가를 득한 장비인가		
02	운전원은 면허를 보유하고 유경험자인가		
03	장비의 검사유효기간 및 보험(자차 포함)에 가입되어 있는가		
04	경광등,전조등은 작동되며 안전표식은 부착되어있는가		
05	비상정지장치(자동/브레이크식 수동)는 정상적으로 작동되는가		
06	권과방지방치는 장착되어 있고 정상적으로 작동되며 부저(벨)는 울리는가		
07	과부하방지장치는 장착되어 있고 정상적으로 작동되며 부저(벨)는 울리는가		
08	후크 안전고리는 부착되어 있고 정상 작동이 되는가		
09	WIRE DRUM의 감김 상태 및 WIRE의 상태 (부식, 마모, 변형등)는 양호한가		
10	바퀴식은 OUT-RIGGER(4개소) 장착 및 고임목을 보유하고 있는가		
11	인양용 WIRE는 훼손, 마모, 부식, 꼬임, 풀림 등 이상이 없는가		
12	인양 보조공구 SHACKLE, TURN BUCKLE 등 상태가 양호한가		
13	차량계건설기계(하역운반기계)/중량물취급계획서는 적정하게 작성되었으며, 보험증등 관련서류는 확보(제출)되었는가		

건설기계 안전점검 CHECK LIST – 크레인(하이드로)

주권,보권 권과방지장치
BOOM의 휨,부식
와이어로프 상태

주권, 보권 권과방지장치

보권 권과방지장치

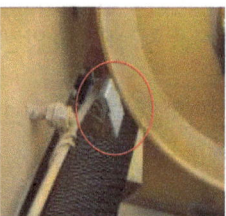
메인 드럼 감시카메라

비상정지장치 스위치

주권 권과방지장치

후크해지장치 및 허용하중표시

메인 드럼 감시카메라 모니터

비상정지 장치 레버

후방감시 카메라 모니터

후방감시 카메라

아웃트리거 작동 및 바퀴의 이상유무

메인붐,보조붐의 변형 이상유무

1. 건설기계 안전 점검 기준

건설기계 안전점검 CHECK LIST – 크레인

NO	주요점검사항	점검결과	비고
01	장비는 임의 개종/개량하지 않았는가 그런 사실이 있다면 정식 허가를 득한 장비인가		
02	운전원은 면허를 보유하고 유경험자인가		
03	장비의 검사유효기간 및 보험(자차 포함)에 가입되어 있는가		
04	경광등, 전조등은 작동되며 안전표식은 부착되어있는가		
05	비상정지장치(자동/브레이크식 수동)는 정상적으로 작동되는가		
06	권과방지장치는 장착되어 있고 정상적으로 작동되며 부저(벨)는 울리는가		
07	과부하방지장치는 장착되어 있고 정상적으로 작동되며 부저(벨)는 울리는가		
08	후크 안전고리는 부착되어 있고 정상 작동이 되는가		
09	WIRE DRUM의 감김 상태 및 WIRE의 상태 (부식, 마모, 변형등)는 양호한가		
10	아웃트리거 설치상태는 적정한가 (지반 침하방지조치, 받침 or 철판 설치)		
11	인양용 WIRE는 훼손, 마모, 부식, 꼬임, 풀림 등 이상이 없는가		
12	인양 보조공구 SHACKLE, TURN BUCKLE 등 상태가 양호한가		
13	이동식 크레인 등 건설장비의 아웃트리거는 장비제원에 명시된 정상기준길이만큼 뽑아 장착하고 사용해야 한다		
14	차량계건설기계(하역운반기계)/중량물취급계획서는 적정하게 작성되었으며, 보험증등 관련서류는 확보(제출)되었는가		

리프트 안전점검 CHECK LIST

NO	명칭	NO	명칭
1	주 판넬 (CONTROL PANEL)	7	하부 브레이크
2	상부 감속기	8	가바나 (SAFETY DEVICE)
3	하부 감속기	9	상,하한 리미트 스위치
4	상부 모타	10	3상 전원차단 스위치
5	하부 모타	11	조작 박스 (OPERATION BOX)
6	상부 브레이크		

NO	주요점검사항	점검결과	비고
01	주전원 및 비상스위치 작동상태는 양호한가		
02	기계구동부에 있는 삼상 전원스위치가 작동은 양호한가		
03	상하 자동 정지상태는 양호한가		
04	각종 기어 및 볼트의 체결상태는 양호한가		
05	상승, 하강을 반복하여 브레이크의 작동상태는 양호한가		
06	과상승방지 등 각종 안전장치 구조부분의 이상변형은 없는가		
07	방호울 출입문은 운행시 정지되도록 연동장치가 되어 있는가		
08	낙하방지장치(가바나) 작동은 양호한가		
09	최상단부의 권과방지장치는 부착이 되어 있는가		
10	바닥과의 충격을 방지하는 완충장치는 고정되어 있는가		

1. 건설기계 안전 점검 기준

크레인 안전점검 CHECK LIST

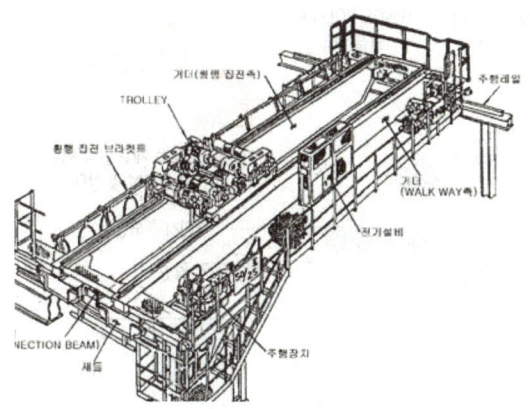

NO	주요점검사항	점검결과	비고
01	운전원은 유경험자이고 숙련공인가		
02	권과방지장치 작동위치 및 작동상태는 정상인가		
03	비상정지장치의 작동상태는 정상인가		
04	과부하방지장치 스위치류의 작동상태는 정상인가		
05	충돌방지장치는 지정된 거리에서 정지 또는 경보가 울리는가		
06	크레인 주행장치의 구동축,시브축,행거볼트 등 초음파 검사를 하였는가		
07	트롤리레일의 마모,손상,변형 이상유무를 확인했는가		
08	브레이크의 작동여부 및 라이닝,유압등은 이상이 없는가		
09	와이어 소선은 마모,손상,변형이 없고 후크는 해지장치가 부착되었는가		
10	각종 구성부분의 균열,변형,손상의 유무를 확인했는가		

건설기계 안전점검 CHECK LIST – 카고 크레인(Truck Crane)

  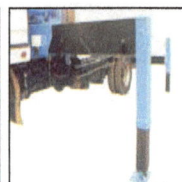  

| 각종 유압밸브 연결 및 누유 | 주행시 붐 선회방지 장치 | 아웃트리거 작동 | 붐 Guide Roller 연결상태 | 브레이크 내장형 선회감속기 |

NO	주 요 점 검 사 항	점검결과	비 고
01	운전원은 면허를 보유하고 유경험자인가		
02	장비의 검사유효기간 및 보험(자차 포함)에 가입되어 있는가		
03	권과방지장치는 설치 및 정상 작동되는가		
04	붐 선회방지장치 및 선회감속기는 정상 작동되는가		
05	붐대 회전판 연결부위 볼트 부식,훼손,탈락,조임 등 이상은 없는가		
06	아웃트리거 설치상태는 적정한가(지반 침하방지조치, 받침 or 철판 설치)		
07	후크 해지장치는 부착되어 있고 정상 작동이 되는가		
08	건설기계 관리법을 벗어난 불법 개조 장비는 아닌가		
09	후진 경고음 (BACK HORN)은 작동 하는가		
10	인양용 줄걸이 WIRE, 실링 로프는 훼손,부식,마모 등 이상이 없는가		
11	달비계 (바스켓)의 연결부위(볼트 체결,용접등 상태)는 견고한가		
12	달비계 안전난간등은 변형,파손되지 않았으며, 법정규정을 충족하는가		
13	차량계건설기계(하역운반기계)/중량물취급계획서는 적정하게 작성되었으며, 보험증등 관련서류는확보(제출)되었는가		
14	안전검사 실시 여부 (정격하중 2톤이상인 것) ① ~97.10.30 등록차량 : 17.10.31까지 최초검사 받은 후 매 2년마다 ② ~08.12.31 등록차량 : 18.04.30까지 최초검사 받은 후 매 2년마다 ③ ~15.11.01 등록차량 : 18.10.31까지 최초검사 받은 후 매 2년마다 ④ 15.11.02~ 등록차량 : 신규등록 이후 3년이내 최초검사 받은 후 매 2년마다		

1. 건설기계 안전 점검 기준

건설기계 안전점검 CHECK LIST - 카고 크레인(스카이)

| 회전판 연결부위 이탈,여부 | 바스켓 추락방지 시설 여부 | 각종 연결스위치 작동 여부 | 유압밸브 연결 및 누유 | Boom 상승, 하강시 이상여부 |

NO	주요점검사항	점검결과	비고
01	운전원은 면허를 보유하고 유경험자인가		
02	장비의 검사유효기간 및 보험(자차 포함)에 가입되어 있는가		
03	붐대 회전판 연결부위 볼트 부식,훼손,탈락,조임 등 이상은 없는가		
04	아웃트리거 설치상태는 적정한가(지반 침하방지조치, 받침 or 철판 설치)		
05	바스켓 추락방지 시설물은 설치되고 적재하중이 표시되어 있는가		
06	건설기계 관리법을 벗어난 불법 개조 장비는 아닌가		
07	바스켓 연결볼트는 부식,탈락,노후되지는 않았는가		
08	인양용 줄걸이 WIRE, 실링 로프는 훼손,부식,마모 등 이상이 없는가		
09	차량계건설기계(하역운반기계)/중량물취급계획서는 적정하게 작성되었으며, 보험증등 관련서류는확보(제출)되었는가		
10	안전검사 실시 여부 ① ~97.10.30 등록차량 : 17.10.31까지 최초검사 받은 후 매 2년마다 ② ~08.12.31 등록차량 : 18.04.30까지 최초검사 받은 후 매 2년마다 ③ ~15.11.01 등록차량 : 18.10.31까지 최초검사 받은 후 매 2년마다 ④ 15.11.02~ 등록차량 : 신규등록 이후 3년이내 최초검사 받은 후 매 2년마다		

건설기계 안전점검 CHECK LIST - 호이스트

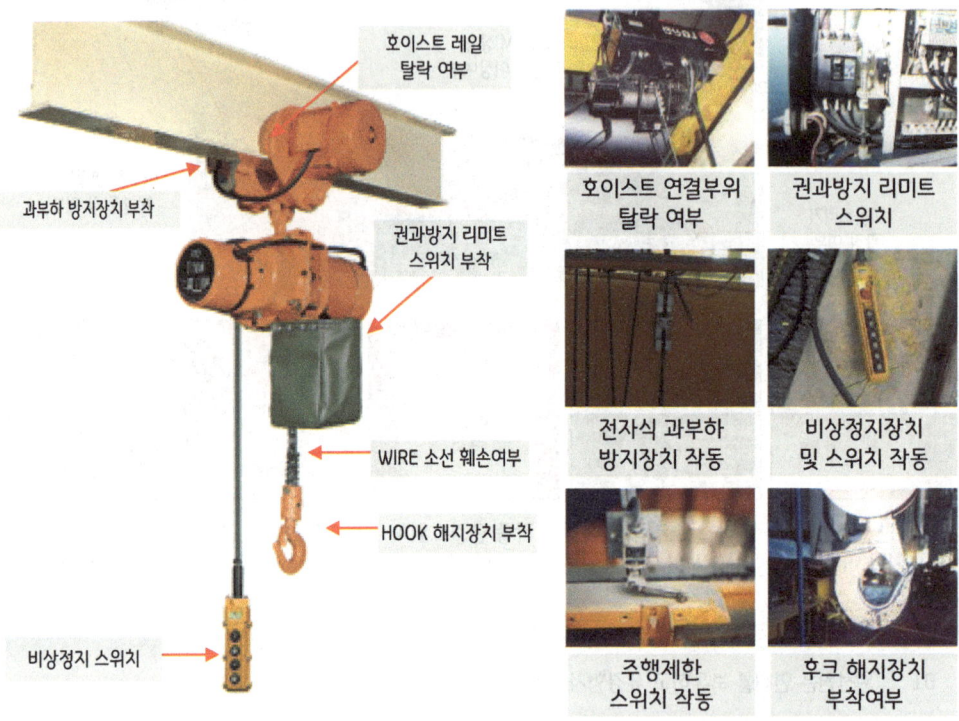

NO	주요점검사항	점검결과	비고
01	운전원은 유경험자이고 숙련공인가		
02	권과방지장치 작동위치 및 작동상태는 정상인가		
03	비상정지장치의 작동상태는 정상인가		
04	과부하방지장치 스위치류의 작동상태는 정상인가		
05	브레이크의 작동여부 및 라이닝,유압등은 이상이 없는가		
06	주행레일의 연결부분의 풀림 및 탈락 위험은 없는가		
07	주행제한 리미트 스위치는 부착되고 정상 작동되는가		
08	인양용 후크는 해지장치가 부착되었는가		
09	와이어 소선은 마모,손상,변형이 없고 감김상태는 양호한가		
10	각종 구성부분의 균열,변형,손상등 이상은 없는가		
11	인양물이 적재하중을 초과하지 않는가		

1. 건설기계 안전 점검 기준

건설기계 안전점검 CHECK LIST – 시저스 리프트

과상승 방지 리미트 FOOT-PROOF 설치 여부

붐 연결부위 이상 유무

경고등, 경보음 작동

비상하강스위치, 주행차단 스위치, 주행방지장치 작동 여부

과상승 방지봉 2EA 설치

경보등,경보음 작동 여부

FOOT PROOF 설치

비상하강스위치 작동

상승중 주행방지 장치

주행차단 스위치

NO	주요점검사항	점검결과	비고
01	과상승 방지 리미트 스위치는 30cm 이상 유지되어 있는가		
02	클러치 foot-proof 설치되어 있는가		
03	붐이 상승상태에서 이동이 되지 않도록 주행방지장치는 작동이 되는가		
04	비상시 유압을 해제하는 비상하강장치는 작동이 되는가		
05	주행차단 스위치는 ON/OFF 표시가 정확한가		
06	리프트 주행시, 승하강시 경고등,경보음은 작동 하는가		
07	화기작업시 외부 불꽃 비산 방지포가 설치 되어 있는가		
08	실명제카드,안전수칙 표지판은 부착되고 매월 점검을 실시하고 있는가		
09	승하강 계단은 부착되어 있고 미끄럼의 위험은 없는가		
10	리프트 운전원은 유경험자이고 허가증이 부착되어 있는가		
11	차량계건설기계(하역운반기계)/중량물취급계획서는 적정하게 작성되었으며, 보험증등 관련서류는확보(제출)되었는가		

03 기계/기구/설비 설치 및 사용안전기준

건설기계 안전점검 CHECK LIST - 불도져(Bulldozer)

경광등 / 전조등

후미 전조등 / 내/외 사이드미러 / 후진경 보기 / 경고표지판

조향장치의 정상 작동

삽날의 작동레버 정상작동

궤도 노후, 탈락, 훼손 여부

유압호스 연결 및 누유

궤도 연결핀, 볼트 체결 여부

전/후진레버의 STOP레버 작동

브레이크 등 제동장치 작동

NO	주요점검사항	점검결과	비고
01	운전원은 면허를 보유하고 유경험자인가		
02	장비의 검사유효기간 및 보험(자차 포함)에 가입되어 있는가		
03	전/후진 레버의 작동을 정지시키는 Stop레버는 정상작동되는가 (이탈시 작동금지 안전레버)		STOP레버 정상작동시 전/후진 레버 작동불가
04	각종 조향장치, 전/후진 장치, 삽날 조작 레버등 각종 장치는 정상 작동되는가		
05	정지장치(브레이크)는 정상 작동되는가		
06	오르내리는 발판 및 손잡이가 미끄러지지 않도록 되어 있는가		
07	누수, 누유의 흔적 및 유압장치가 작동되는가		
08	전조등, 경보등, 경보음 등이 정상적으로 작동이 되는가		
09	궤도의 노후, 훼손으로 인한 탈락의 위험은 없는가		
10	후방 거울 부착 및 운전원의 후방 시야가 확보되어 있는가		
11	낙석 등에 대비한 헤드가드가 견고하게 설치되어 있는가		
12	차량계건설기계(하역운반기계)/중량물취급계획서는 적정하게 작성되었으며, 보험증등 관련서류는확보(제출)되었는가		

1. 건설기계 안전 점검 기준

건설기계 안전점검 CHECK LIST – 굴삭기 (EXCAVATOR)

버켓 이탈방지 안전핀 부착

유압밸브 연결 및 누유

타이어식 B/H 브레이크 작동

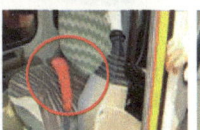
B/H (이탈시) 작동금지 레버 작동

버켓이탈방지 Key작동

NO	주요점검사항	점검결과	비고
01	운전원은 면허를 보유하고 유경험자인가		
02	장비의 검사유효기간 및 보험(자차 포함)에 가입되어 있는가		
03	B/H의 작동을 정지시키는 안전레버는 정상작동하는가 (이탈시 작동금지 안전레버)		안전레버 작동시 B/h 작동STOP (이탈시,운행정지시 안전레버)
04	B/H 버컷의 이탈을 방지하는 안전KEY는 정상 작동되는가		안전KEY 작동(ON/OFF)시 버컷의 불시 이탈을 자동제어
05	주행,선회 경고장치가 정상적으로 작동하는가		
06	유압 작동부 연결상태 및 누유는 이상이 없는가		
07	타이어, 트랙의 마모, 탈락, 손상의 위험은 없는가		
08	유압식 버켓연결 커플러 안전장치는 사용하고 있는가		
09	각종 등화등 작동 여부 및 후사경 부착은 되어 있는가		
10	건설기계 관리법을 벗어난 불법 개조 장비는 아닌가		
11	타이어식 B/H 브레이크는 정상작동하는가		
12	차량계건설기계(하역운반기계)/중량물취급계획서는 적정하게 작성되었으며, 보험증등 관련서류는확보(제출)되었는가		

03 기계/기구/설비 설치 및 사용안전기준

건설기계 안전점검 CHECK LIST - 로우더(WHEEL ROADER)

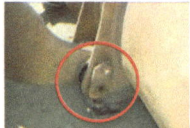
버켓 연결볼트, 핀 탈락, 노후 여부

유압밸브 연결 및 누유

승강계단 설치 및 미끄럼 조치

제동장치 작동 여부

운전원 시야확보 및 밀러 부착

NO	주요점검사항	점검결과	비고
01	운전원은 면허를 보유하고 유경험자인가		
02	장비의 검사유효기간 및 보험(자차 포함)에 가입되어 있는가		
03	운전원 음주 여부 및 혈압 등 건강상태는 양호한가		
04	건설장비 작업계획서에 협력사,공사담당자 서명이 되어 있는가		
05	운전석 이동용 승강계단의 미끄럼의 위험은 없는가		
06	급제동을 위한 제동장치 및 브레이크는 작동이 되는가		
07	후진시 경보등, 경고음 등은 정상작동 하는가		
08	유압호스 누유 및 각종 연결부위는 이상이 없는가		
09	타이어의 공기압 상태 및 마모로 인한 이상은 없는가		
10	사이드 밀러 부착 및 후진시 운전원의 시야가 확보되어 있는가		
11	차량계건설기계(하역운반기계)/중량물취급계획서는 적정하게 작성되었으며, 보험증등 관련서류는확보(제출)되었는가		

1. 건설기계 안전 점검 기준

건설기계 안전점검 CHECK LIST - 지게차 (FORK LIFT)

- 체인부분마모, 파손, 풀림, 볼트류의 탈락 여부
- 전조등
- 헤드가드
- 내/외 사이드미러
- 백레스트 설치
- 경보장치, 방향지시기 작동
- FORK 연결핀
- 브레이크 작동
- 타이어 훼손 여부

체인 마모, 파손, 풀림 여부

FORK 연결핀 부착

각종 조향장치 정상 작동

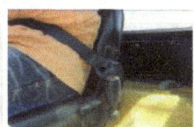
운전원 안전벨트 부착

유압호스 연결 및 누유 여부

NO	주요점검사항	점검결과	비고
01	운전원은 면허를 보유하고 유경험자인가		
02	장비의 검사유효기간 및 보험(자차 포함)에 가입되어 있는가		
03	백레스트(마스트 후방으로 적재물의 낙하 방지)는 설치되었는가		
04	헤드가드(강도는 지게차의 최대하중의 2배이상)는 설치되었는가 개구부식 헤드가드는 개구의 폭이 16CM 미만인가		
05	작업등, 방향 지시등, 와이퍼등은 정상작동 하는가		
06	브레이크 및 제동상태는 양호한가		
07	운전석에 안전벨트는 제대로 부착되어 있는가		
08	FORK(지게발) 승강용 체인 및 포크 고정핀의 상태는 양호한가		
09	운전석 계기판,각종 조향장치는 정상작동 하는가		
10	후진 경고음 (BACK HORN)은 작동 하는가		
11	사이드밀러, 번호판 등은 제대로 부착되어 있는가		
12	차량계건설기계(하역운반기계)/중량물취급계획서는 적정하게 작성되었으며, 보험증등 관련서류는확보(제출)되었는가		

03 기계/기구/설비 설치 및 사용안전기준

건설기계 안전점검 CHECK LIST - 모터 그레이더(GRADER)

- 후방 경보등, 경고음
- 사이드밀러 부착
- 유압호스 누유 및 연결상태 이상여부
- 제동장치 및 Side Brake 작동여부
- 그레이더 연결부위 이상유무
- 타이어 공기압 및 마모상태

전/후방 전조등 및 후방 경보장치

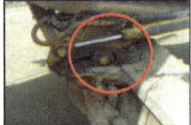
그레이더 연결핀 탈락,노후

유압호스 연결 및 누유

회전판 연결부분의 견고성 여부

전/후진 조작 레버 작동

브레이크 작동 및 조향장치

NO	주요점검사항	점검결과	비고
01	운전원은 면허를 보유하고 유경험자인가		
02	장비의 검사유효기간 및 보험(자차 포함)에 가입되어 있는가		
03	회전판 연결부분은 견고히 설치되었는가		
04	조향장치,전/후진 레버,삽날 조작레버등은 정상작동 되는가		
05	그레이더 연결부위 부속자재 노후,파손,탈락 등 이상은 없는가		
06	제동장치(브레이크)는 작동이 되는가		
07	후진시 경보등, 경고음 등은 정상작동 하는가		
08	유압호스 누유 및 각종 연결부위는 이상이 없는가		
09	타이어식은 공기압 및 마모 등 이상은 없는가		
10	사이드 밀러 부착 및 후진시 운전원의 시야가 확보되어 있는가		
11	차량계건설기계(하역운반기계)/중량물취급계획서는 적정하게 작성되었으며, 보험증등 관련서류는확보(제출)되었는가		

1. 건설기계 안전 점검 기준

건설기계 안전점검 CHECK LIST - 터널용 고소작업대(챠징카)

NO	주요점검사항	점검결과	비고
01	운전원은 면허를 보유하고 유경험자인가		
02	장비의 검사유효기간 및 보험(자차 포함)에 가입되어 있는가		
03	경광등,전조등은 작동되며 장비실명제를 운영하고있는가		
04	유압실린더 정상적으로 작동되는가 유압호스 연결부 누유가 없는가		
05	고압케이블 가이드롤러와의 접촉으로 마찰이 없는가		
06	제동장치(브레이크,클러치) 정상적으로 작동되는가		
07	아웃트리거 정상 작동이 되는가		
08	붐 상태(부식,마모,변형등)는 양호한가		
09	붐 작업대 헤드가드, 안전난간, 출입문 이상이 없는가		
10	타이어 공기압이 적정하며 균열 , 이물질이 붙어있는가		
11	차량계건설기계(하역운반기계)/중량물취급계획서는 적정하게 작성되었으며, 보험증등 관련서류는확보(제출)되었는가		

건설기계 안전점검 CHECK LIST – 점보드릴

NO	주 요 점 검 사 항	점검결과	비고
01	운전원은 면허를 보유하고 유경험자인가		
02	장비의 검사유효기간 및 보험(자차 포함)에 가입되어 있는가		
03	경광등,전조등은 작동되며 장비실명제를 운영하고있는가		
04	유압실린더 정상적으로 작동되는가 유압호스 연결부 누유가 없는가		
05	에어호스 연결부 전용클립을 사용하는가		
06	제동장치(브레이크,클러치) 정상적으로 작동되는가		
07	아웃트리거 정상 작동이 되는가		
08	붐 상태(부식,마모,변형등)는 양호한가		
09	붐 작업대 헤드가드, 안전난간, 출입문 이상이 없는가		
10	타이어 공기압이 적정하며 균열 , 이물질이 붙어있는가		
11	고압 (440V) 케이블 공중 배선상태 및 피복파손 여부, 접지 상태가 적정한가		
12	차량계건설기계 작업계획서는 적정하게 작성되었으며, 보험증 등 관련서류는 확보(제출)되었는가		

1. 건설기계 안전 점검 기준

건설기계 안전점검 CHECK LIST – 콘크리트 펌프카 (Pump Car)

유압호수 연결 및 누유
배관 연결부 견고성 상태
승강계단 미끄럼 방지
아웃트리거 부착 및 진동
타이어 마모,훼손

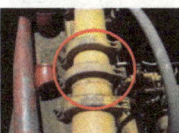

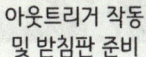

아웃트리거 작동 및 받침판 준비 | 회전판 연결부위 고정(견고성)상태 | 이송관 연결부 견고성 및 각종 유압호스 누유 | 승강계단 부착 및 미끄럼 | 배송관과 호스 연결부위 견고성

NO	주요점검사항	점검결과	비고
01	운전원은 면허를 보유하고 유경험자인가		
02	장비의 검사유효기간 및 보험(자차 포함)에 가입되어 있는가		
03	진동롤러 작동(운행)Stop 버튼(스위치)은 정상 작동되는가		
04	조향장치,전/후진 레버,삽날 조작레버등은 정상작동 되는가		
05	드럼 연결부재 부속자재 노후,파손,탈락 등 이상은 없는가		
06	제동장치(브레이크)는 작동이 되는가		
07	전조등 및 후진시 경보등, 경고음 등은 정상작동 하는가		
08	유압호스 누유 및 각종 연결부위는 이상이 없는가		
09	타이어식은 공기압 및 마모 등 이상은 없는가		
10	사이드 밀러 부착 및 후진시 운전원의 시야가 확보되어 있는가		
11	차량계건설기계(하역운반기계)/중량물취급계획서는 적정하게 작성되었으며, 보험증등 관련서류는확보(제출)되었는가		
12	아웃트리거 설치상태는 적정한가 (지반 침하방지조치, 받침 or 철판 설치)		

03 기계/기구/설비 설치 및 사용안전기준

건설기계 안전점검 CHECK LIST
천공기(Boring Machine), 어스드릴(Earth Drill)

- BOOM 변형, 휨 상태
- 유압호수 연결상태 및 오일 누유 이상여부
- 수직계 작동 여부
- 백밀러 부착 후방 경고음
- 윤활유, 구리스 등 적정 여부
- 집진기 작동
- 궤도 마모, 훼손

붐의 변형, 휨 상태

DRIFTER 연결부위 고정, 견고성 상태

호스 누유 및 구리스 적정 여부

운전석 조정장치 정상 작동 여부

수직계 설치 및 작동 여부

NO	주요점검사항	점검결과	비고
01	운전원은 면허를 보유하고 유경험자인가		
02	장비의 검사유효기간 및 보험(자차 포함)에 가입되어 있는가		
03	작업중(천공중) 이동(주행,회전)이 금지되는 연동식 천공기인가		
04	후진시 경보등, 경고음 등은 정상작동 하는가		
05	유압호스 연결부위 누유 및 윤활유,구리스 등은 적정한가		
06	궤도의 마모, 파손등 상태는 양호하며 궤도 연결볼트는 견고히 설치되었는가		
07	사이드 밀러 부착 및 후진시 운전원의 시야가 확보되어 있는가		
08	Drifter 연결부위 부식,노후,마모 등으로 탈락의 위험은 없는가		
09	차량계건설기계(하역운반기계)/중량물취급계획서는 적정하게 작성되었으며, 보험증등 관련서류는확보(제출)되었는가		

1. 건설기계 안전 점검 기준

건설기계 안전점검 CHECK LIST - 덤프 트럭 (DUMP TRUCK)

후방 반사경 부착

안전블럭 부착

작업등,방향지등,와이퍼 작동

NO	주요점검사항	점검결과	비고
01	운전원은 면허를 보유하고 유경험자인가		
02	장비의 검사유효기간 및 보험(자차 포함)에 가입되어 있는가		
03	작업중(천공중) 이동(주행,회전)이 금지되는 연동식 천공기인가		
04	후진시 경보등, 경고음 등은 정상작동 하는가		
05	유압호스 연결부위 누유 및 윤활유,구리스 등은 적정한가		
06	궤도의 마모, 파손등 상태는 양호하며 궤도 연결볼트는 견고히 설치되었는가		
07	사이드 밀러 부착 및 후진시 운전원의 시야가 확보되어 있는가		
08	Drifter 연결부위 부식,노후,마모 등으로 탈락의 위험은 없는가		
09	차량계건설기계(하역운반기계)/중량물취급계획서는 적정하게 작성되었으며, 보험증등 관련서류는확보(제출)되었는가		

03 기계/기구/설비 설치 및 사용안전기준

건설기계 안전점검 CHECK LIST
아스팔트 살포기(Distrubutors)

게이지 작동 여부

밸브 개폐 및 벨트 노후

운전석 조정 제어장치 작동

버너 연료밸브 누유 여부

후방밀러, 경보등, 경보음 작동

NO	주요점검사항	점검결과	비고
01	운전원은 면허를 보유하고 유경험자인가		
02	장비의 검사유효기간 및 보험(자차 포함)에 가입되어 있는가		
03	운전석의 전기스위치 및 제동장치, 계기판은 정상으로 작동 되는가		
04	긴급사항시 정지할 수 있는 비상스위치 정상 작동되는가		
05	건설기계 관리법을 벗어난 불법 개조 장비는 아닌가		
06	작업등, 후진 경보기, 방향지시등은 정상작동 하는가		
07	소화기 등 화재상황에 대비한 안전장치가 되어 있는가		
08	버너의 가열을 방지하기 위한 순환펌프는 정상 작동 되는가		
09	유제를 가열하는 버너 호스의 누유,연결 등 이상이 없는가		
10	차량계건설기계(하역운반기계)/중량물취급계획서는 적정하게 작성되었으며, 보험증등 관련서류는확보(제출)되었는가		

1. 건설기계 안전 점검 기준

건설기계 안전점검 CHECK LIST – 항타기 (Pile Driver)

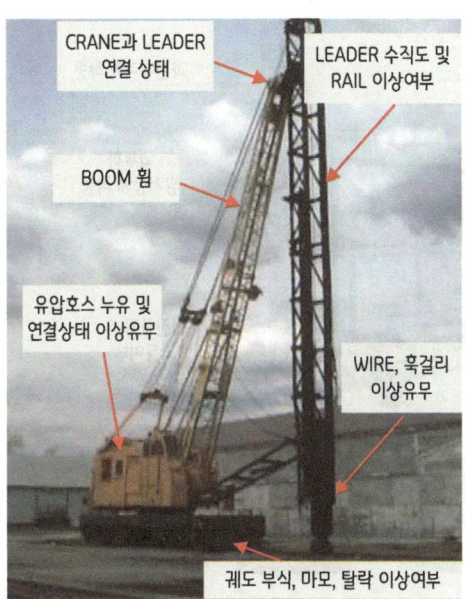

붐의 변형, 휨 상태

Crane과 Leader 연결상태

비상정지장치 작동 여부

수직도 및 Rail 이상여부

NO	주요점검사항	점검결과	비고
01	운전원은 면허를 보유하고 유경험자인가		
02	장비의 검사유효기간 및 보험(자차 포함)에 가입되어 있는가		
03	차량계건설기계(하역운반기계)/중량물취급계획서는 적정하게 작성되었으며, 보험증등 관련서류는 확보(제출)되었는가		
04	Load Gage, 각도지시계, 유압잭이 정상적으로 작동되는가		
05	케이블, 기계류, 훅걸이 등 마모나 파손이 되지 않았는가		
06	Wire Rope의 마모,손상 및 소선의 상태는 양호한가		
07	Boom Pipe 휨, 노후로 인한 파손의 위험은 없는가		
08	유압 호스의 손상, 꼬임, 노화, 누유상태는 양호한가		
09	LEADER 전반적으로 수직 상태이며 휘어 있지는 않는가		
10	LEADER GUIDE RAIL의 용접 상태는 양호한가		
11	CRANE BOOM과 LEADER 연결 장치가 손상되지 않았는가		

곤돌라 안전점검 CHECK LIST

와인더 부착 및 작동 여부 / 블록 스톱(양면) 부착 및 작동 / 브레이크 모터 작동 / 과부하 방지 장치 작동 / 비상정지 스위치, 누전차단기 작동

N O	주 요 점 검 사 항	점검결과	비 고
01	운전원 음주 여부 및 혈압 등 건강상태는 양호한가		
02	적재하중 초과시 과부하방지장치는 작동 되는가		
03	곤도라 상승시 과권방지를 위한 상한리미트는 작동 되는가		
04	주와이어 절단시 보조와이어의 블록스톱이 작동 되는가		
05	모타 과전류계 방지 장치 및 모타캡이 작동 되는가		
06	콘트롤 박스의 비상정지 스위치는 정상 작동 되는가		
07	콘트롤 박스의 누전차단기는 작동이 되는가		
08	게이지의 연결부분이 볼트,너트의 부식,체결상태는 이상이 없는가		
09	와이어는 규격품이고 소선의 절단,부식,꼬임 등의 이상이 없는가		
10	와이어의 상부 고정 및 대차의 하중은 적정한가		
11	작업원의 추락방지를 위한 별도의 생명줄는 설치 되었는가		

1. 건설기계 안전 점검 기준

윈치(WINCH) 안전점검 CHECK LIST

회전부의 방호 덮개 설치
견고한 구조물에 고정

전원BOX배선, 접지 상태

밴드, 유압, 핸드 브레이크 작동

비상정지장치 및 ALARM 작동

NO	주요점검사항	점검결과	비고
01	인양물의 정격하중에 맞는 윈치의 용량을 사용하는가		
02	1차 공압식, 2차 유압, 3차 핸드 브레이크는 작동 하는가		
03	비상정지 스위치 및 각종 ALARM 장치는 작동 하는가		
04	후크의 안전고리는 부착이 되어 있는가		
05	체인, WIRE가 뒤틀리거나 변형이 되지 않았는가		
06	전원스위치는 상하 조작이 정상적으로 작동이 되는가		
07	케이블 윈치의 WIRE ROPE는 부식, 꼬임, 훼손 등 절단의 위험은 없는가		
08	윈치 기어, 벨트 등 회전부에는 방호장치가 되어 있는가		
09	윈치는 탈락의 위험이 없는 견고한 구조물에 고정되어 있는가		
10	로우프에 과부하가 걸리지 않도록 역회전 방지장치가 작동 되는가		

03 기계/기구/설비 설치 및 사용안전기준

공기 압축기(Air compressor) 안전점검 CHECK LIST

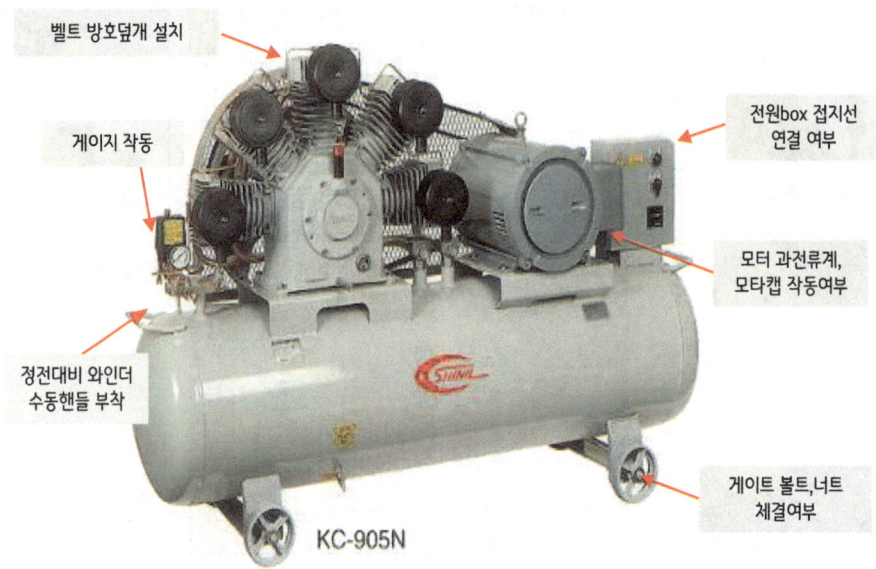

- 벨트 방호덮개 설치
- 게이지 작동
- 정전대비 와인더 수동핸들 부착
- 전원box 접지선 연결 여부
- 모터 과전류계, 모타캡 작동여부
- 게이트 볼트,너트 체결여부

KC-905N

NO	주요점검사항	점검결과	비고
01	압력게이지,밸브류 등은 탈락없이 부착이 되어 있는가		
02	압력 스위치 장치(공기탱크내 압력이 설정 압력에 이르면 접점이 차단되어 모타가 정지되어 과잉 압력상태를 방지하는 장치)는 정상 작동 되는가		
03	자동 언로우더 장치(공기 탱크내 압력이 일정압력 이상으로 상승하면 실린더 내에 흡입된 공기를 다시 흡입 밸브에서 대기로 방출시켜 압력 상승 방지)는 정상 작동 되는가		
04	안전밸브(공기 탱크의 파손 및 전동기의 과부하 방지를 위하여 부착하는 안전장치)는 정상작동 되는가		
05	안전밸브 설정압력을 임의로 변경하거나 손상되지 않았는가		
06	역지밸브(공기탱크내의 압축공기의 역류를 방지하는 안전장치)는 작동 되는가		
07	Belt는 부식,노후,파단의 위험은 없는가		
08	Belt는 방호덮개는 견고하게 부착되어 있는가		
09	접지선, 배선의 연결 및 옥외 사용시 감전의 위험은 없는가		
10	흡입여과기는 막히거나 파손되지 않았는가		

1. 건설기계 안전 점검 기준

보일러 안전점검 CHECK LIST

압력계,온도계,
유량계 작동 여부

ALARM
경보계 작동

연료유 펌프의 작동
및 누유

각종 전원장치의
작동

버너의
이상 유무

제품 규격
표지판 부착

NO	주요점검사항	점검결과	비고
01	보일러 Drum 수위는 정상이고 수면계의 누설은 없는가		
02	보일러 배관의 각 부 이음부위에 누설은 없는가		
03	버너 및 연료유 펌프의 이음이나 진동 등 이상은 없는가		
04	버너노즐 주위의 인화성,가연성 물질로 인한 화재 위험은 없는가		
05	압력계, 온도계, 유량계, 액면계는 정상 작동하는가		
06	각종 파이프는 누설은 없고 Hanger 장치는 양호한가		
07	각종 밸브의 개폐상태는 양호한가		
08	FURNACE 연소상태는 양호한가		
09	FURNACE 내부의 클링커(쇠 부스러기) 부착이 많지 않은가		
10	FURNACE 케이싱의 과열 및 누수는 없는가		

2. 가시설 및 설비 안전기준

이동식 비계

▶ 기준

- 비계상부에 작업자가 있을 경우 이동은 절대 금지해야 한다.
- 작업발판은 수평 유지, 작업발판 위에서 안전난간을 딛고 작업을 하거나 추가 작업대 사용금지, 발판 틈새는 10cm이하로 유지한다.
- 승강설비는 통로폭 30cm 이상, 답단 간격 40cm 이하로 한다.
- 난간대는 기성품만 사용한다.(상부난간대 90~120cm, 중간대 45~60cm) 사용허가 표지판은 확인 후 부착한다.
  - 확인자 및 최대적재하중(1단 400kg, 2단 250kg) 표기, 최대적재하중 준수 바퀴는 6인치 이상(제동장치 부착) 사용한다.
- 아웃트리거는 2단이상 조립시 설치하되 바퀴 부착시에는 모두 설치한다.
- 2단이상 조립시에는 수직방망 또는 발끝막이판을 설치한다.

▶ 사례

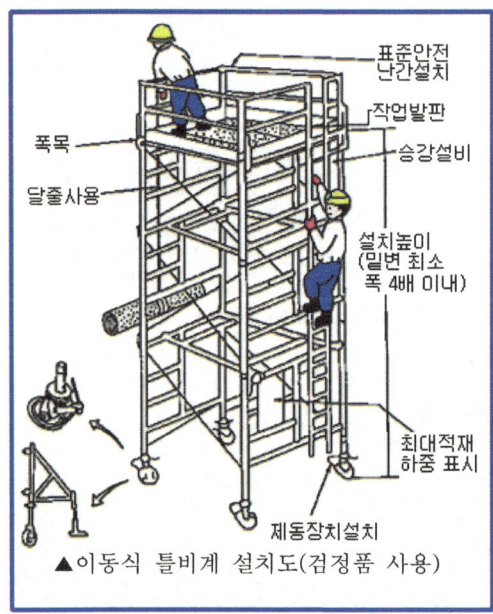
▲이동식 틀비계 설치도(검정품 사용)

▲ 안전난간대 및 발끝막이판

▲ 발판 및 가세

▲ 아웃트리거

▲ 바퀴

2. 가시설 및 설비 안전기준

강관비계

▶ 기준

- 사용되는 자재는 안전인증제품을 사용해야한다.
- 조립완료 후 사용허가증을 부착한다.(확인자 표기)
- 기둥간격(띠장방향)은 1.5m ~ 1.8m, (장선 방향) 1.5m 이하로 한다.
- 띠장간격(수평재)은 1.8m 이하, 첫번째 띠장 간격은 2m 이하로 한다.
- 비계기둥간 적재하중은 400kg 이하로 한다.
- 작업발판은 밀실 설치, 고정 철저하고 발판단부에는 추락방지조치 실시한다.
- 수직이동통로는 수평방향 30m이내마다 1개소 설치한다.

▶ 사례

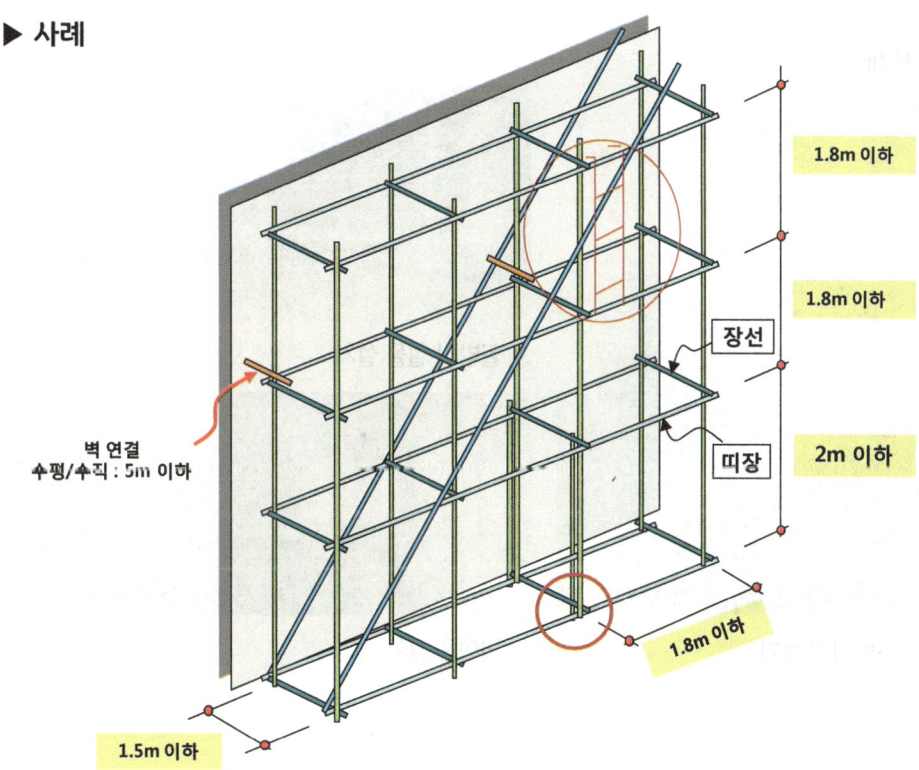

시스템비계

▶ 기준

- 사용되는 자재는 안전인증제품을 사용해야한다.
- 조립완료 후 사용허가증을 부착한다.(확인자 표기)
- 기둥 하부에는 밑받침 철물 사용, 고저차가 있는 경우 조절형 밑받침 철물사용, 경사지에는 피벗형 받침 철물 또는 쐐기 사용하여 수평.수직 유지한다.
- 수직재와 받침철물은 밀착설치, 수직재와 받침철물 연결부 겹침 길이는 받침철물 전체길이의 3분의 1 이상이 되도록 한다.
- 벽 연결재의 설치간격은 제조사가 정한 기준에 따라 설치한다.
- 제조사가 정한 최대적재하중 초과금지, 최대적재하중 표지판 부착한다.
- 지정된 통로를 이용한다.
- 같은 수직면상의 상.하 동시 작업을 금지한다.
- 가공전로에 근접 설치시 가공전로 이설 또는 절연용 방호구 설치한다.

▶ 사례

▲ 시스템비계 설치

▲ 밑받침 철물 설치

▲ 벽이음 설치

2. 가시설 및 설비 안전기준

시스템동바리

▶ 기준

- 사용되는 자재는 안전인증제품, 자율인증제품을 사용해야한다.
- 작업전 구조검토 실시, 조립도를 작성, 검토, 준수하고, 해체는 조립의 역순, 최하단 수평재의 과도한 사전해체 금지
- 수직재와 수평재는 직교되게 설치, 흔들림 없도록 전용 연결핀 사용 고정
- 수직재 및 수평재에는 검토된 가새재를 조립도에 따라 견고하게 설치
- 수직재간 2개소이상의 연결부가 생기지 않도록 설치
- 설치높이는 단변길이의 3 배를 초과하지 말아야 하며, 초과 시에는 주변 구조물에 지지하는 등 붕괴방지 조치
- 최상단과 최하단의 수직재와 받침철물은 서로 밀착설치, 수직재와 받침 철물의 겹침길이는 받침철물 전체길이의 3분의 1 이상(전체 600mm 중 200mm이상 겹침) 되도록 한다.
- U-헤드의 장선.멍에는 편심이 생기지 않도록 중심선에 맞추어 설치, 쐐기 등을 사용하여 멍에와 U헤드를 밀착시키고 고정
- 반복사용으로 심하게 변형.부식된 재료 사용금지
- 상재하중에 의한 지반 침하방지조치
- 조립.해체 작업시에는 안전대 부착설비 설치후 안전대 걸고 작업 하거나, 추락방지망은 10M 이내마다 설치하거나 작업발판을 설치 단, 가설통로 상부는 낙하물방지망 설치 및 지정통로 외 출입금지 조치.

▶ 사례

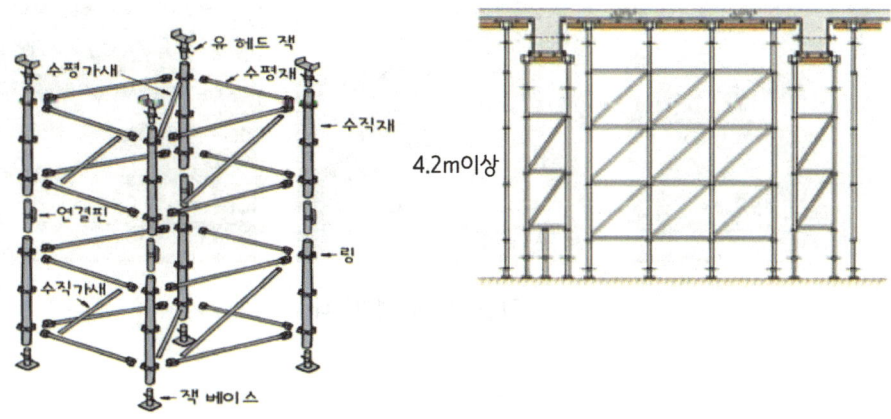

가설경사로

▶ 기준

- 외력에 견디도록 견고한 구조로 설치, 항상 정비하여 안전통로를 확보한다.
- 비탈면 경사각은 30도 이내로 하고, 15도 이상시 미끄럼 방지턱을 설치한다.
- 폭은 최소 90cm 이상, 높이 7m 이내마다 계단참을 설치한다.
- 추락방지용 안전난간를 설치한다
- 발판은 폭 40cm 이상, 틈은 3cm 이내로 설치한다.
- 발판은 장선에 결속하고 결속용 못이나 철선이 발에 걸리지 않아야 한다.

▶ 사례

경사각	미끄럼막이 간격	경사각	미끄럼막이 간격
30도	30cm	22도	40cm
29도	33cm	19도 20분	43cm
27도	35cm	17도	45cm
24도 15분	37cm	14도	47cm

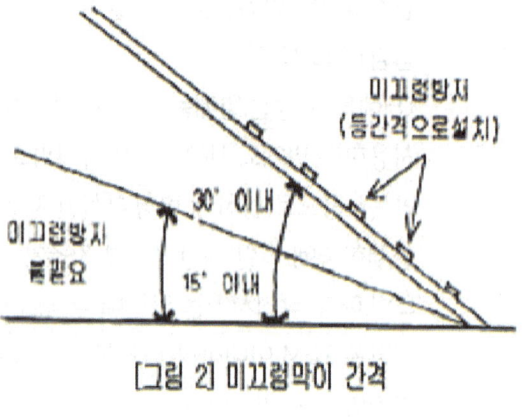

[그림 2] 미끄럼막이 간격

▲ 가설 경사로 설치상태

2. 가시설 및 설비 안전기준

벽이음 및 가새

▶ 기준

- 벽이음은 수직,수평방향으로 5m이내 마다 설치한다.
  (단, 강관틀비계는 수직방향으로 6m, 수평방향으로 8m이내마다 벽이음을 한다.)
- 작업의 필요상 부득이 벽이음 또는 버팀을 제거하는 경우 비계기둥 또는 띠장에 사재(斜材,가새,버팀대, 귀잡이)를 설치하는 등 별도의 전도방지조치를 실시한다.
- 비계가새는 기둥간격 10m 마다 45도 각도로 설치한다.
- 벽이음은 철선을 사용하지 않고 전용철물(앙카식,매립식)을 사용한다.

▶ 사례

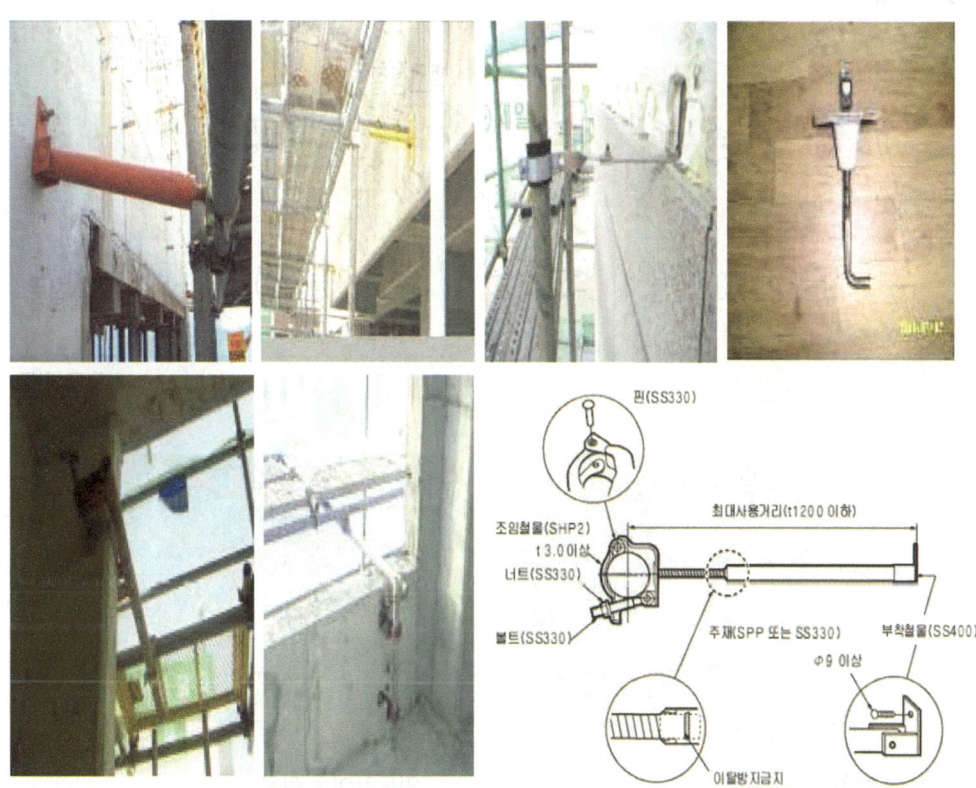

▲ 벽이음 전용철물

비계기둥 하부

▶ 기준

· 미끄러짐과 기둥 침하방지 조치
→ 밑받침 철물 + 밑둥잡이, 깔판(깔목) + 밑둥잡이를 설치한다.
→ 지상에서 5m 이내에 벽이음 시설을 설치한다.
→ 토사면은 평탄 및 다짐 작업후 깔판 및 밑둥잡이를 설치한다.
※ 바닥면이 콘크리트일 경우 깔판을 생략할 수 있다.
※ 깔판 규격 은 T12mm 합판 이상의 깔판에 1~2겹으로 설치하고 넓이는 200*200mm이상으로 한다.

▶ 사례

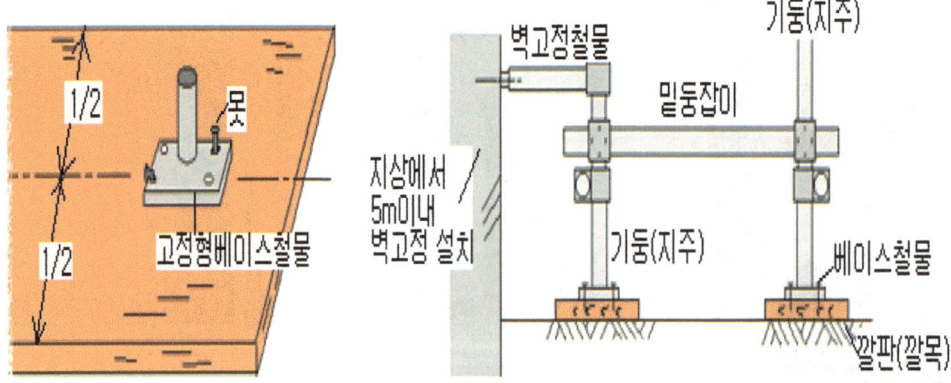

▲ 깔목 설치

▲ 밑둥잡이 + 깔목

2. 가시설 및 설비 안전기준

거푸집 동바리 - 하부

▶ 기준

- 지주의 침하방지
  → 깔목 사용 및 콘크리트타설 등 지반 침하방지 조치를 한다.
  → 개구부 상부에 지주를 설치할 때는 상부 하중을 견딜 수 있는 강재 재료의 견고한 받침대를 설치한다.
- 미끄럼 방지
  → 지주의 고정등 지주의 미끄럼방지를 위한 조치를 한다.
- 지주의 이음
  → 지주의 이음은 맞댐 이음 또는 장부이음으로 하고 동질의 재료를 사용한다.
  → 강재와 강재와의 접속부 및 교차부는 볼트·크램프 등 전용철물을 사용한다.

▶ 사례

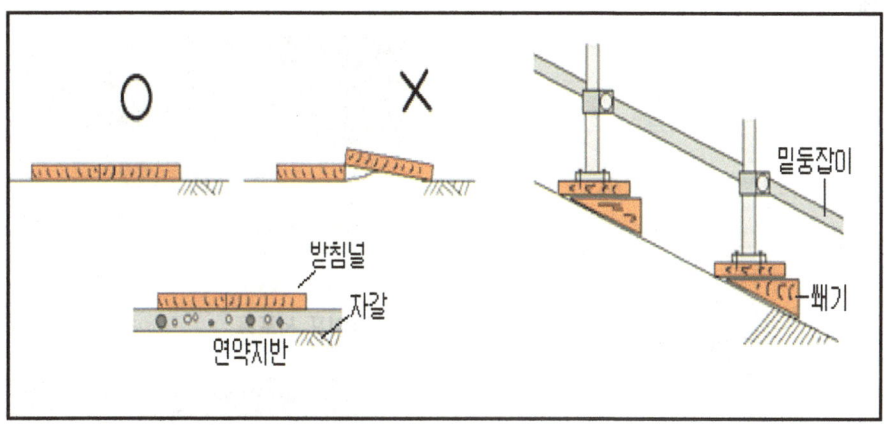

▲ 연약지반이나 경사면은 보강조치후 설치하여야 한다.

거푸집 동바리 – 상부

▶ 기준

- 파이프 써포트 등 동바리 설치시 구조검토 실시 및 조립도 작성, 검토, 준수한다.
- 동바리, 장선, 멍에 등의 사용재료는 과도한 손상, 변형, 부식, 단면 손실된 재료의 사용을 금지한다.
- 연결핀 : 전용핀은 가설 기자재 검정품을 사용한다.
- 수평연결재
  → 3.5m 초과시 수평연결재 설치.
  → 수평연결재는 전용철물 사용.
  → 수평연결재는 양방향 직교형으로 설치.
- 거푸집 동바리 사용기준
  → 4.2m 미만 : 파이프 서포트 사용
  → 4.2m 이상 : 시스템 동바리 사용
  → 파이프 서포트는 3단이상 연결 사용금지

▶ 사례

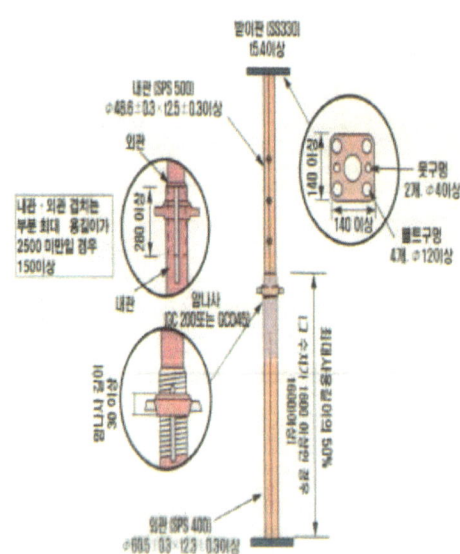

▲ 설치 기준

▲ 파이프 서포트

▲ 시스템 동바리

2. 가시설 및 설비 안전기준

안전난간대 (파이프형)

▶ 기준

- 안전난간대의 기둥간격은 2m마다 설치한다.
- 상부난간대는 바닥면, 발판, 경사로 표면으로부터 90cm이상 120cm 이하로 설치하며, 중간대는 상부난간대 중간에 설치한다.
- 상부난간대를 120cm이상 설치시 중간난간은 2단이상 균등 설치하고, 상,하 간격은 60cm이하 되도록 한다
- 발끝막이판은 바닥면으로부터 10cm 이상의 높이를 유지한다.
  (단 수직보호망 을 설치하는 경우는 제외)
- 난간대는 지름 2.7cm이상의 금속제 파이프나 그 이상의 강도를 가진 재료를 사용한다
- 안전난간은 임의의 방향에서 100kg 이상의 하중에 견딜 수 있는 튼튼한 구조로 한다.

▶ 사례

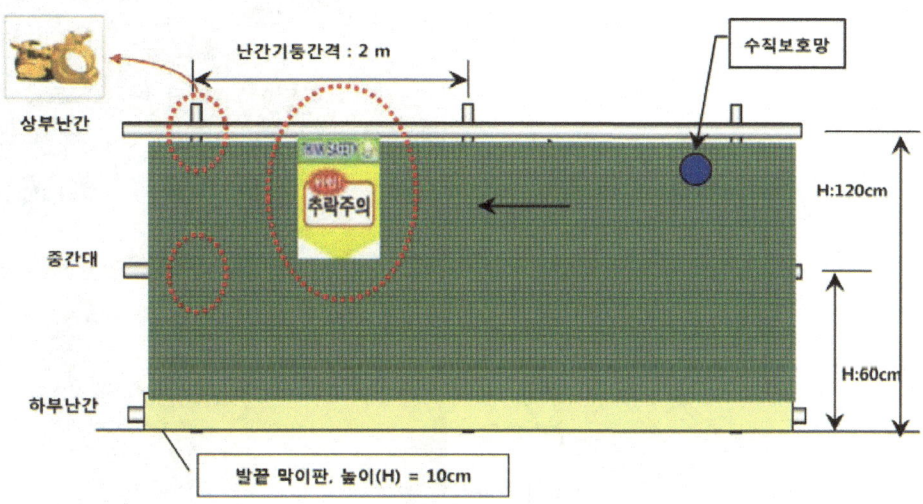

03 기계/기구/설비 설치 및 사용안전기준

계단실 안전 난간대

▶ 기준

- 계단실 추락방지를 위해 충분한 강도와 견고성을 유지토록 안전 난간대를 설치한다. (단, 마감작업으로 인하여 안전 난간대 해체가 불가피한 경우에 추락방지 방망을 수직으로 설치할 수 있다.)
- 안전 난간대 설치시 상부 난간대는 단관 파이프로 바닥면으로부터 90cm이상 120cm 이하로 설치하며, 중간대는 상부 난간대 중간에 설치한다.
- 상부 난간대를 120cm이상 설치시 중간 난간은 2단이상 균등설치하고 상,하 간격은 60cm이하 되도록 한다
- 추락방지용 방망 설치시 처짐이나 훼손 등이 없도록 한다.
- 계단실은 적절한 조명설비를 설치하고 유지관리 하여야 한다.

▶ 사례

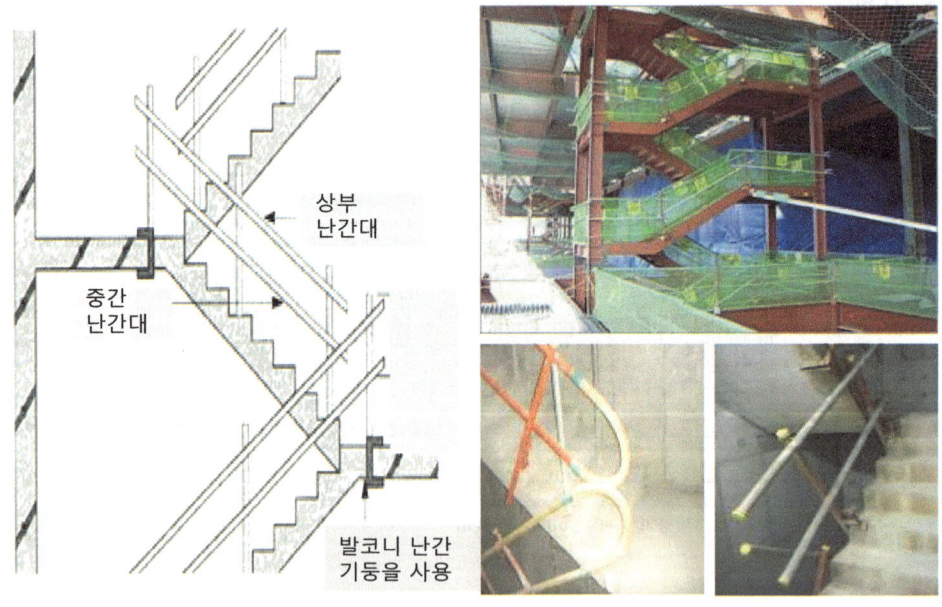

2. 가시설 및 설비 안전기준

굴착공사 상부 가시설

▶ 기준

- H-PILE이 짧을 경우 강관 파이프 또는 철근을 용접하여 안전난간을 설치한다.<사진1>
- H-PILE이 긴 경우는 H-PILE 자체에 용접하여 안전난간을 설치한다.<사진1>
- 안전난간에 수직보호망 또는 높이 10cm 이상의 발끝 막이판을 설치한다.<사진2>
- 상부에 빗물 등의 유입 우려가 있을시, 유도배수로 등을 설치한다.<사진3>
- 안전하게 통행할 수 있는 통로를 설치한다.<사진4>

▶ 사례

<사진1>

<사진2>

<사진3>

<사진4>

03 기계/기구/설비 설치 및 사용안전기준

굴착공사 가시설

▶ 기준

- 통행이 많은 장소에 굴착면인 경우 방호울 등을 사용, 접근을 금지시키고 위험표지판을 설치한다.
- 야간 작업시 조명시설을 충분히 설치하고 야간 방호조치를 철저히 한다.
- 굴착시에는 원칙적으로 흙막이 지보공 설치한다.
- 굴착 기울기 기준을 준수하지 못하는 1.5m 이상 깊이의 경우 트렌치 굴착공사시 흙막이 지보공을 설치한다.
- 굴착깊이가 2m 이상인 경우 굴착폭은 1m 이상으로 한다.
- 흙막이 널판을 사용시 근입장은 널판길이의 1/3 이상으로 한다.
- 용수가 있을 경우 흙막이 지보공을 설치한다.
- 굴착면 천단부에 굴착표시 및 자재적치 금지한다.
- 굴착깊이 1.5m 이상인 경우 사다리, 계단 등 승강통로를 설치한다.
- 가시설 배면에는 우수 침투방지 조치를 하여야 한다.
- 굴착구배는 아래기준을 준수한다.
- 굴착면의 높이가 2M이상의 굴착작업시 사전조사 및 작업계획서를 작성한다.
- 흙막이 설계도서 사전검토 하고 준수한다. (단, 변경 시공시 안전성 근거 확보 할 것)

▶ 사례

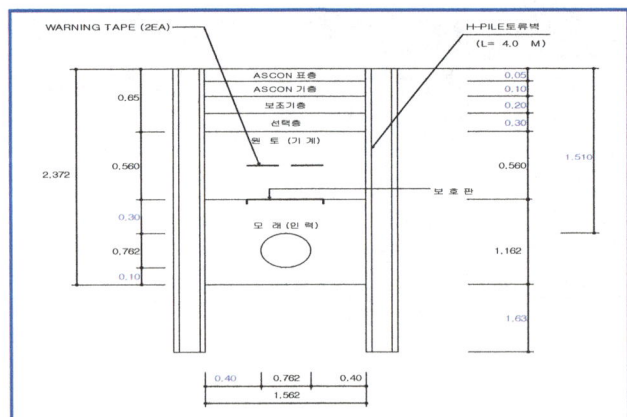

구분	지반의 종류	기울기
보통흙	습지 건지	1:1~1:1.5 1:0.5~1:1
암반	풍화암 연암 경암	1 : 0.8 1 : 0.5 1 : 0.3

2. 가시설 및 설비 안전기준

낙하물 방지망

▶ 기준

- 사용되는 자재는 안전인증제품, 자율인증제품을 사용해야한다.
- 안전망 설치 간격은 10M 이내마다 1단을 설치한다.
- 최초 8m 이내에 1단을 설치한다.
- 망은 이음을 철저히 하고 빈틈이 없도록 한다.
- 내민길이는 벽면으로부터 2M 이상 되도록 설치한다.
- 설치 각도는 20°~30° 이내로 한다.

▶ 사례

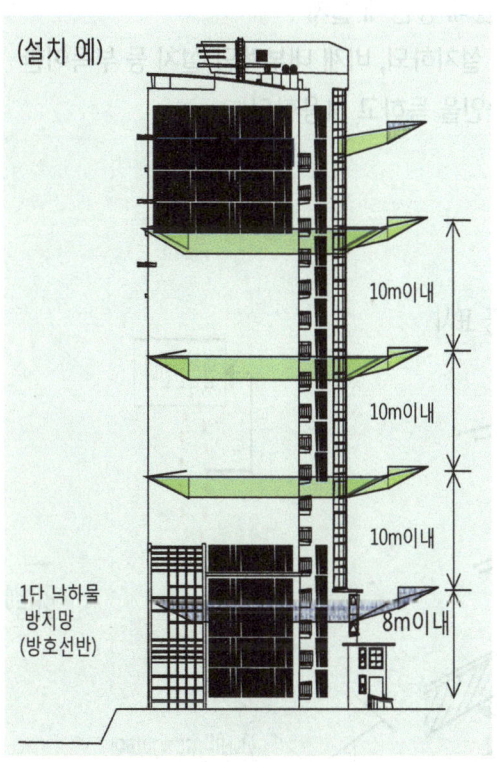
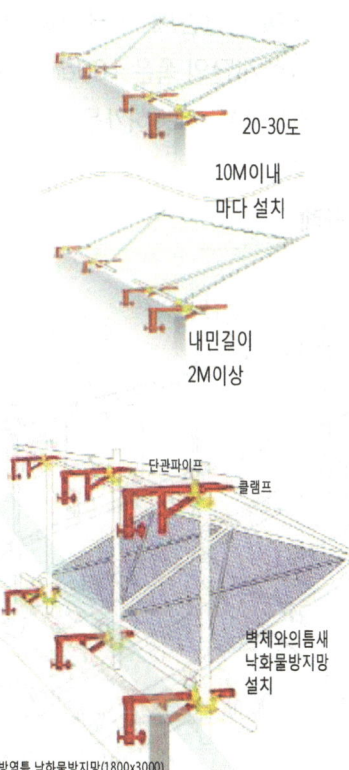

작업발판 및 계단

▶ 기준

- 사용되는 자재는 안전인증제품, 자율인증제품을 사용해야한다.
- 작업발판의 폭은 40cm 이상으로 한다.
- 발판 간의 틈은 3cm 이하, 비계파이프와 발판간의 틈은 10cm이하로 한다.
- 작업발판은 뒤집히거나 떨어지지 않도록 2개소 이상 고정한다.
- 경사도가 30° 이상 60° 미만인 경우 가설계단 설치한다.
- 가설계단은 1단의 높이가 23㎝ 이내, 디딤판은 23㎝ 이상으로 설치한다.
- 계단의 높이가 100cm를 초과할 경우 개방된 측면에 안전난간을 설치한다.
    - 상부 난간대: 바닥면으로부터 90cm~120cm 사이에 설치
    - 하부 난간대: 바닥면과 상부난간대 중간에 설치
- 가설계단의 폭은 100㎝ 이상으로 설치하되, 비계 내부계단 설치 등 부득이한 경우에는 사용허가를 위한 사전승인을 득하고 사용한다.

▶ 사례

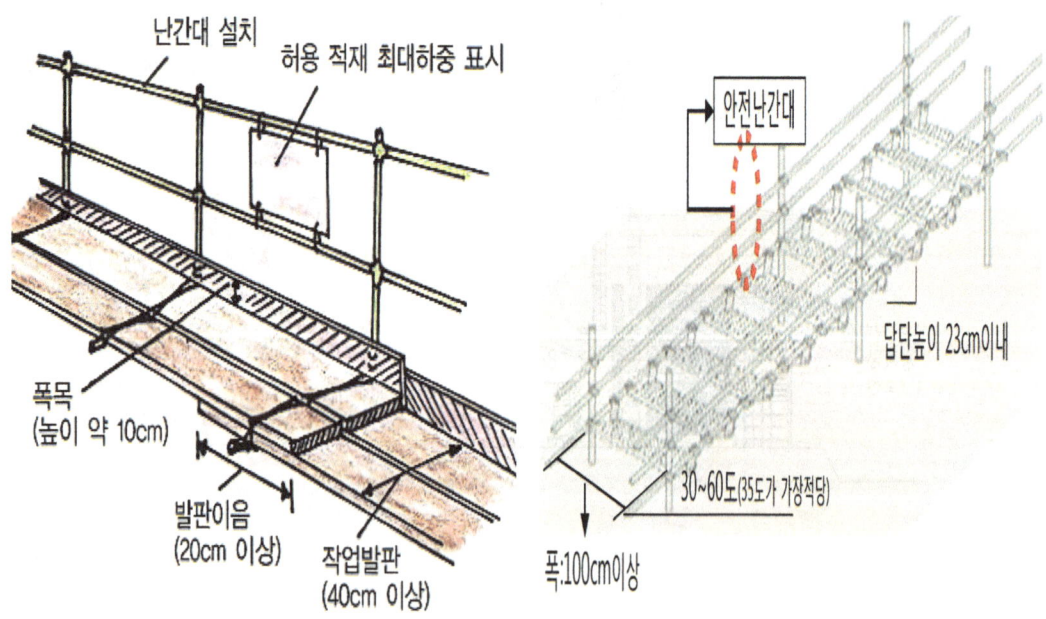

2. 가시설 및 설비 안전기준

고소작업대(시저형)

▶ 기준

- 장비 사용전 안전장치를 확인하고 실명제 카드를 부착한다. 허가된 자만이 운행할 수 있도록 관리한다
- 전도방지장치를 부착상태를 확인한다.
- 안전수칙 표지판을 부착하고 장비보험가입 유무를 확인하다.
- 화기 작업시 작업대 외부 불꽃 비산 방지포 및 소화기를 설치한다.
- 작업대 상부 40cm 높이에 2개 이상의 과상승 방지 장치를 설치한다.
- 조작 스위치는 풋스위치 + 손조작시 작동되는 방식을 사용하여야 하며, 조작반 각부 스위치는 육안으로 확인할 수 있도록 명칭 및 방향표식을 부착하여야 한다.
- 비상정지장치 부착 및 작동상태 확인한다.
- 바퀴(타이어)의 노후, 훼손 및 변형된 것을 사용을 금지한다.
- 상승된 상태에서 이동이 되지 않도록 리미트 스위치를 설치한다.
- 확장작업대의 이탈방지, 사용자에 의한 key관리, 접근사다리 부착 사용한다.
- `09.7.1 이후 출고된 장비에 한하여 고용노동부 안전인증에 합격된 장비만 사용한다.

▶ 사례

▲ 집은 후 이동

▲ 안전수칙 표지판

▲ 비상 정지 장치

▲ 안전장치 부착

고소작업대(차량탑재형)

▶ 기준

- 작업계획서 작성 및 준수한다.
- 작업대는 추락에 대비하여 안전난간을 설치하고 정격하중 초과 탑승을 금지한다.
- 장비 제원에 따른 허용 작업반경 준수 및 운전석 방향의 작업은 금지한다.
- 별도의 안전대 부착설비를 설치 및 사용한다.
- 확장형 작업발판 사용시 고정상태를 확인한다.
- 전로 접근 작업시 감시자 배치 및 전선방호조치 실시한다.
- 아웃트리거는 최대한 인출하고, 연약 지반시 깔판 사용하고 타이어가 지면에서 뜨도록 한다
- 작업구역내 임의 근로자 출입금지 조치 실시한다.
- 아웃트리거의 침하여부를 수시로 확인하고 침하발생시 즉각적인 작업중지 및 침하 방지 조치 후 작업을 재개하여야 한다.
- `09.7.1 이후 출고된 장비에 한하여 고용노동부 안전인증에 합격된 장비만 사용.
- 산업안전보건법상 안전검사 실시여부를 확인한다.

▶ 사례

▲ 안전인증 합격필증

▲ 작업대 안전 난간

▲ 적재하중표지

▲ 과부하방지장치

2. 가시설 및 설비 안전기준

이동식 사다리(A형)

▶ 기준

- 재질은 알루미늄/금속재 사다리를 사용한다.(목재 사다리 사용금지)
- 아웃트리거는 필수적으로 설치하고, 2인 1조로 작업한다.
  (단, 작업공간상 부득이하게 아웃트리거 설치가 어려울 경우 사다리 상부 고정 및 2인1조 작업한다.
- 높이 2m(바닥에서 답단까지 높이)미만의 작업에 한하여 사용한다.
- 추락위험시에는 안전벨트 착용한다.
- 높이1.2m(바닥에서 답단까지 높이)미만의 작업에는 말비계를 사용하고 A형 사다리 사용을 금지한다.
- 미끄럼방지(고무, 코르크, 강스파이크 등) 및 고정장치를 부착 사용한다
- 사다리는 노후, 훼손 변형 등이 없어야 한다.

▶ 사례

▲ 벌어짐방지
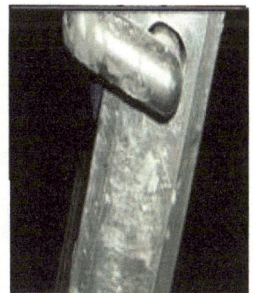
▲ 벌어짐방지

▲ 아웃트리거

▲ 미끄럼방지

03 기계/기구/설비 설치 및 사용안전기준

일자형 사다리(이동/고정)

▶ 기준

- 일자형 사다리는 이동용으로만 사용한다.
- 디딤판의 간격은 25 ~30cm로 등 간격으로 설치한다.
- 사다리 폭은 30cm 이상으로 하고, 길이는 6m를 초과하지 않는다.
- 현장에서 임의로 제작한 사다리는 사용을 금한다.
- 이동용 사다리식 통로의 기울기는 75도 이하로 한다.
- 사다리식 통로의 길이가 10미터 이상인 때에는 5미터 이내마다 계단참을 설치한다.
- 고정용사다리식 통로의 기울기는 90도 이하로 하고 높이 7미터 이상인 경우 바닥으로부터 높이가 2.5m 되는 지점부터 등받이울을 설치한다. 단, 등받이울 설치가 불가능할 경우 추락방지대(완강기 또는 로립 등)을 설치한다.
- 사다리를 설치할 바닥은 평평한 곳에 안전하게 설치하며, 바닥이 고르지 않을 경우 보조기구를 사용한다.

▶ 사례

2. 가시설 및 설비 안전기준

말비계(우마)

▶ 기준

- 재질 : 알루미늄 또는 철재의 기성품(공장제작품)
- 규격 : 발판 폭 40cm 이상, 길이 2m이하, 높이 120cm이하
- 현장 목재 제작품 사용금지/목재용 발판 사용 금지
- 변형 및 노후제품 사용 금지

▶ 사례

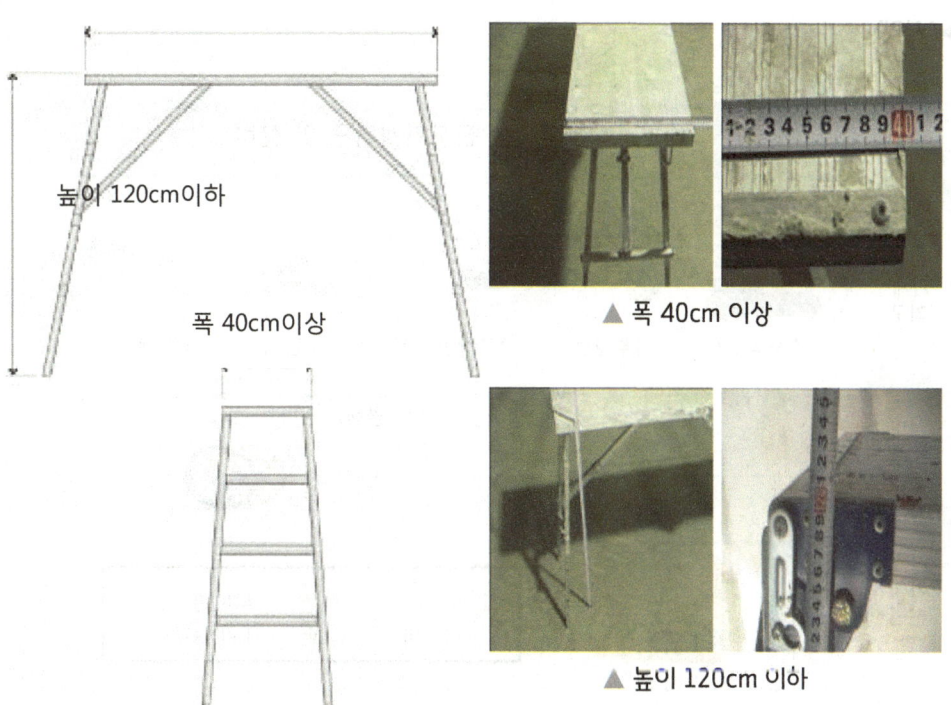

▲ 폭 40cm 이상

▲ 높이 120cm 이하

기계 · 기구 접지

▶ 기준

- 접지선은 녹색의 비닐피복을 한 직경 1.6mm 이상의 절연전선을 사용하고 지하 75cm에 접지봉을 매설.
- 휴대용 전기기구에서는 부속 코드 또는 캡타이어 케이블 등의 선심 중 녹색 피복의 것을 플러그로부터 콘센트의 접지용 전극을 경유해서 접지.
- 전동기계기구의 금속체 외함, 외피 등 금속부분은 누전차단기를 접속한 경우에도 가능한 접지.

▶ 사례

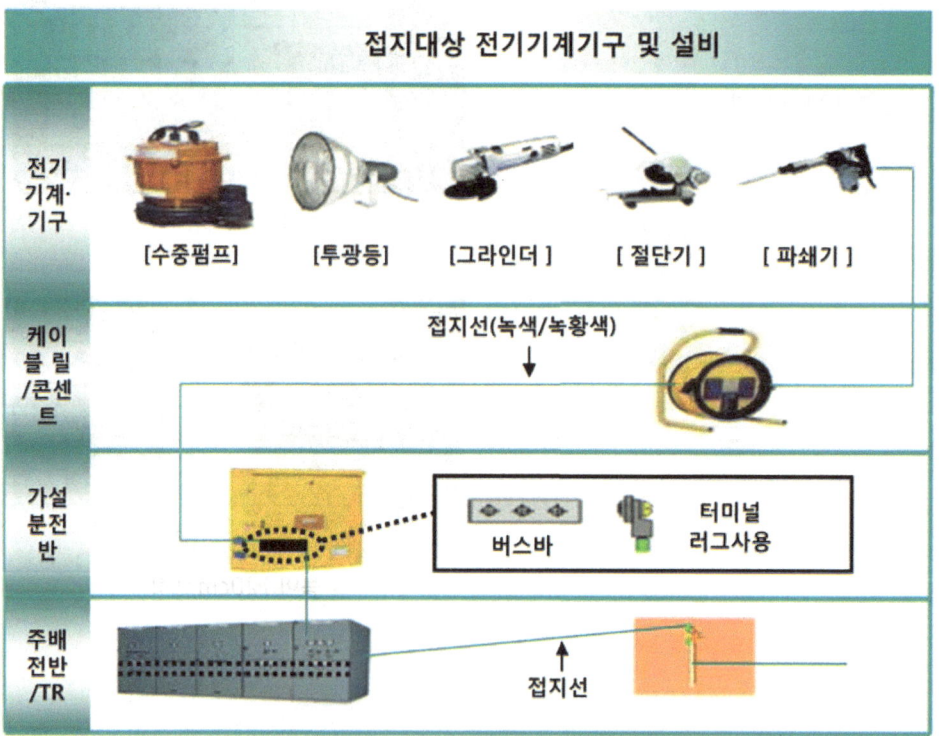

2. 가시설 및 설비 안전기준

가설전기

▶ 기준

- 현장 설치후 필히 안전검사를 실시 후 필요시 필증을 부착한다.
- 모든 가설전기는 누전차단기를 경유토록 조치한다.
- 모든 전선은 3P를 사용한다.
- 접지용 콘센트와 플러그를 사용하며, 분전함 외부 부착한다. (작업환경에 적합한 용품을 사용한다)
- 철재 분전함의 외함은 필히 접지를 실시한다.
- 모든 가설 분전함은 관리책임자 지정 및 잠금장치를 한다.
- 해당 전압이 50V이상 전기에너지 250V/A 이상시 사전조사 및 작업계획서를 작성하고 작업지휘자를 지정하여 작업하도록 한다.

▶ 사례

▲ 충전부 방호조치

▲ 누전차단기 일체형 콘센트

▲ 방우형 콘센트

▲ 분전함 표시 및 잠금장치

이동식 발전기

▶ 기준

- 외함에 접지를 한다.
- 별도의 분전함 설치(배선용 차단기 및 누전차단기 경유)한다.
- 충전부에 덮개를 설치한다.
- 이동용 로프로 PP로프 사용을 금한다.
- 바닥에 기름이 유출되지 않도록 관리한다.
- 현장반입 사용전 반드시 안전검사를 실시한다.

▶ 사례

▲ 소화기 비치

▲ 충전부 덮개 설치

▲ 별도 분전함 설치

▲ 유출방지턱 설치

2. 가시설 및 설비 안전기준

이동식 전기기계·기구

▶ 기준

· 3심코드 전선을 사용한다 (이중절연구조인 경우에는 제외한다).
· 접지극 제3종 접지를 한다.
· 전선인입구 고무패트 손상시 즉시 교체한다.
· 현장내 반입시(사용전) 사전안전검사를 실시한다.

▶ 사례

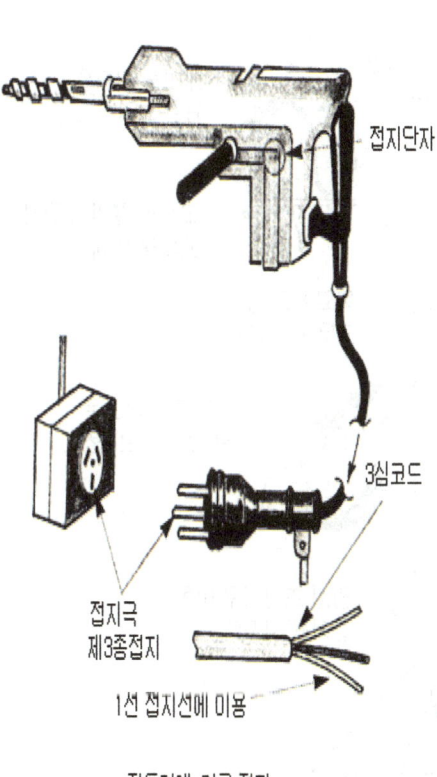

▲ 전동기계·기구 접지

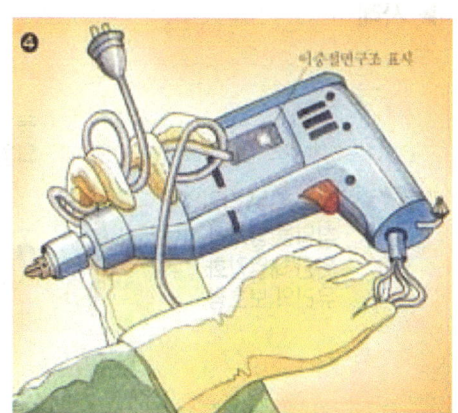

투광기

▶ **기준**

- 전등 보호를 위한 보호망을 설치한다.
- 등기구 외함에 접지를 한다.
- 고무등 절연재질의 케이블 마개 설치한다.
- 고무패킹 설치한다.
- 접지선이 포함된 3P형 케이블 사용한다.

▶ **사례**

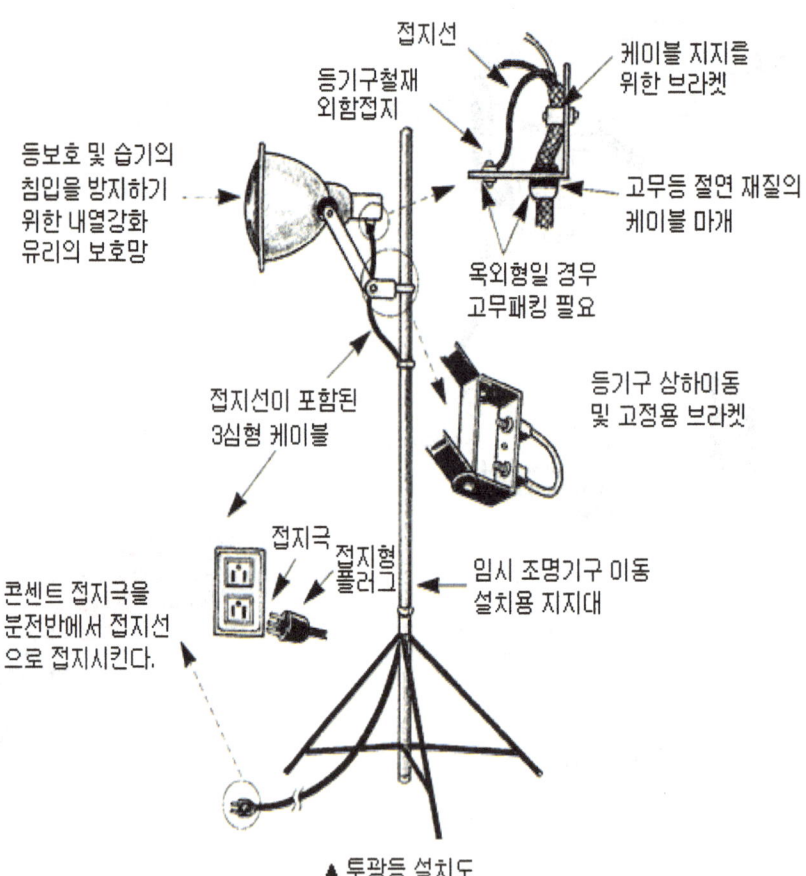

▲ 투광등 설치도

2. 가시설 및 설비 안전기준

고속절단기

▶ 기준

- 절단기 작업자는 보호구를 착용 후 작업한다.
- 절단기는 보조덮개를 설치하고, 불티비산을 위한 방지시설 및 소화기를 설치한다.
- 핸들 바이스를 부착하고 고정하며, 손잡이는 절연조치 한다.
- 고속절단기의 사양에 적합한 절단날을 사용한다.
    - 목재 절단용 톱날 사용금지
    - 고속절단기 모터의 회전수보다 낮은 한계회전수를 가진 절단날 사용금지
- 숫돌 교체시 및 작업 후 전원을 차단한다.

▶ 사례

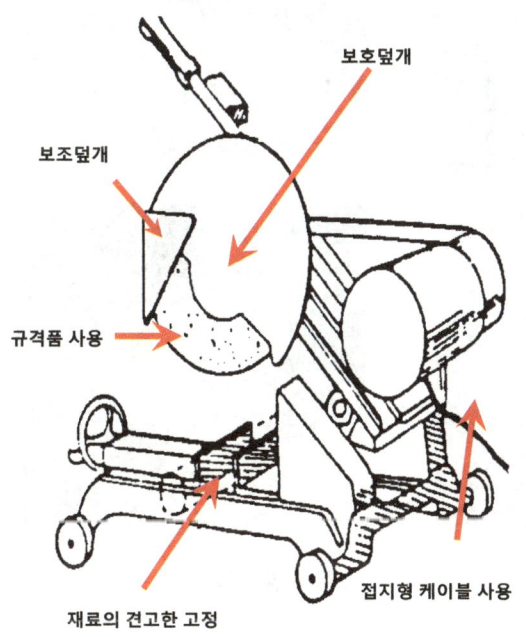

▲ 소화기 배치   ▲ 불티비산방지막

▲ 보조덮개 설치   ▲ 핸들바이스 부착

철근 절단기 및 절곡기

▶ 기준

· 절곡기 비상정지 버튼 및 풋 스위치 덮개를 설치한다.
· 철근절단기 및 절곡기는 반드시 누전차단기를 경유하여 인출, 연결하여 사용한다.
· 금속제 외함 접지를 한다.
· 절단 및 절곡 작업시 미숙련공 작업금지 한다.

▶ 사례

▲ 금속제 외함 접지　　　　　　　▲ 풋 스위치 덮개

2. 가시설 및 설비 안전기준

산소절단기

▶ 기준

- 평상시 가스용기 저장소창고에 보관한다.
- 아세틸렌 가스용기 밸브 구간에 역화방지기 및 게이지를 설치한다.
  (LPG용은 제외함)
- 작업시 방화수 또는 소화기를 비치하여 화재 예방 조치한다.
- 작업 및 운반시 전용대차를 사용한다.
- 가스용기는 전도방지장치를 하여야 하며, 작업중 보호구를 착용한다.
- 작업후 잔여불티를 확인한다.

▶ 사례

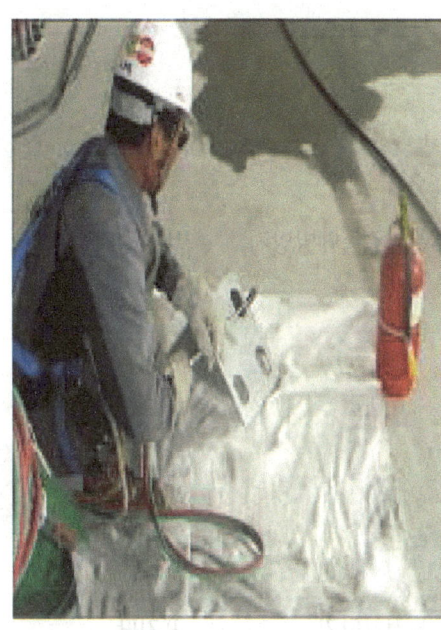

▲ 역화방지기 부착

▲ 보호구 착용

▲ 운반용 대차(소화기 부착)

▲ 위험물 보관창고

목재가공용 둥근톱

▶ 기준

- 사용시에는 톱날접촉예방장치(덮개) 및 반발예방장치를 설치한다.
- 분전함 충전부에 방호덮개를 설치한다.
- 비상정지장치를 설치하여야 한다.
- 가설전기는 누전차단기를 설치한다.
- 작업중 면장갑 착용을 하지 않는다.
- 위험표지판을 부착하고 소화기를 비치한다.

▶ 사례

▲ 톱날접촉예방방지

▲ 비상정지장치

▲ 누전차단기

▲ 표지판

2. 가시설 및 설비 안전기준

자재 운반구

▶ 기준

- 현장에서 임의로 제작한 운반구 사용을 금지한다.
- 운반구 재질은 철판으로 한다.
- 부식되거나 변형된 운반구는 사용을 금지한다.
- 짐걸이 철물은 전용 셔클을 사용한다.
- 적정하중 및 적재 높이(인양함의 90%이내)를 표시하여 관리한다.
- 인양고리는 각각의 모서리에 4개소를 견고히 설치하며, 반드시 4개소 모두 사용하여 인양작업을 실시한다.

▶ 사례

용접작업

▶ 기준

- 케이블은 2종이상의 캡타이어 케이블을 사용한다.
- 단자 접속부는 절연테이프 또는 절연 카바 등 절연조치 한다
- 자동전격방지장치를 부착한다.
- 작업전 하부 가연성, 폭발성 물질확인 및 격리 조치한다.
- 용접기 보관함 사용 및 외함에는 접지한다.
- 용접용 보호구를 착용한다.
- 홀더 KS 규격품을 사용한다.
- 용접근로자 휴대용 소화기를 지급한다.(용접기 주변에 소화기를 비치)
- 화기작업시 관리감독자는 작업중, 작업후 잔여불티를 확인한다.

▶ 사례

▲ 용접기 보관함

▲ 자동전격방지기

▲ 단자 보호카바

▲ 외함접지

▲ 용접용 보호구

▲ 불꽃비산방지포

▲ 방화수 및 소화기

▲ KS홀더

2. 가시설 및 설비 안전기준

용접불꽃 방지포

▶ 기준

- 석면포를 불꽃비산방지포로 사용을 금지한다.
- 휴대가 간편하고 작업특성에 맞는 불꽃방지포 사용한다.
- 절단작업시 보안경 착용한다.
- 용접,용단 작업시 보안면 착용한다.

▶ 사례

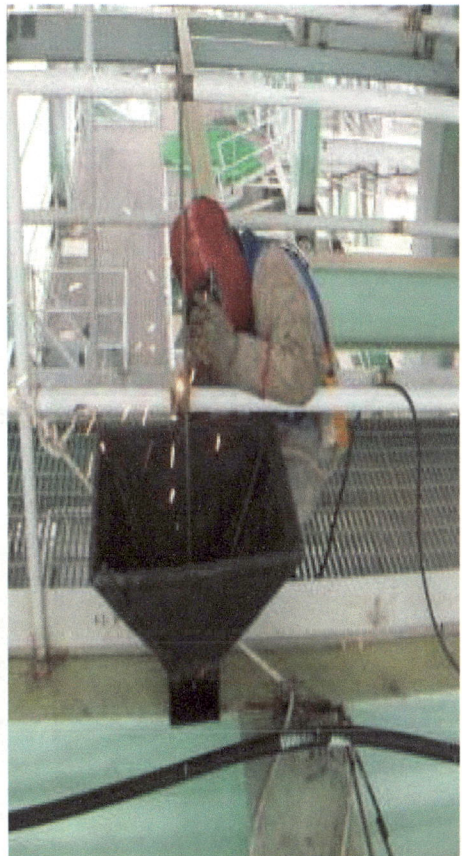

▲ 우산형 불꽃비상방지포 및 적용사진

용접기 자동전격방지기

▶ **기준**

- 교류아크 용접기에는 반드시 자동전격방지기 설치하여야 한다.
  - 2차 무부하상태(용접봉 교환, 작업지점 이동, 용접부위 확인 등을 위해 용접을 일시 정지하는 때)에서 홀더 등 충전부에 접촉시 감전재해를 예방하기 위해2차 무부하 전압을 자동적으로 안전전압인 25V이하 저하시키는 장치
- 직류(인버터)용접기는 반드시 자동전격방지기가 내장되고 작동되는 제품을 사용하여야 한다.
- 직류(인버터)용접기의 자동전격방지기는 On/Off스위치의 Off스위치가 사용되지 않도록 관리해야 한다.

▶ **사례**

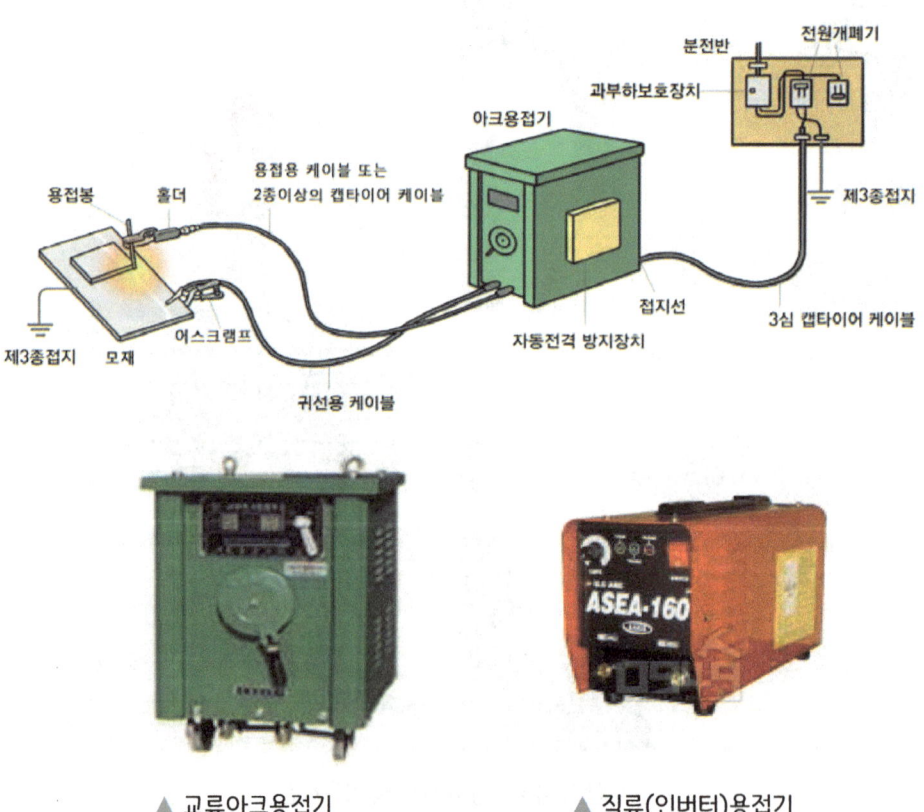

▲ 교류아크용접기　　　▲ 직류(인버터)용접기

2. 가시설 및 설비 안전기준

고압가스통

▶ 기준

- 부식 또는 변형된 가스통 사용금지 한다.
- 접속부분은 전용 조임기구 사용, 작업중단시 밸브, 코크를 잠가야 한다.
- 용기의 온도는 40도 이하 유지하고 용기 고정장치 또는 전도방지조치 한다.
- 운반시 캡을 씌워 전용운반구 사용한다.
- 전용운반구는 소화기를 배치한다.
- 사용중인 용기와 사용전의 용기를 명확하기 구별하여 보관한다.
- 모든 가스용기는 사용기한을 확인한다.

▶ 사례

▲ 전용운반구

▲ 현장보관

▲ 고압용기 사용 실명제

위험물 보관소

▶ 기준

- 철재 위험물 보관창고를 별도로 제작하여 운영한다.
- 안전표지판을 부착 한다(관리책임자 및 안전수칙 등)
- 출입문에는 잠금장치를 한다.
- 통풍이 잘되는 구조로 한다.
- 외부에는 간이 소화기를 설치한다.
- 위험물 저장소 외부에는 MSDS 경고표시 및 자료를 비치한다.
- 유출방지시설 설치(방류턱, 흡착포, 모래 등) 한다.
- 유출시 비상대응 시나리오 부착한다.

▶ 사례

▲ 위험물 저장소

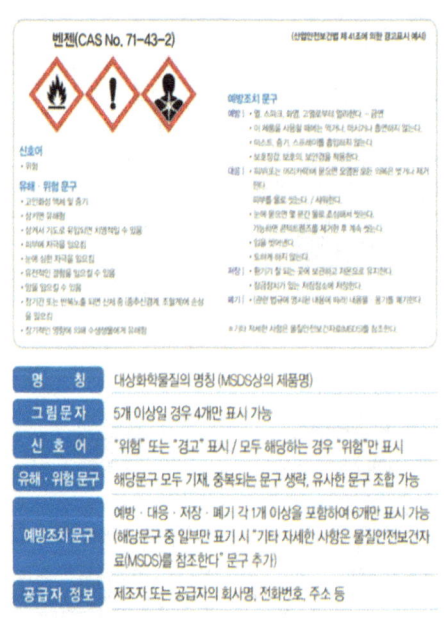

▲ MSDS 경고표시 및 게시

2. 가시설 및 설비 안전기준

섬유벨트 (슬링벨트)

▶ 기준

- 섬유로프(벨트슬링)의 폐기 기준은 아래와 같음

고리	① 결을 알아볼 수 없을 정도로 보풀이 일고, 경사(輕絲)의 손상이 인지된 것. ② 두드러진 잘린 홈, 스친 홈, 긁힌 홈 등이 인지되는 것. ③ 봉제실이 절단되어 고리의 모양이 유지되지 않는 것.
봉제	① 두드러진 잘린 홈, 스친 홈, 긁힌 홈 등이 인지 되는 것. ② 봉제실이 절단되어 벨트의 박리가 조금이라도 인지 되는 것
몸체	① 벨트의 전체 나비에 걸쳐서 보풀이 일고, 경사의 손상이 인지된 것. ② 폭의 1/10, 두께의 1/5에 상당하는 잘린 홈, 긁힌 홈이 인지된 것. ③ 봉제실이 벨트의 나비이상 절단 된 것.
보관	① 지정된 장소에 별도로 보관한다. (사용후 후크에서 제거, 겨울철 동파방지,습기가 많은 장소를 피한다.)

▶ 사례

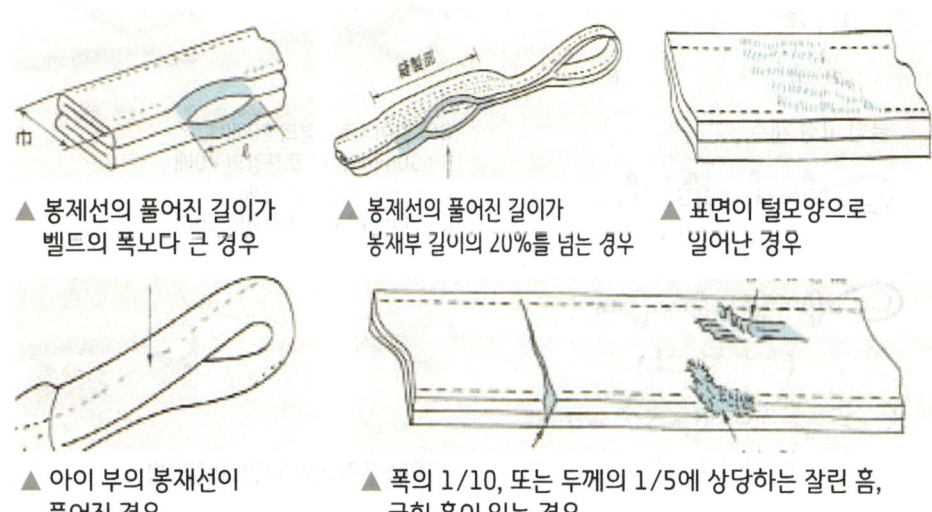

▲ 봉제선의 풀어진 길이가 벨트의 폭보다 큰 경우

▲ 봉제선의 풀어진 길이가 봉재부 길이의 20%를 넘는 경우

▲ 표면이 털모양으로 일어난 경우

▲ 아이 부의 봉재선이 풀어진 경우

▲ 폭의 1/10, 또는 두께의 1/5에 상당하는 잘린 홈, 긁힌 홈이 있는 경우

와이어로프

▶ 기준

- 모든 와이어로프는 반입전 및 정기검사(매월)을 실시하여 그 결과를 표기 또는 부착하여야 한다.
- 와이어로프 폐기 기준은 아래와 같음.
    - 와이어로프 한 꼬임에 소선수가 10%이상 절단된 것
    - 킹 현상(꼬임)이 발생한 것
    - 현저히 변형 또는 부식된 것
    - 공칭 직경의 7% 이상이 감소한 것
    - 압축 이음새가 풀어져 있는 것
    - 압축 이음새의 와이어로프가 약해진 것
    - 와이어로프는 별도의 보관소를 설치하여 보관한다.
- 와이어로프는 산소 등 열에 의한 절단 및 가공을 금지한다.

▶ 사례

와이어로프 직경(mm)	클립 수 (개)
16 이하	4
17 ~ 28	5
28 초과	6

▲ 클립 고정 개수

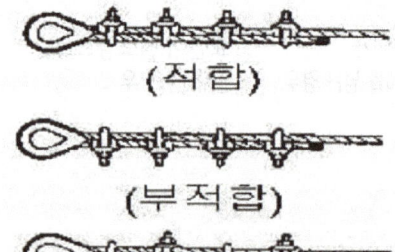

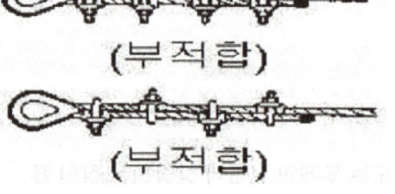

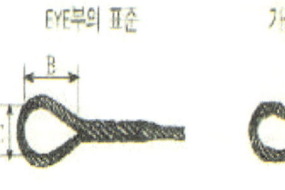

B의 길이 : 로프경의 20배
E : 50mm이하 : 로프경의 40배
C의 길이 : 로프경의 5배
E : 50mm초과 : 로프경의 50배

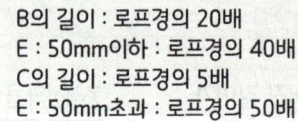

▲ 아이스플라이법 단말 고정방법

2. 가시설 및 설비 안전기준

냉수가열기(Water Heater)

▶ 기준

- 히터 및 사용수조는 반입검사를 필하고 사용한다.
- 접지형 플러그 사용 및 누전차단기 경유하여 사용한다.
- 과열방지를 위한 온도조절기가 설치된 히터를 사용한다.
- 부식, 손상, 변형된 히터의 사용을 금지한다.
- 다음 사항을 준수하여 사용한다.
    - 수조.물통에 2/3이상의 물이 채워진 상태에서 사용한다.
    - 물이 없는 상태의 수조.물통에 전원을 투입하여 사용을 금지한다.
    - 수조 등의 청소시 반드시 전원을 차단한다.
    - 플라스틱 재질의 수조 등은 히터봉이 직접 닿지 않도록 설치한다.
    - 본체 윗부분이나 전선이 물에 잠긴상태로 사용을 금지한다.
    - 히터봉에 피부 접촉금지 한다.
    - 공시체 집게 손잡이는 절연조치 한다.

▶ 사례

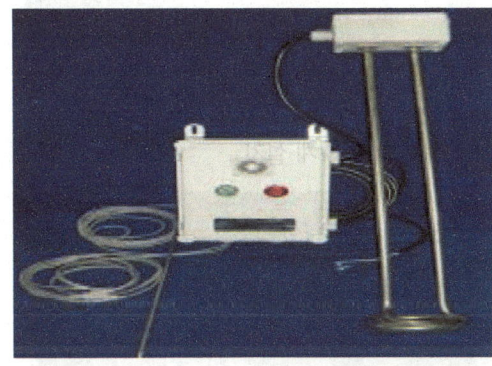

▲ 수조용 히터 / 공시체 집게

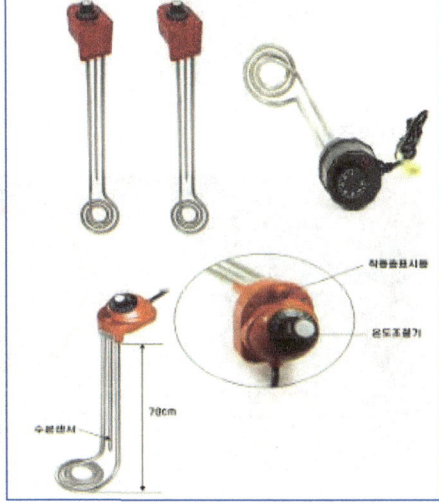
▲ 마감작업용 히터

외부 로프작업

▶ 기준

· 작업구간 하부 통제구역 설정 및 통행 통제한다.
· 부적격 작업자 작업투입 금지한다.(작업전 건강상태 확인-혈압, 음주 등)
· 타공종 작업자 해당 로프 체결구역(옥상출입 등) 출입을 금지한다.
· 로프규격 준수한다.(주로프 : 20~22mm, 보조로프 : 14~16mm)
· 견고한 로프 체결한다.(청소용 고리, 골조, 지붕트러스 외 결속 금지)
· 주, 보조로프 2점지지 확인 및 시건조치 한다.
· 최초 로프 탑승시 안전벨트(수직로프-수직이동용 안전대) 착용한다.
· 로프 마찰부분에 완충제 설치한다.

▶ 사례

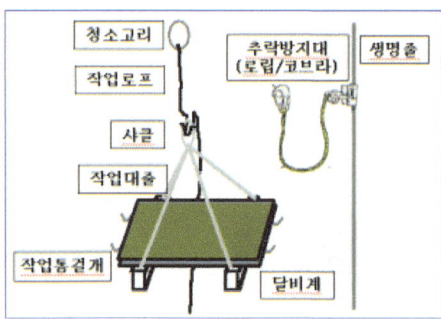
▲ 사전준비

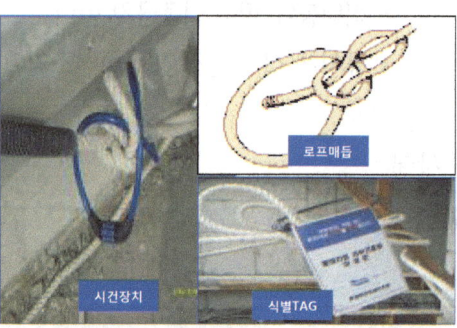
▲ 로프 및 달비계 설치

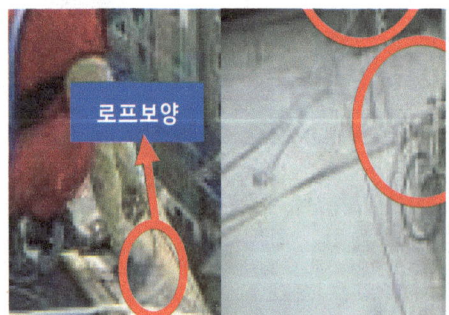
▲ 외부로프작업

▲ 전담신호수 배치 및 입간판 설치

경기도 건설안전
가이드라인

04

대형재해 5대 건설 장비 안전기준

04 대형재해 5대 건설장비 안전기준

1. 타워크레인 작업안전기준

(1) 목적
- T/C 작업의 안전기준을 정하여 안전한 T/C 작업 실시
- T/C 작업에서의 안전사고 방식

(2) 적용범위
- 전 현장에 적용한다.

(3) 작업관리조직
- 안전보건총괄책임자
- 관리감독자(시공담당자)
- 안전관리자
- T/C 설치회사

(4) 책임과 권한

안전보건총괄책임자	T/C 기초 및 MAST 설치, 상승작업과 관련된 시공과 안전의 전반적인 책임을 진다.
관리감독자	T/C 기초 및 MAST 설치, 상승계획의 적정성을 검토하고 보호구 착용을 책임진다.
안전관리자	T/C 작업시 안전수칙 미준수 발생시 작업중지를 요구 할 수 있으며 근로자 안전교육을 책임진다.
T/C 설치회사	적절한 작업방법 및 순서를 사전계획하고, 근로자 관리감독을 철저히 한다. 작업의 이상발생 예상시 관리감독자(안전관리자)에게 보고하고 대책을 수립한다.

(5) 업무 FLOW

단계	Process	주요업무	담당
설치전	구조검토실시	- 건설장비 구조계산서 및 도면 검토 - 기초설계(지지력, 휨응력, 전단응력 등 검토) - 지지고정 부재 구조검토(벽체지지, Wire Guying)	공무, 공사, 안전
설치전	기초시공 관리	- 기초설계 및 시공상태 확인	공사
설치해체	작업전 준비사항	- 작업팀구성 확인(최소5명, 공단교육 이수증 확인) - 장비하중관리 준수 - 사용 전 건기법상 "정기검사" 득	공사, 안전
사용중	근로자교육 실시	- 신호수, 줄걸이 근로자 지정 특별교육실시	공사, 안전
사용중	자체점검	- 타워크레인 설치후 1개월마다 설치협력업체가 실시	공사, 안전
사용중	안전점검	- 타워크레인 설치후 6개월마다 노동부 업무위탁기관 또는 지정검사기관에 위탁실시	공사, 안전
사용중	정기검사	- 타워크레인 설치후 2년마다 국토해양부 타워크레인 위탁기관에 실시	공사, 안전

(6) T/C 종류 및 특징

T형 타워크레인

특징
1. 타워크레인의 주종을 이루는 형식이다
2. 주로 작업반경내에 장애물이 없을 때 사용한다
3. 지브가 수평이고 트롤 리가 지브를 따라 앞뒤로 움직이며 작업반경을 조절한다
4. 안전성이 좋고 높이 올라갈 수 있으며 소비전력이 적다

Luffing Jib형 타워크레인

특징
1. 정격하중이 커서 대형 건설현장에 용이하다.
2. 주로 작업반경내에 장애물이 있을 때 사용한다.
3. 지브를 상하로 조정하여 작업반경을 조절한다.

(7) 설치 시 안전기준

1) 타워크레인 설치 전

check point	안전기준 및 내용
타워크레인이 설치될 지면의 지내력	- 장비시방에 정한 지내역을 확인(평판재하시험)
버림 콘크리트 타설	- 도면에 기재된 콘크리트 강도 확인
기초 철근 배근 후 앵커 설치	- 앵커 규격 및 수평 레벨 확인 - 기초철근(인장 및 압축) 배근 설계기준 준수
앵커 접지 설치	- 접지소 3개소 설치(1종접지, 접지저항 10Ω이하)
기초 콘크리트 타설	- 도면에 기재된 콘크리트 강도 확인/타설시 앵커 밀림현상 확인

1. 타워크레인 작업안전기준

2) 타워크레인 설치 시

check point	안전기준 및 내용
작업구역 설치	- 운반/하역작업 : 작업장소 정지, 자재검수 - 작업前 특별안전교육 必(양중작업 포함) - 건설기계 작업계획서 작성 및 징구 - 양중로프 및 달기구 상태점검 및 확인 - 타 공종 근로자 접근금지 조치(상하동시 작업 금지) - 안전감시단 배치 및 통제 - 악천후시 작업 중지(순간풍속 10m/s 이상, 강우 및 강설) - hydro크레인 장비 지지력 확인(노면 복공등)
베이직마스트 설치	- 기초 앵커의 최종 수평레벨
마스트간 연결	- 핀 연결방식: 핀, 분할핀(탈락방지) - 볼트 연결방식 - 규격별 조임 토크값 확인 - 볼트머리가 아래쪽으로 설치(풀림방지)확인
카운터 지브 설치	- 작업통로와 핸드레일 반드시 부착 - 카운터웨이트는 반드시 메인지브를 연결 후 설치
메인 지브 설치	- 지브의 중심을 맞춰 인양로프 고정 - 상부작업자 안전벨트 체결 후 작업(가이드로프 선설치)

타워크레인 주요 명칭

(8) 인상 및 운영 시 안전기준

주요구조부 조립시 체결상태 확인

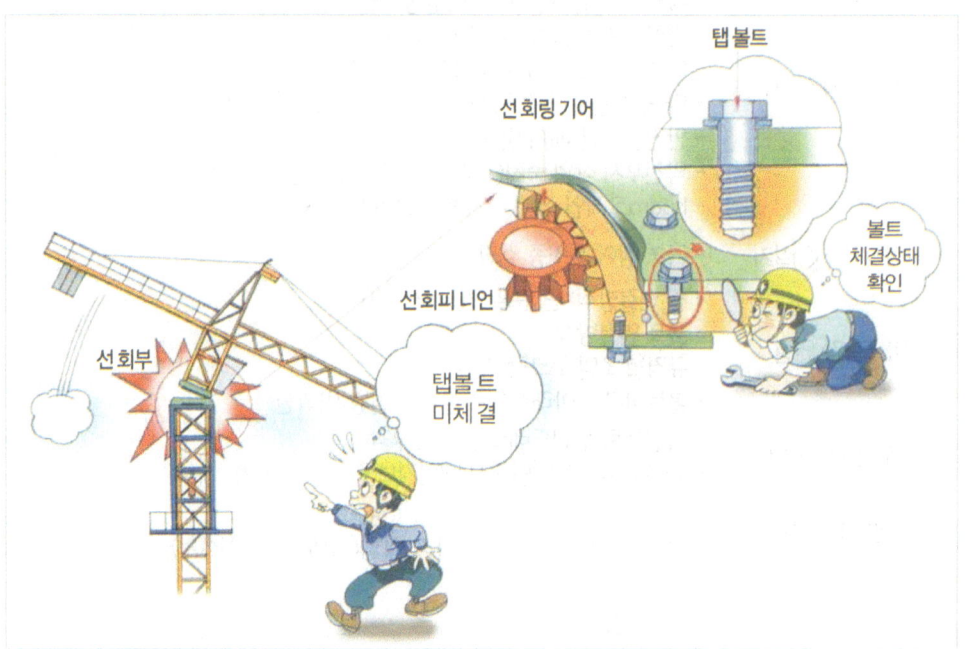

발생원인	안전대책
선회테이블 링기어 체결볼트 36개중 미체결 및 볼트 이완 철근 운반작업중 볼트체결부가 분리되어 타워 상단부가 지상으로 추락	작업시작전 주요 구조부의 볼트 체결 상태 및 기계작동 등의 이상유무 점검 볼트 및 너트가 이완되지 않는 풀림 방지 시스템 적용(최초 볼트 조임후 3주후 조임 실시)

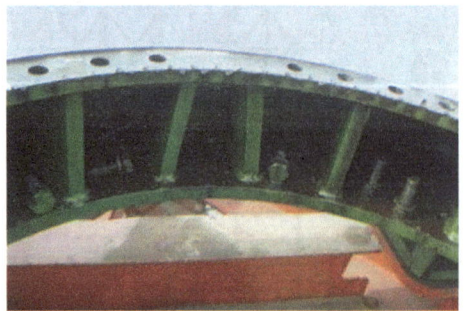

볼트 미체결 및 이완

볼트 체결 완료

1. 타워크레인 작업안전기준

상승작업중 지브붐 균형유지

양쪽 지브 불균형

양쪽 지브 균형

발생원인
- ▶ 상승작업중 밸런스 웨이트 미사용, 양쪽 지브 불균형 사태 발생
- • 지브 불균형 상태에서 유압 실린더 작동, 텔레스코픽 케이지 좌굴 발생

안전대책
- ▶ 타워크레인 상승작업시 반드시 양쪽 지브 균형 유지여부 확인
- • 상승작업중 절대로 트롤리 이동 및 선회작업 등 일체의 작동 금지
- ※ 전체 재해발상 원인의 30% 점유
- • 상승작업은 풍속 10m/s이하 에서만 작업 실시

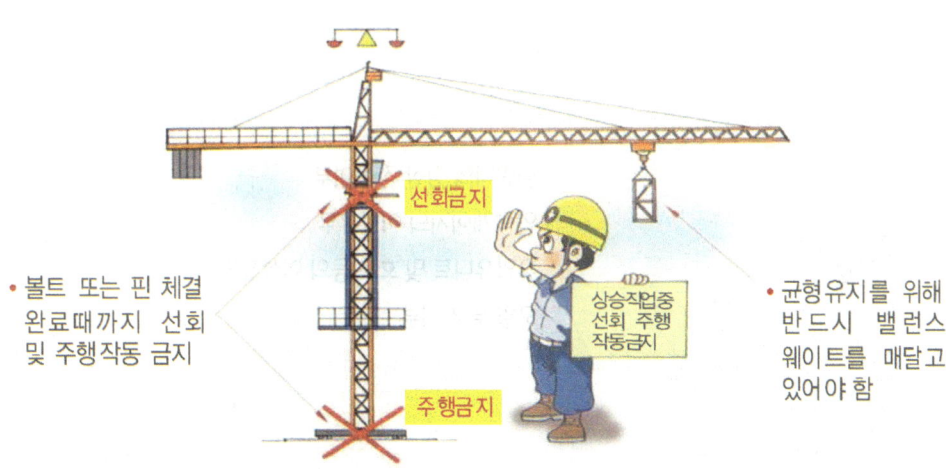

텔레스코픽 슈 안전성 확인

■ 텔레스코픽 슈 안전성 확인

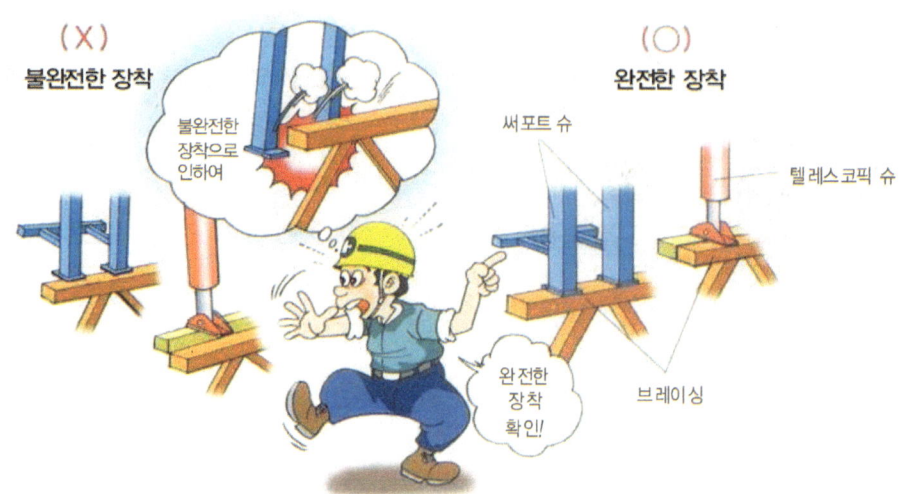

발생원인	안전대책
▶ 양쪽 지브의 불균형으로 텔레스코픽 슈가 브레이싱에 불완전하게 장착 • 불완전 장착상태에서 유압실린더 작동중 슈가 브레이싱으로부터 이탈 • 텔레스코픽 케이지 및 타워 상단부가 분리되어 지상으로 낙하	▶ 작업 시작전 유압장치의 이상유무 확인 작업금지 • 실린더 작동 전 반드시 지브의 균형상태 확인 • 텔레스코픽 슈 장착 상태 확인 • 제작사의 작업 절차서 준수

■ 실린더 작동 유압장치의 이상 유무 확인사항

- 실린더의 정상 작동여부
- 압력게이지의 이상유무
- 유압유니트 및 호스 등의 이상유무
- 오일 누유 여부

1. 타워크레인 작업안전기준

텔레스코픽 케이지 핀 상태 확인

타워크레인 상단부 도괴

발생원인

▶ 타워크레인 상승 작업중 턴테이블 하부와 텔레스코픽 케이지 **상부핀 미체결** (4개소중 2개소만 체결)
- 핀이 미체결된 상태에서 텔레스코픽용 마스트를 권상·이동시키던중 지브의 균형이 한쪽으로 쏠리면서 타워상단부가 전도됨
※ 타워 상승작업자 모두가 당연히 핀이 체결되어 있을 것으로 착각

안전대책

▶ **핀이나 볼트 체결상태 재확인**
- 직입절차의 체결 준수, 분할핀 체결등
- 제작사의 작업절차서 및 작업순서 준수
※ 텔레스코핑 작업 중에는 권상, 트롤리 이동 및 선회동작 등 일체의 작동금지

04 대형재해 5대 건설장비 안전기준

텔레스코픽 케이지 마스트 레일 상차상태 확인

발생원인	안전대책
▶ 대차 레일의 변형으로 마스트가 불완전하게 상차됨 - 마스트를 밀어 넣을 때 대차레일의 변형으로 무리한 힘이 가해져 레일을 이탈 • 대차 레일에 마스트 상차 후 대차와 마스트 고정용 안전핀 미고정	▶ 마스트 상차 전 대차 레일의 변형 기능 이상 유무 확인 • 마스트를 밀어 넣을 수 있는 충분한 공간 확보 (마스트 길이 +50㎜정도)되었는지 확인 ※ 추가 상승작업전 기 설치 마스트와 추가된 마스트 연결볼트 체결상태 반드시 확인 후 진행 • 대차와 마스트를 고정용 안전핀으로 고정 여부 반드시 확인

1. 타워크레인 작업안전기준

텔레스코핑 작업중 크레인 작동금지

불균형 상태

발생원인

▶ 새로운 마스트를 끼워놓고 불일치 된 핀구멍을 맞추고자 크레인을 작동시키는 순간 균형상실

※ 케이지 안내 롤러와 마스크간 편차 발생

• 운전조작이 불가능하도록 인터록된 것을 해제하고 수동으로 조작(작업절차 무시)

도괴 상태

안전대책

▶ 텔레스코픽 케이지 안내롤러의 간격이 모두 일정하게 될 때까지 집의 각도를 조정 타워크레인 균형상태 유지

※ 마스트 추가후 핀 또는 연결볼트가 완전하게 체결되기 전에는 절대로 운전(동작)금지

• 보호구 착용 철저

- 그네식 안전대를 착용하고, 안전모를 턱끈까지 견고하게 착용한 후 작업실시

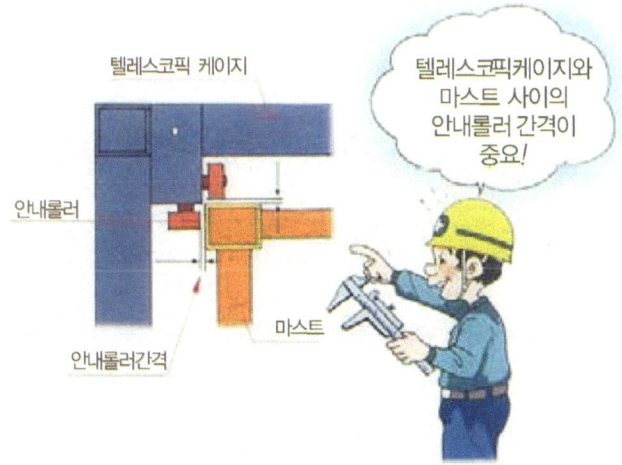

04 대형재해 5대 건설장비 안전기준

해체 중 인양 위치 준수

발생원인

▶ 타워크레인 메인집 해체작업시 **표준인양 위치 선정 부적정**
- 메인지의 연결부위에 과도한 하중 발생으로 지브 연결부 파단
※ 표준인양위치: 마스트 중심으로부터 23m지점 이나 실제 50m지점 인양
- 해체작업중 매뉴얼에 따른 작업절차에 따른 미준수
 - 해체작업시 작업절차의 준수여부에 대한 관리 감독 소홀

안전대책

▶ 메인집 인양위치는 제조회사 제공 **표준인양위치 준수**
※ 무게 중심 고려
- 관리감독자/해체작업 팀장
 - 표준안전작업 방법 및 근로자 배치등에 관한사항을 미리 결정하고 당해 작업을 지휘
※ 산업안전기준에 관한 규칙 제116조 제2항

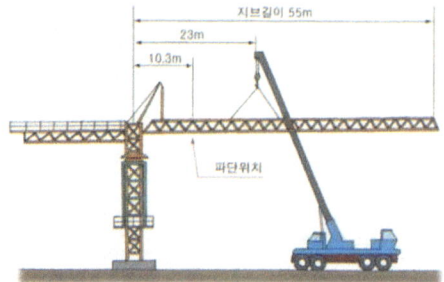

정상 작업시 이동식 크레인 위치

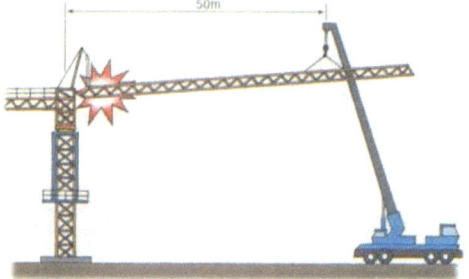

사고 발생시 이동식 크레인 위치 (※무게중심 미 고려)

1. 타워크레인 작업안전기준

받침목 강도부족 여부 확인

발 생 원 인	안 전 대 책
▶ **받침목**이 텔레스코픽 케이지 하중을 견디지 못하고 **부러짐** - 받침목 위에 세워둔 텔레스코픽 케이지안의 불량 마스트를 빼내는 순간 전도 ※ 다짐상태가 불량한 토사지반 위에 강도가 부족한 받침대 사용	▶ 받침목이 마스트 등 **중량물에 충분한 강도** 보유여부 사전 확인 • 마스트(11m)와 같이 길이가 긴 중량물을 수직으로 세워서 작업할 경우 전도예방등의 위험방지 조치 ※ 지반의 다짐상태 및 평탄도 확인

04 대형재해 5대 건설장비 안전기준

이동식 크레인 선정

선정시 고려사항

- 선정시 고려사항
- 최대권상 높이(H)
- 가장 무거운 부재 중량(W)
- 선회반경(R)

권상높이 및 작업반경 선정

- 작업조건에 맞춰 권상높이 및 작업반경 선정
 - 작업위치가 타워크레인의 설치 위치와 동일레벨이 아닌 경우
 - 기타 특별한 작업 조건인 경우
- 이동식 크레인 최소 소요양정(H)
  = 타워높이(A)
  + 줄걸이 작업시 최소 소요높이(B)
  + 권과방지장치 작동여유(C:1m)

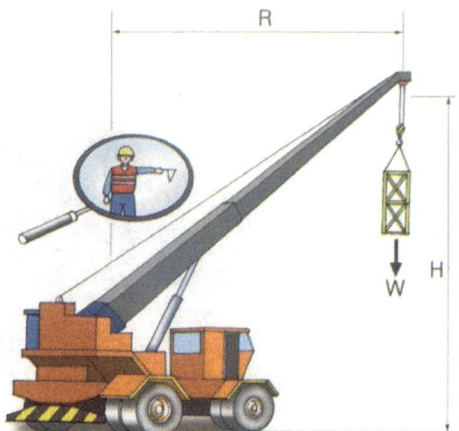
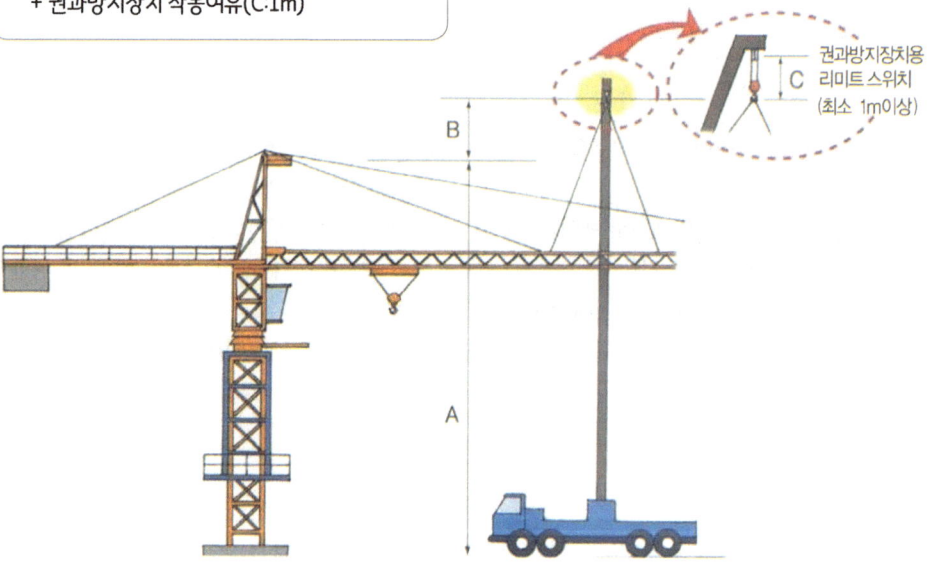

■ 이동식 크레인의 위치선정 요령

- 가장 긴 부재(메인집) 및 가장 무거운 부재(카운터 집)의 무게중심을 고려
- 아웃트리거 고임목 밑 지반의 다짐상태 반드시 확인

1. 타워크레인 작업안전기준

타워크레인 지지·고정작업시 확인사항

■ 담당역할구분

작업현장

현장소장 및 공사 관계자 역할

- 타워크레인 설치계획 수립·작업검토
- 타워크레인 설치준비
- 타워크레인 설치 안전교육 및 안전감독
- 설계도서 또는 타워크레인 설치계획서에 따라 안전하게 설치되었는지를 확인

설치, 해체 작업팀(업체)

작업팀장 및 작업자 역할

- 타워크레인 설치계획서 작성
- 해당 기종의 설계도서 또는 제조사의 설치작업 설명서 숙지
- 타워크레인 작업계획서에 따라 타워크레인 설치
- 안전대 등 개인보호구 착용확인
- 작업 시작전 안전교육

■ 점검항목

월 브레싱(벽체지지)방식

- 설치검사 서류 또는 제작사의 설치작업 설명서에 따라 설치여부
- ※ 미비시 구조전문가의 검토 후 설치
- 월브레싱 높이, 간격의 적정성 여부
- 월브레싱 부재의 적정여부(규격)
- 월브레싱 제작상태(용접 등)의 적정여부
- 브레싱 설치는 관통볼트 사용 또는 동등이상으로 되어있는지 여부
- ※ 세트 앵커볼트 사용금지
- 벽체고정부 건물구조의 철골이나 콘크리트 강도의 적정여부
- 설치상태(수평, 수직도 타이로드, 핀, 체결볼트 등)의 적합여부 등

와이어로프 지지방식

- 설치검사 서류 또는 제작사의 설치작업설명서에 따라 설치여부
- ※ 미비시 구조전문가의 검토 후 설치
- 사용 와이어로프(안전율 4이상) 규격의 적정여부
- 긴장도와 설치각도(60도 이내)의 적정여부
- 와이어로프 고정위치 적정여부
- 와이어로프 고정부 건물구조나 기초(기초 콘크리트 등) 강도가 충분한지 여부
- 턴버클, 샤클, 와이어로프 클립체결 수량 및 체결방법 적정여부 등

로프지지 고정 불량원인 붕괴사고(I)

■ 원인
- 태풍으로 타워크레인 지지용 와이어로프 파단
- 와이어로프 굵기 부족
- 와이어로프 체결상태 불량
- 와이어로프 지지회선 부족(4회→8회선)

■ 대책
- 충분한 굵기의 와이어로프 사용
- 와이이로프 회선수, 설치간견, 각도 준수
- 와이이로프 고정부의 체결상태 확인
- 샤클, 클립체결 수량 및 체결방법 적합성 여부 확인

■ 와이어로프 굵기에 따른 클립수

로르굵기(mm)	클립수
16이하	4개
16초과 18이하	5게
28초과	6개이상

■ 클립 체결수

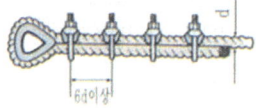

올바른 체결방법

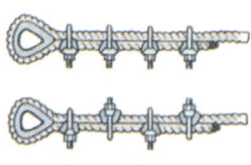

잘못된 체결방법

■ 와이어호프 체결 상세도

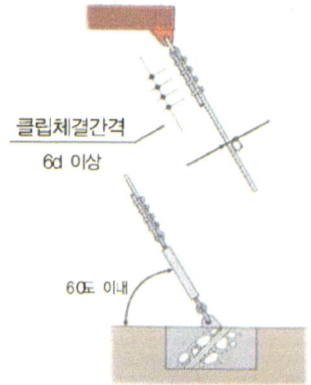

1. 타워크레인 작업안전기준

로프지지 고정 불량원인 붕괴사고(Ⅱ)

■ 태풍시 로프지지·고정 **불량원인 붕괴사고**

- 로프지지 후레임 미설치
- 로프가잉 4회선
- 로프 직경 부적합
- 부산지역등 태풍결로지역에 대한 풍하중 구조검토 설치미흡

국내현장 태풍 위험지역
1. 남해안 지역(부산, 완도, 거제)
2. 인천지역
3. 섬지역

태풍 위험지역 브레싱 보완조치
1. 설치현장 최대순간풍속 파악
2. 타워 크레인 풍하중 계산
3. 풍하중에 대한 브레싱 보강설치

로프지지 고정 불량원인 붕괴사고(III)

■ 와이어로프 지지·고정불량원인

- 와이어로프 지지·고정 관련 사전 기술검토 미실시
  - 와이어로프 선정 부적합(안전율 부족)
- 와이어로프 고정 및 체결방법 불량
- 지지점 위치 선정 부적합
- 와이어로프 설치간격 및 각도 부적합

사진 1. 와이어로프 지지·고정 불량

■ 설치상태 점검시 확인사항

- 설치검사서류 또는 제작사 설치작업 설명서에 따른 설치여부
※ 설계검사서류/설치작업 설명서 미비시 전문가(구조기술자 등)에 대한 검토후 설치
- 구조검토에 의한 부재선정(와이어로프 턴 버클, 샤클 등)
- 와이어로프 설치간격 및 각도 준수
※ (같은 간격이고 가능한 60° 이내)
- 와이어로프 고정위치 적정여부
- 와이어로프 고정부의 견고성 여부
  - 건물구조나 기초부, 기초 콘크리트 등
※ 샤클, 클립 체결수량 및 체결방법 적정여부

사진 2. 와이어로프 지지전용 프레임 설치

1. 타워크레인 작업안전기준

로프비지 고정 불량원인 붕괴사고(IV)

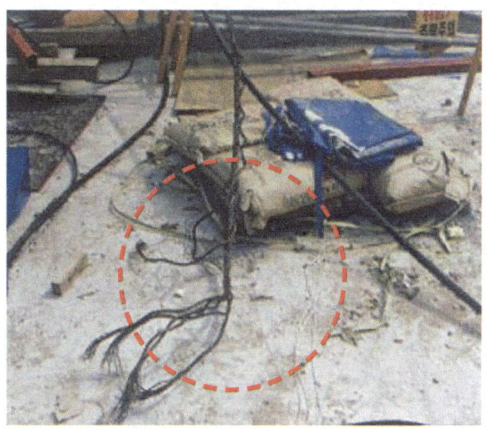

■ 원인
- 타워크레인 지지·고정용 와이어로프 파단

■ 대책
- 충분한 굵기의 와이어로프 사용 (안전율 5이상)
- 지면과 와이어로프 설치각도 60도 이내 유지 (1단인 경우)
- 지지·고정위치 및 샤클의 적정여부 확인(설계도면과 비교)

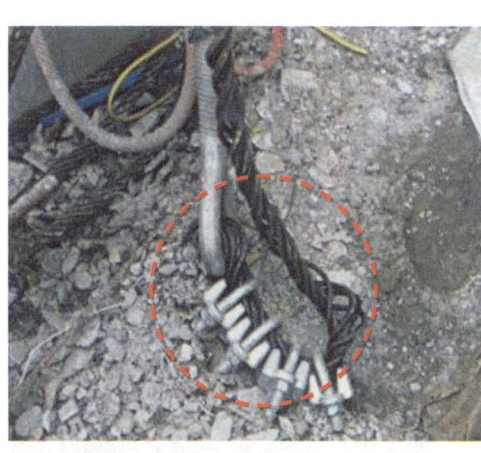

■ 원인
- 지지·고정 와이어로프가 클럽 체결 부분에서 빠짐

■ 대책 : 클립체결 기준준수
- 클립의 새들은 로프의 장력이 걸리는 쪽에 있을 것
- 클립간격은 로프지름의 6배 이상일 것
- 로프지름에 따른 클립 체결수량 준수

■ 원인
- 와이어로프 고정 슬라브 보강불량

■ 대책 : 로프지지 슬라브 보강
- **와이어 로프 지지용** 슬라브 구조검토, 보강
- 콘크리트 슬라브는 충분한 강도를 가질

04 대형재해 5대 건설장비 안전기준

월브레싱 설치

■ 벽체 지지·고정 불량원인

- 벽체지지·고정 프레임 제작·설치불량
※ H빔으로 임의 현장제작 및 고정불량
- 간격지지대 고정시 관통 볼트 미사용
- 벽체고정부 건물구조의 철골 또는 콘크리트 강도부족
- 설치상태 부적합
- 수평·수직도 핀, 간격지지대, 체결볼트 등

사진 1. H빔으로 임의 제작

■ 설치상태 점검시 확인사항

- 설치검사서류 또는 제작사 설치작업 설명서에 따른 설치여부
※ 설계검사서류/설치작업 설명서 미비시 전문가(구조기술자 등) 에의한 검토후 설치
- 벽체지지·고정 프레임 설치높이 적합여부
- 프레임 제작상태 적합여부
- 설치상태의 적합여부
- 수평 수직도 핀, 간격지지대, 친, 체결볼트
- 타워크레인 가설계획서
  (설치도면, 설치순서등)작성·보존 여부

사진 1. 양호한 제작·설치

1. 타워크레인 작업안전기준

웰브레싱 지지·고정

■ 웰브레싱 지지·고정 방법(예)

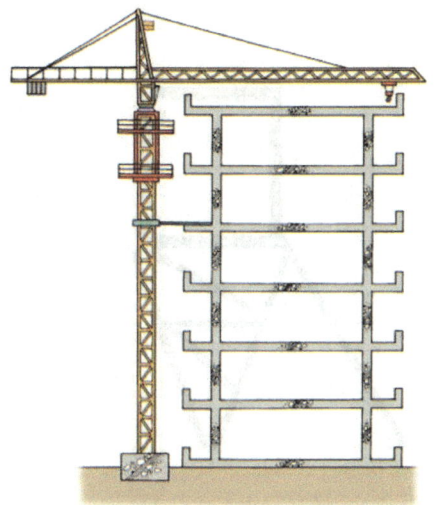

▶ 웰브레싱 지지·고정 방법(예)

- 지지·고정용 프레임·부품은 타워크레인제조사 정품 사용(임의제작 금지)
- 셀계도면에 따라 설치방법 및 순서 준수
  → 전용프레임 설치높이 준수
- 설치작업시 추락·낙하 예방용 보호구 착용 (안전대·안전모 등)

▶ 법기준(산업안전기준에관한규칙117조)

- 지제조사의 설치작업설명서 등에 따라 설치
- 공인 기술자의 확인을 받아 설치하거나 기종별, 모델별 공인된 표준방법으로 설치
- 크리트구조물에 고정시키는 경우에는 매립이나 관통 또는 이와 동등 이상의 방법으로 충분히 지지
- 건축중인 시설물에 지지하는 경우에는 동 시설물 구조적 안전성에 영향이 없도록 할 것

■ 웰브레싱 설치(평면도)

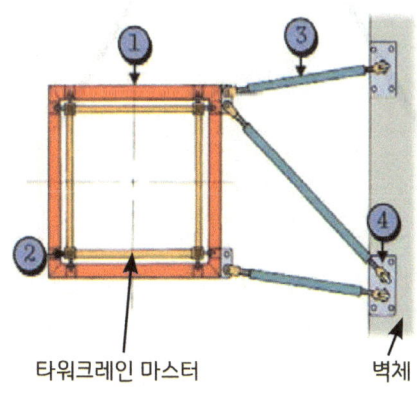

타워크레인 마스터   벽체

번호	품명	수량
1	벽체지지 고정프레임	1
2	간격유지용 세트볼트	8
3	간격지지대	3
4	벽체고정브라켓	2

경기도 건설안전 가이드라인 **165**

웰브레싱 종류

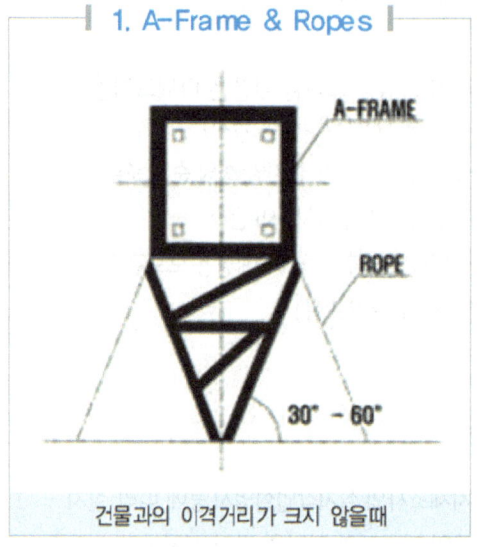

1. A-Frame & Ropes

건물과의 이격거리가 크지 않을때

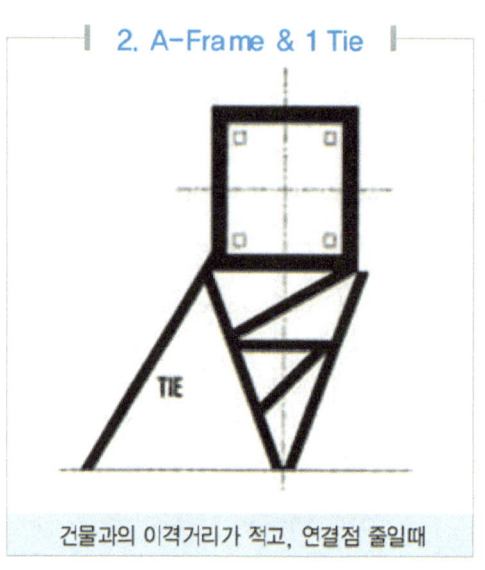

2. A-Frame & 1 Tie

건물과의 이격거리가 적고, 연결점 줄일때

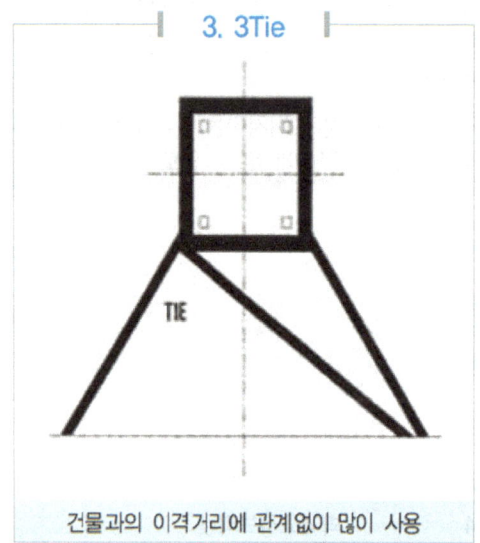

3. 3Tie

건물과의 이격거리에 관계없이 많이 사용

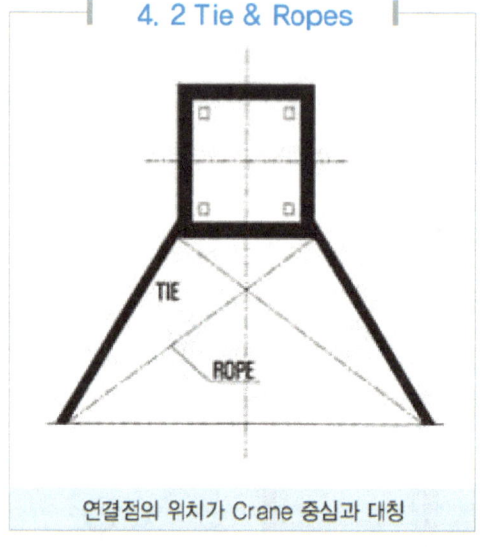

4. 2 Tie & Ropes

연결점의 위치가 Crane 중심과 대칭

1. 타워크레인 작업안전기준

Wire Guying 방법

■ 와이어로프지지 고정 방법(예)

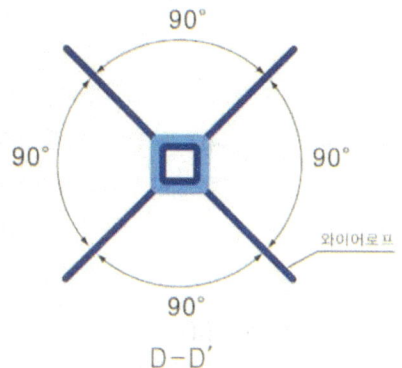

같은 각도로 와이어로프 배치

▶ 핵심 주의사항

- 지지·고정 전용프레임 및 부품은 임의제작 사용금지
- 설계검사서류 또는 제작사 설치작업 설명서에 따라 설치방법 및 순서 준수
- 설치작업시 추락·낙하예방용 안전대, 안전모 등 보호구 착용

번호	품명	수량	비고
1	와이어로프지지 전용 프레임	1	
2	기초고정 블록	4	
3	샤클	8	
4	긴장장치(유압식)	4	
5	와이어로프 클립	40	1개소당 최소 5개 이상
6	와이어로프	4	

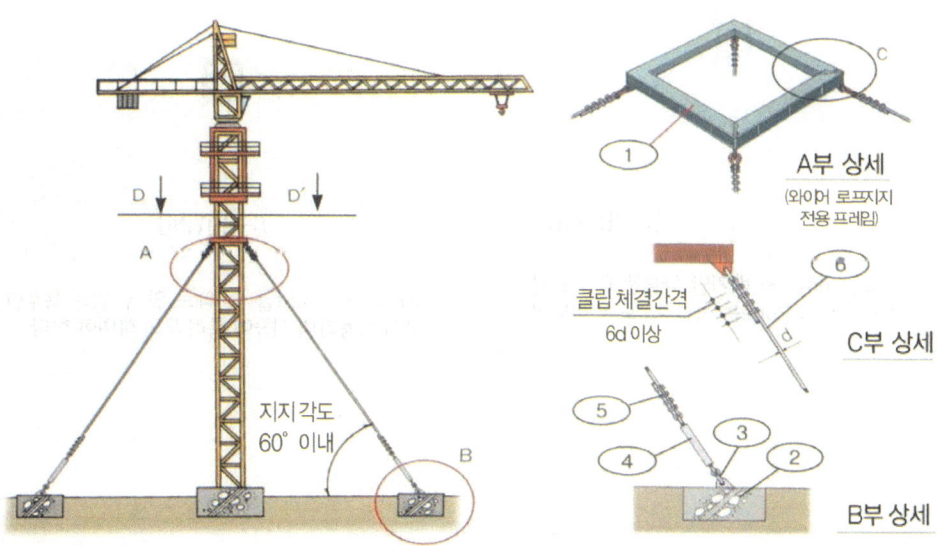

경기도 건설안전 가이드라인 **167**

Wire Guying 종류

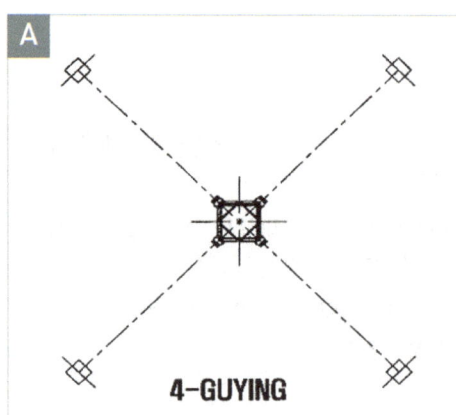

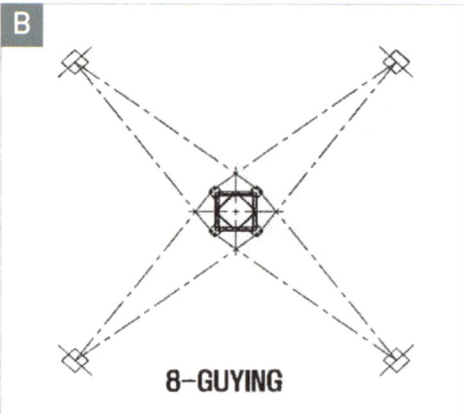

일반적으로 가장 많이 사용되는 방법. 타워 크레인의 회전에 의해 발생하는 slewing torque를 전달 시키지 못하므로 설치 높이 엄격이 제한된다.

Wire Rope의 인장력을 이용해 torque를 전달 시키는 방법으로 각각의 Rope는 독립적으로 연결되어야 한다.

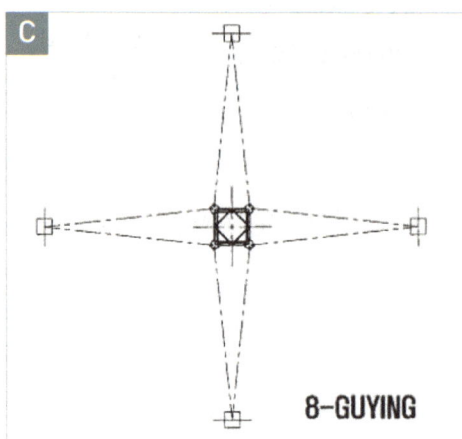

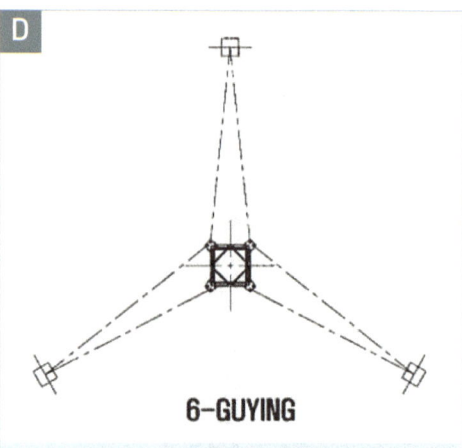

Anchorage point의 배치만 다를뿐 B와 동일한 방법으로 각각의 Rope는 독립적으로 연결되어야 한다.

Anchorage point를 4군데로 할 수 없는 특수한 경우에 사용하며 시공에 특히 유의 하여야 한다.

1. 타워크레인 작업안전기준

타워크레인 주요 원인별 사고사례

사고개요	관련사진
○ 턴테이블과 마스트 체결핀 일부 미설치 상태에서 텔레스코핑케이지 하강 (사망1명) - 2014년 1월 마스트 연장 작업중 턴테이블과 최상부 마스트의 체결핀 일부를 미체결한 상태에서 텔레스코핑케이지를 하강하는 상태에서 무너짐으로 근로자 떨어짐.	
○ 안전대 미착용 상태에서 마스트 내부 이동 중 실족 (사망1명) - 2016년 9월 텔레스코핑케이지 작업발판을 설치하기 위해 마스트 내부 이동중 떨어짐.	
○ 줄걸이 작업 병행중 하강하는 훅 블록에 맞음 (사망1명) - 2010년 12월 마스트 상승작업을 위해 지상의 마스트 결속준비 중 훅 블록에 맞음.	

타워크레인 주요 원인별 사고사례

사고개요	관련사진
○ 권상 와이어로프 파단으로 낙하 인양물 맞음 (사망1명) - 2014년 9월 인양.회전 중이던 인양물이 권상 와이어로프의 파단으로 인해 하부로 떨어져 그 충격으로 작업 중인 근무자가 맞음.	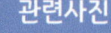
○ 설계 사양보다 직경이 작은 지브 연결핀 사용 (사망1명) - 2017년 1월 인양작업 중 메인 지브가 파단되면서 옥상층에서 거푸집 작업중인 근로자가 낙하하는 지브에 맞음	
○ 마스트 연장 작업 중 마스트 사다리 이탈로 떨어짐 (사망2명) - 2016년 11월 마스트 연장작업 중 인양된 마스트 내부 사다리가 이탈되면서 떨어짐.	

1. 타워크레인 작업안전기준

(9) 점검 체크리스트-1

타워크레인 설치시 체크리스트

구분	안전점검항목	점검기준	점검결과
작업전 준비	기상확인	우천, 풍속 10m/sec이상 작업중지	
	작업자안전교육, 건강상태 확인	음주, 질병, 스트레칭	
	복장, 안정장구 착용상태	복장통일성, 안정장구 상태	
	부재 및 자재 점검(Mast, bolt, pin)	정품확인, 도색상태, 용접부의 확인	
	줄걸이, 와이어로프 공도구 확인	소선단선(10%), 지름감소(7%), 킹크, 꼬임, 변형, 부식, 사용금지 안전율 5%이상	
	이동식 크레인 안착 위치확인	양중능력, 지반상태, 고임목상태	
	작업반경내 출입통제	위험테이프 또는 안전 휀스 설치	
MAST 설치	기초 레벨확인, T/C방향확인	오차한도 ±1mm이내, T/C방향 도면검토	
	고장력볼트, 핀체결 확인(토크렌치 사용)	누락 및 적정토크 체결(정품확인)	
코핑케이지 설치	상하부 작업 발판 확인	작업발판, 난간, 견고성 및 볼트 체결	
	케이지 설치 방향	마스트, 텔레스코핑 케이지 설치방향 이치점검	
	가드레일, 유압장치확인	시험상태 확인(누유, 압력게이지, 실린더)	
운전실 턴테이블 헤드	인양 와이어로프 준비	소선단선(10%), 지름감소(7%), 킹크, 꼬임 변형, 부식, 사용금지, 안전율 5%이상	
	턴테이블과 마스트 볼트 체결	누락 여부	
카운터 지브	매뉴얼기준 인양기점 확인	매뉴얼 상의 기점(정확한 인양위치)	
	풍압에 간섭되는 부착물 설치금지	광고물, 간판, 표지판 부착	
	카운터지브, 타이바 조립 및 연결상태	조립 및 연결부 확인	
	유도로프 준비	로프길이 및 손상	
지브 웨이트	매뉴얼기준 인양기점 확인	정확한 인양 위치	
	지브, 타이바 조립 및 연결상태	조립 및 연결부 확인	
	유도로프 준비	로프길이 및 손상	
	카운터웨이트설치(메뉴얼기준)	설치순서 및 중량	
와이어 로프	단말 처리상태	소케스 클립의 방향 및 체결	
	이미트 스위치 조정 점검	트롤리 운행제한, 선회제한	
	지브 작업시 안전고리 체결	생명줄 설치확인 및 안전고리 체결상태	
지브의 균형	유압실린더, 카운터 지브 동일방향 확인	시공하는 케이지 모노레일 방향으로 지브이동	
코핑 케이지	케이지 가드레일, 안내롤러 유압장치	시험작동 상태	
	케이지 상,하부 작업발판, 난간	발판 및 난간의 설치상태	
	턴테이블 고정용 볼트 또는 핀 체결여부	볼트, 핀, 등의 체결 후 작업	
	실린더 작동전 슈(요크), 받침대 상태	작동상태 및 외형의 손상	
마스트 레일 상치 작업	레일의 마스트 안착시	레일의 작동 상태 및 외부 손상	
	마스트 인양	안전벨트 사용 및 추락예방	
	턴테이블과 마스트 연결볼트(핀)제거	지브 단부허용하중이 1/7무게확인	
	상부 균형확인	코핑케이지 유격 동일여부 확인	
마스트 인상	실린더 슈 클라이밍 웨이브에 완전 안착여부	실린더 슈 마스트에 완전한 안착이 되었는지	
	실린더 조절레버 상승	실린더 작동전 사전확인	
	마스트 인상 작업 중 케이지 내부 이동금지	작업인원 인상시 작업 및 이동금지	
	마스트 조립시 충분한 공간확보	마스트높이 +50mm 공간확보	
	마스트 인양시 상부 턴테이블, 마스트 체결확인	볼트(핀) 체결확인	
	인상 작업 중 트롤리 이동, 선회 금지	지브의 균형유지	
작업완료 조치	마스트 인양시 상부 턴테이블, 마스트 체결확인	누락부 점검 및 규격확인	
	볼트 및 고정핀 정품, 정방향 체결 재확인	누락, 체결방법 및 규격, 적정 토크 확인	
	각종 부자재 등의 낙하방지 조치	보관함 또는 주머니 사용	

(9) 점검 체크리스트-2

타워크레인 인상시 체크리스트

구분	안전점검항목	점검기준	점검결과
작업전준비	기상확인	우천, 풍속 10m/sec이상 작업중지	
	작업자안전교육, 건강상태 확인	음주, 질병, 스트레칭	
	복장, 안정장구 착용상태	복장통일성, 안정장구 상태	
	부재 및 자재 점검(Mast, bolt, pin)	정품확인, 도색상태, 용접부의 확인	
	줄걸이, 와이어로프 공도구 확인	소선단선(10%), 지름감소(7%), 킹크, 꼬임, 변형, 부식, 사용금지 안전율5%이상	
	이동식 크레인 안착 위치확인	양중능력, 지반상태, 고임목상태	
	작업반경내 출입통제	위험테이프 또는 안전 휀스 설치	
본체	구조부 변형 확인	마스트, 지브, 타이바, 용접부 등 구조부 변형	
	볼트, 핀 체결부 확인	마스트, 지브, 타이바, 볼트, 핀 체결부 이완	
벽체지지고정	작업계획서에 따른 시공	작업계획서 작업순서에 따른 시공	
	지지, 고정용 프레임 적정성	전용프레임과 적합한 지지대 사용여부	
	월 타이 길이(A,B,C)	A: m, B: m, C: m	
	프레임 및 브레싱 제작 상태	용접, 가공상태 등의 확인	
	고정부재의 적정성	부재의 규격(구조계산), 정품, 사용확인	
	볼트, 너트, 핀 등의 부자재 낙하방지	보관함 또는 주머니 사용	
	시공후 설치상태	수평, 수직 확인 볼트, 핀 조립 체결상태 확인	
		바닥시공부 위치 적정성 여부 (설비간섭등)	
	플레이트 상태 및 볼트 체결상태	상판 25mm 이상, 하판 12.5mm이상	
	고소 작업시 추락예방 조치	작업인원 안전고리 체결	
와이어로프지지고정	작업계획서에 따른 시공	작업계획서 작업순서에 따른 시공	
	전용프레임 사용	와이어 지지고정 전용 프레임 사용	
	와이어로프 지지	수직각 45°이상, 60°이하	
	와이어로프 길이(A,B,C,D)	A: m, B: m, C: m	
	와이어로프 안전률	와이어로프 굵기확인(안전율 4이상)	
	와이어로프 지지 고정	철근콘크리트 기초	
		기둥에 고정시 와이어 2바퀴이상 감기	
		건물구조부, 철골구조부 설치시(구조계산 확인)	
		바닥 시공부 위치 적정성 여부(설비간섭등)	
		1개소 지지부위에 2중설치 불가	
		클립규격, 방향, 수량, 간격(와이어지름의 6배)	
지브의균형	유압실린더, 카운터지브 동일방향 확인	시공하는 케이지 모노레일 방향으로 지브이동	
코핑케이지	케이지 가드레일, 안내롤러, 유압장치	시험작동 상태	
	케이지 상, 하부 작업발판, 난간	발판 및 난간의 설치 상태	
	턴테이블 고정용 볼트 또는 핀 체결여부	볼트, 핀 등의 체결 후 작업	
	실린더 작동전 슈(요크), 받침대 상태	작동상태 및 외형의 손상	
가이드레일 MAST 상차	레일의 기능, 변형 이상유무	레일의 작동 상태 및 외부 손상	
	레일위 마스트 안착시	안전벨트 사용 및 추락예방	
	마스트 인양	지브 단부허용하중의 1/2 무게확인	
	턴테이블과 마스트 연결볼트(핀)제거	볼트(핀)체결 확인 후 인상	
	상부 균형확인	코핑케이지 유격 동일여부 확인	
마스트인상	실린더 슈 클라이밍 웨이브에 완전 안착여부	실린더 슈 마스트에 완전한 안착이 되었는지	
	실린더 조절레버 상승	실린더 작동 전 사전확인	
	마스트 인상 작업중 케이지 내부 이동금지	작업인원 인상시 작업 및 이동금지	
	마스트 조립시 충분한 공간확보	마스트 높이 +50cm 공간확보	
	마스트 인양시 상부 턴테이블, 마스트 체결확인	볼트(핀) 체결확인	
	인상작업중 트롤리 이동, 선회 금지	지브의 균형유지	
작업완료조치	마스트 인양시 상부 턴테이블, 마스트 체결확인	누락부 점검 및 규격확인	
	볼트 및 고정핀 정품, 정방향 체결 재확인	누락, 체결방법 및 규격, 정품 확인	
	각종 부자재 등의 낙하방지 조치	보관함 또는 주머니 사용	

1. 타워크레인 작업안전기준

(9) 점검 체크리스트-3

타워크레인 해체시 체크리스트

구분	안전점검항목	점검기준	점검결과
작업전 준비	기상확인	우천, 풍속 10m/sec이상 작업중지	
	작업자안전교육, 건강상태 확인	음주, 질병, 스트레칭	
	복장, 안정장구 착용상태	복장통일성, 안정장구 상태	
	부재 및 자재 점검(Mast, bolt, pin)	정품확인, 도색상태, 용접부의 확인	
	줄걸이, 와이어로프 공도구 확인	소선단선(10%), 지름감소(7%), 킹크, 꼬임, 변형, 부식, 사용금지 안전율5%이상	
	이동식 크레인 안착 위치확인	양중능력, 지반상태, 고임목상태	
	작업반경내 출입동제	위험테이프 또는 안전 휀스 설치	
지브의 균형	유압실린더, 카운터지브 동일방향 확인	시공하는 케이지 모노레일 방향으로 지브이동	
코핑케이지	케이지 가드레일, 안내롤러, 유압장치	시험작동 상태	
	케이지 상, 하부 작업발판, 난간	발판 및 난간의 설치상태	
	턴테이블 고정용 볼트 또는 핀 체결여부	볼트, 핀등의 체결 후 작업	
	실린더 작동전 슈(요크), 받침대 상태	작동상태 및 외형의 손상	
가이드레일 분리한 마스트 상차작업	레일의 기능, 변형 이상유무	레일의 변형 및 기능	
	레일위 마스트 안착시	안전벨트 사용 및 추락예방	
	균형 마스트 인양	지브 단부 허용 하중의 1/2무게 확인	
	턴테이블과 마스트 연결볼트(핀) 제거	볼트(핀) 체결 확인후 인상	
	상부 균형확인		
마스트하강	실린더 슈 클라이밍 웨이브에 완전 안착여부	실린더 슈 마스트에 완전한 안착이 되었는지	
	실린더 조절레버 상승	실린더 작동 전 사전확인	
	마스트 인상 작업중 케이지 내부 이동금지	작업인원 인상시 작업 및 이동 금지	
	마스트 조립시 충분한 공간확보	마스트 높이 +50mm 공간확보	
	마스트 인양시 상부 턴테이블, 마스트 체결확인	볼트(핀) 체결확인	
	인상 작업중 트롤리 이동, 선회 금지	지브의 균형유지	
가이드로 해체	해체시 부재 낙하방지 조치	줄걸이로프, 체인블럭 고정 체결상태	
		보관함(주머니) 사용	
	고소 작업시 추락예방 조치	생명줄 설치 확인	
와이어로프 해체	지브 상부 작업시 안전고리 체결	생명줄 설치 확인	
	권상,트롤리, 주행로프 해체시 메인전원 차단	주전원 차단	
카운터웨이트 및 메인지브해체	메인 지브 해체에 따른 카운터 지브 불균형 상태 확인	매뉴얼상의 카운터 웨이트 일부 해체	
	유도로프 준비	충분한 길이 및 손상 여부	
	타이 바에서 해체된 핀, 볼트, 너트 등의 낙하방지 조치	보관함(주머니) 사용	
기운디지브 해체	매뉴얼 상의 인양지점 확인	정확한 인양 위치 확인	
	카운터 지브 인양용 줄걸이 로프 준비(8m 이상 4개)	수섭단선10%이상, 지름감소 7%이상, 킹크, 꼬인 것, 변형, 부식 사용금지, 안전율 5이상	
	유도로프 준비	충분한 깅이 및 손상 여부	
운전실, 턴테이블 및 탑헤드 해체	턴테이블 인양용 와이어로프 준비	소선단선10%이상, 지름감소 7%이상, 킹크, 꼬인 것, 변형, 부식 사용금지, 안전율 5이상	
	턴테이블과 마스트 볼트 해체	누락여부	
	상, 하부 작업발판 해체	안전벨트 착용 등 추락사고 예방	
텔레스코핑 케이지 및 마스트 해체	가이드 레일, 유압장치 해체	원상태 유지(누유 여부, 압력게이지, 실린더호스, 유압펌프, 가이드 레일 상태)	
	마스트 해체	건축물 충돌 방지(유도로프 사용)	
	고장력 볼트, 핀, 너트 낙하방지 조치	보관한(주머니) 사용	

(10) 주요점검시 불량사례

이동구간 난간대 누락

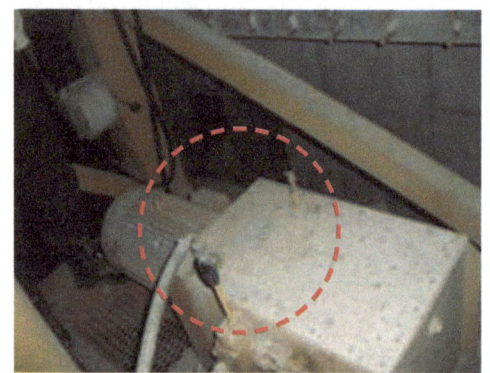
클라이밍 장치 낙하물 보호장치 미설치

T/C 하중계 미작동

권과방지장치 미작동

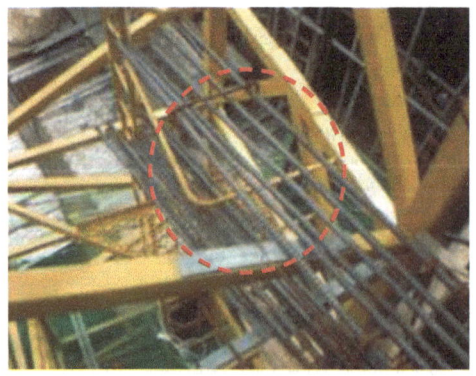
마스트 철근 간섭 과다

방호울 높이 부족

1. 타워크레인 작업안전기준

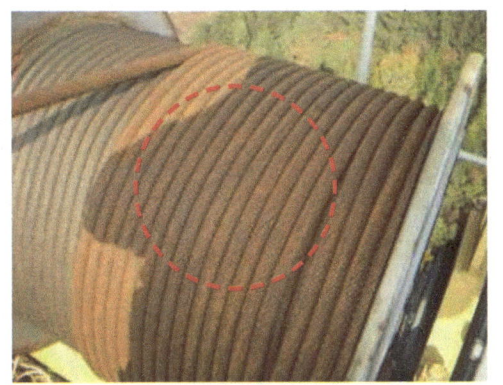
T/C 와이어로프 부식

고정볼트 부식방지용 캠 미부착

주요 구조부 분할핀 체결 불량

메인지브 난간대 불량

저항기 애자파손에 의한 누전

권상전동기 커버고정 불량

주요점검시 불량사례

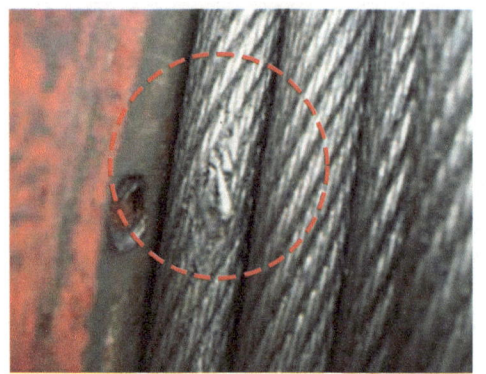
와이어로프 소선 파단

해체작업자 안전밸트 미사용

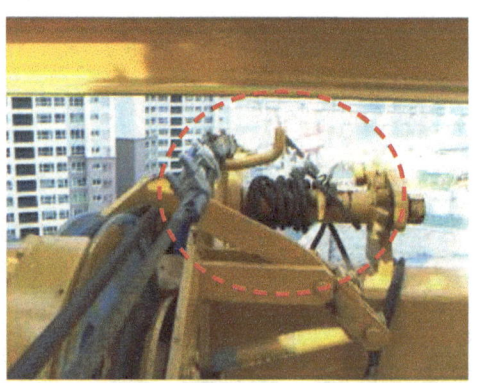
트롤리 급정지장치 기능상실

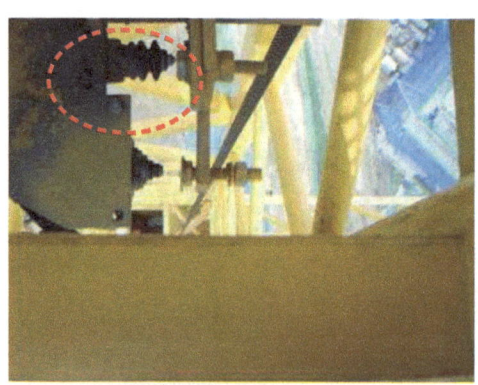
과부하 방지장치 조정볼트 풀림

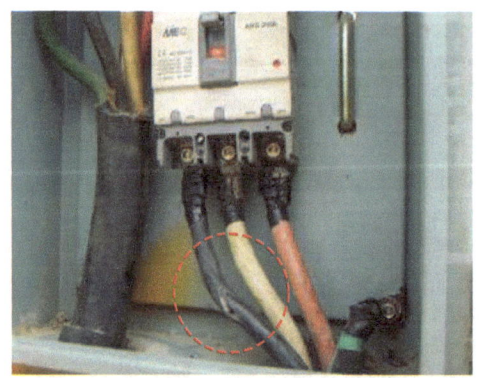
전원케이블 피복손상

작업등 미접지(오작동)

1. 타워크레인 작업안전기준

권상모터 접지선 미체결(오작동)

메인 지브 볼트 방치(낙하위험)

경기도 건설안전 가이드라인

2
리프트 작업안전 기준

2. 리프트 작업안전기준

(1) 목적
- 리프트 작업의 안전기준을 정하여 안전한 리프트 작업실시
- 리프트 작업에서의 안전사고 방지

(2) 적용범위
- 전 현장에 적용한다.

(3) 작업관리조직

- 안전보건총괄책임자
- 관리감독자(시공담당자)
- 안전관리자
- 협력업체 소장
- 리프트 설치회사

(4) 책임과 권한

안전보건총괄책임자	리프트 기초 및 MAST 설치, 상승 작업과 관련된 시공과 안전에 대해 전반적으로 책임진다.
관리감독자	리프트 기초시공 및 MAST 설치, 상승계획의 적정성을 검토하고 근로자의 보호구 착용 책임진다.
안전관리자	리프트 MAST 설치, 상승계획의 적성을 검토하고 해당 근로자 교육을 책임진다.
T/C 설치회사	적절한 작업방법 및 순서를 사전수립하고, 근로자 관리감독을 철저히 한다. 작업의 이상발생 예상시 관리감독자(안전관리자)에게 보고 하고 대책을 수립한다.

(5) 업무 FLOW

단계	내용	주요업무	담당
설치전	구조검토 실시	- 건설장비 구조계산서 및 도면 검토 - 기초설계(지지력, 협응력, 전단응역 등 검토) - 지지고정 부재 구조검토(벽체지지)	공무, 공사, 안전
설치전	기초시공관리	- 기초설계 및 시공상태 확인	공사
설치해체	작업전 준비사항	- 작업팀구성 확인 - 장비하중관리 준용 - 안전인증 후 사용준비(노동부 업무위탁기관)	공사, 안전
사용중	근로자교육 실시	- 신호수, 줄길이 근로자 지정 특별교육 실시	공사, 안전
사용중	재체점검	- 타워크레인 설치후 1개월마다 설치협력업체가 실시	공사, 안전
사용중	안전점검	- 리프트 설치후 3개월마다 노동부 업무 위탁 기관에 실시	공사, 안전

(6) 리프트 구조 및 안전장치

리프트 구조 및 안전장치

NO	명칭
1	운반구(CAGE)
2	마스트(MAST)
3	케이블 트로리
4	방호울(ENCLOSURE)
5	방호울 연동문
6	방호울 연동판넬

리프트 구동부품(외부) 명칭

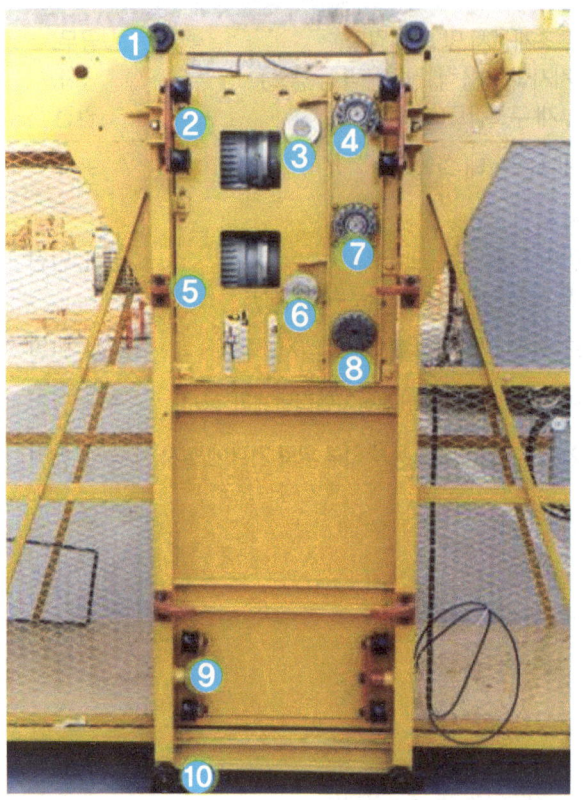

NO	명 칭	NO	명 칭
1	상부 가이드 롤라(좌우 2개)	6	하부 압축 롤라
2	상부 콤프 롤라(좌우 2조)	7	하부 피니언 기어
3	상부 압축 롤라	8	가바나 피니언 기어
4	상부 피니언 기어	9	하부 콤보 롤라(좌우 2조)
5	안전고리(SAFETY HOOK)	10	하부 가이드 롤라(좌우 2개)

2. 리프트 작업안전기준

리프트 구동부품(외부) 명칭

NO	명 칭	NO	명 칭
1	주 판넬(CONTROL PANEL)	7	하부 브레이크
2	상부 감속기	8	가바나(SAFETY DEVICE)
3	하부 감속기	9	상.하한 리미트 스위치
4	상부 모타	10	3상 전원차단 스위치
5	하부 모타	11	조작박스(OPERATION BOX)
6	상부 브레이크		

리프트 구조 - 출입문

NO	명 칭
1	도아 추 (COUNTERWEICHT DOOR)
2	와이어 로프 도어 (WIRE ROPE DOOR)
3	시브 (WIRE ROPE SHEAVE)

리프트 안전장치 - 1

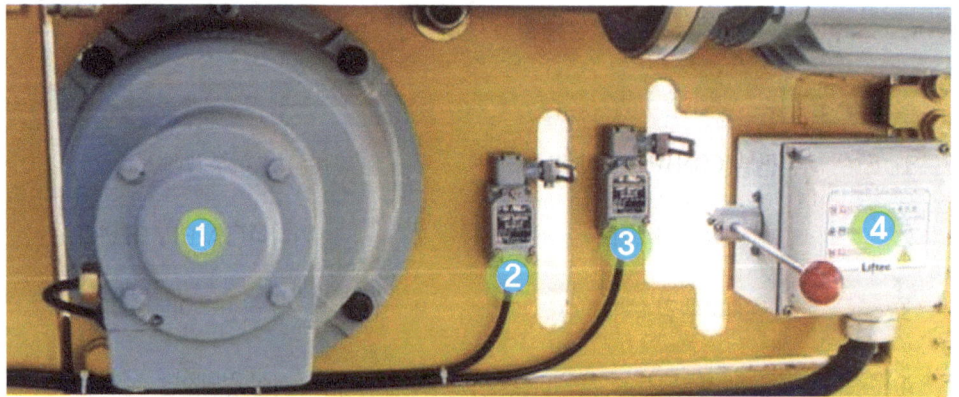

NO	명 칭	NO	명 칭
1	가바나(SAFETY DEVICE)	4	3상 전원차단 스위치
2, 3	상.하한 리미트 스위치		

2. 리프트 작업안전기준

리프트 안전장치 - 2

NO	명칭
1	상한 리미트 캠
2	상한 비상 캠
3	권과방지 장치(STOPPER)

리프트 구조 - 월타이

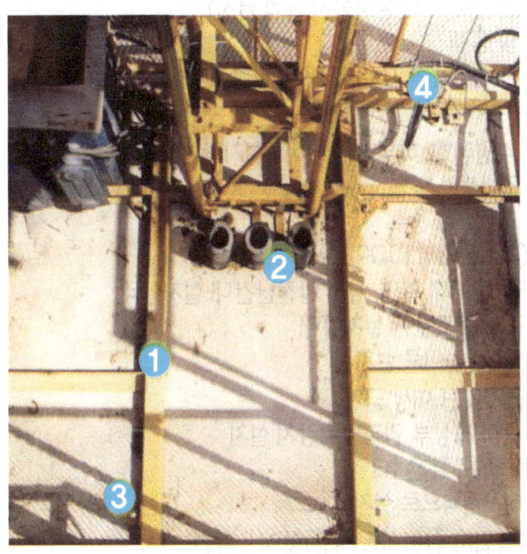

NO	명칭
1	월타이(WALL TIE)
2	타이바(TIE BAR)
3	브라켓(WALL BRACKTET)

1) 리프트 설치전

Check Point	안전기준 및 내용
설치작업순서 정황	- 설치시 공사담당자와 안전작업 여건이 되도록 협의
설치작업중의 위험요인 파악 및 교육	- 고소작업시 주의사항 숙지 - 작업지침에 따른 작업분담 확인
기초 콘크리트 설치	- 도면에 기재된 콘크리트 강도 확인 - 지내력, 압축강도, 허용압축응력벨오차 확인 - 배수구 설치 및 구배 확인
설치용 장비확인	- 장비 양중능력 사전확인, 아우트리거 확장 및 받침목 상태 확인 - 후크해지장치, 권과방지장치 등 확인 - 리프트 와이어로프 확인(OVER LOAD)
자재반입 및 하역	- 신호수 배치 및 접근금지 조치, 조립순서에 의한 하역 - 줄걸이 로프, 샤클 등 체결상태 확인 - 반입 자재 설치 전 점검 실시

2) 리프트 설치 및 운영

Check Point	안전기준 및 내용
작업구역 설치	- 운반/하역작업:작업장소 저지, 자재검수 - 작업전 특별안전교육(양중작업 포함) - 건설기계 작업계획서 작성 및 징구 - 양중로프 및 달기구 상태점검 및 확인 - 타 공종 근로자 접근금지 조치(상하동시 작업 금지) - 안전감시단 배치 및 통제 - 악천후시 작업 중지(순간풍속 10m/s 이상, 강우 및 강설) - hydro크레인 장비 지지력 확인(노면 복공등)
베이직 마스트 설치	- 기초 앵커의 최종 수평레벨, 하부바닥 리미트설치확인 - 마스트 3단 이상 조립불가 확인 - 마스트 볼트 너트 조임규정 준수 - 접지선 설치확인(2개소 저항10Ω이하)
적재함 설치(운반구)	- 안전장치 설치 및 작동상태 확인, 상부 안전난간대 설치상태 - 건물바닥과 운반구간 보조발판 설치상태 - 방호울 지상에서 1.8m 높이로 설치
마스트 및 벽지지대 설치	- 마스트 과대적재금지(2단 이상 금지) - 마스트 설치완료 즉시 최상부 권과방지장치 설치 - 마스트 볼트, 너트 조임규정 준수 - 케이블 가이드는 6m 간격으로 설치
기타 안전사항	- 전담운전원 배치, 작업자 안전벨트 착용 및 사용확인 - 출입문 연동장치 작동상태확인(개방상태 동작버튼 작동) - 가이드롤러의 동작 및 마모상태(육안검사)

2. 리프트 작업안전기준

설치/해체/운영작업시 안전기준

1) 리프트 설치작업 Flow Chart

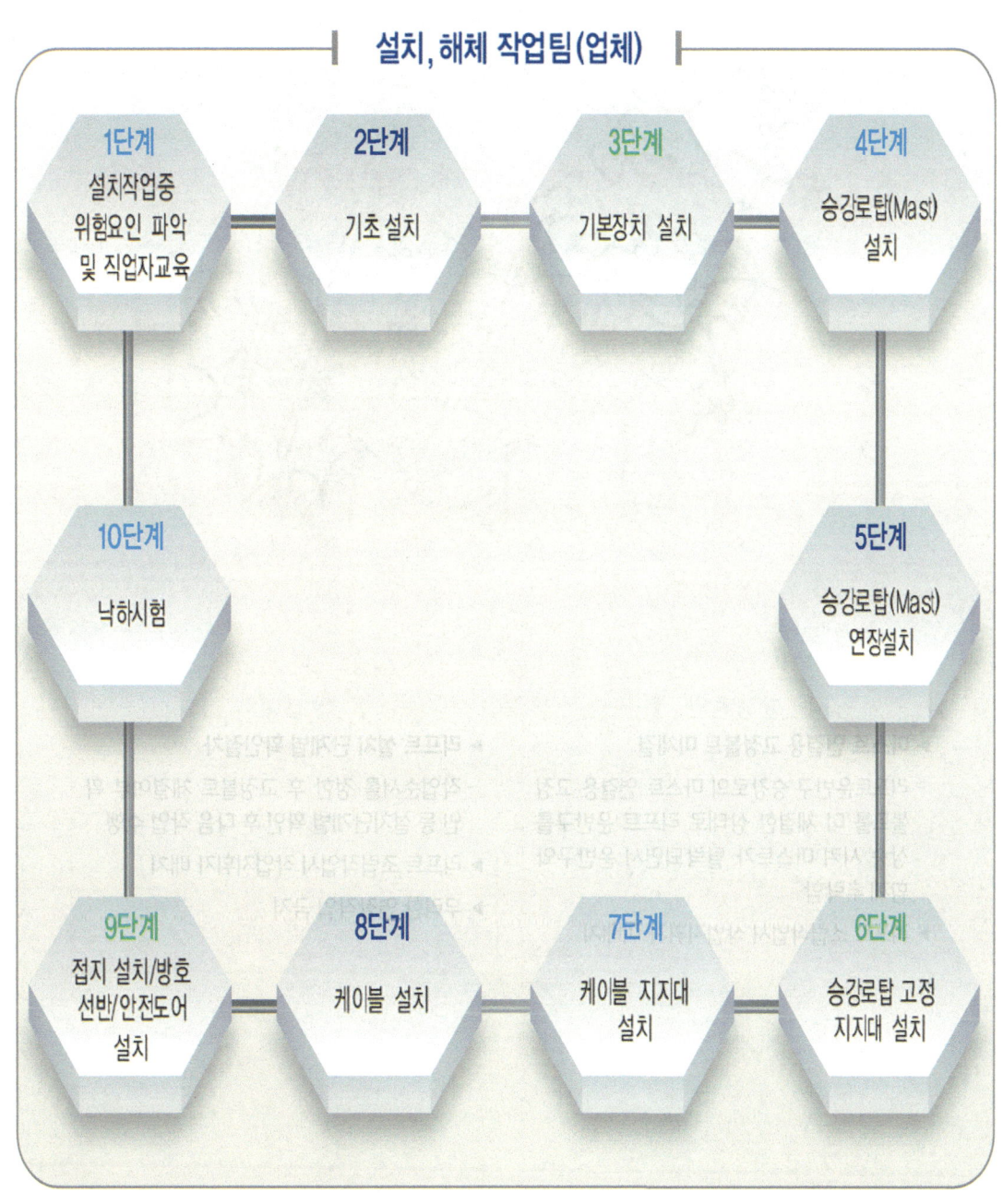

마스트 사전 안전성 확보

발생원인	안전대책
▶ 마스트 연결용 고정볼트 미체결 - 리프트운반구 승강로의 마스트 연결용 고정볼트를 미 체결한 상태로 리프트 운반구를 상승 시켜 마스트가 탈락되면서 운반구와 함께 추락함 ▶ 리프트 조립작업시 작업지휘자 미배치	▶ 리프트 설치 단계별 확인절차 - 작업순서를 정한 후 고정볼트 체결여부 확인 등 설치단계별 확인 후 다음 작업 수행 ▶ 리프트 조립작업시 작업지휘자 배치 ▶ 무리한 연장작업 금지

2. 리프트 작업안전기준

마스트 사전 안전성 확보

▶ 마스트 설치시 안전 기준

1. 적재함 지붕위에 설치 보조기구를 장착하고, 마스트에 가설된 인양공구를 들어서 적재함 지붕위로 마스트를 올려 놓는다.

2. 가능한 마스트를 상부까지 적재함을 구동시키고, 불의의 사고를 방지하기 위하여 "비상정 지버튼을" 누른다.

3. 마스트를 설치보조기구로 들어올려서 이미 설치된 마스트 상부에 맞추어 놓고 인양공 구를 마스트로부터 해체한다.

4. 설치보조기구 방향을 원래 위치로 돌린 후 마스트와 마스트 연결부를 M24 볼트로 조여 겨속한다.

5. 고상승 방지장치의 미 설치에 의한 과상승시 추락 방지 위해 최상단 마스트 180도 돌려 설치하고 렉 기어를 1개씩 제거

6. 마스트 설치작업이 완료되면 설치보조크레인을 마스트나 돌출부에 간섭되지 않도록 제고 또는 고정

7. 마스트 설치 완료 즉시 최상부에는 완충식 STOPPER를 반드시 설치한 후 사용 한다.

마스트 사전 안전성 확보

▶ 벽지지대(Wall Tie)설치

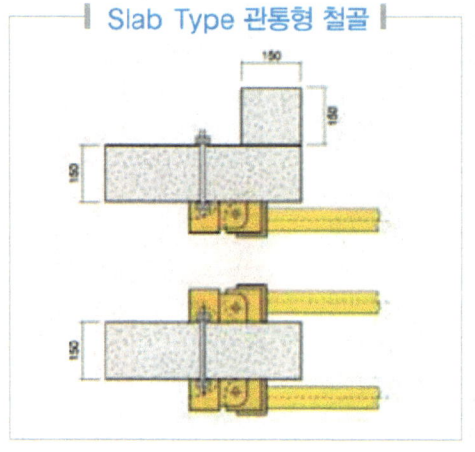
Slab Type 관통형 철골

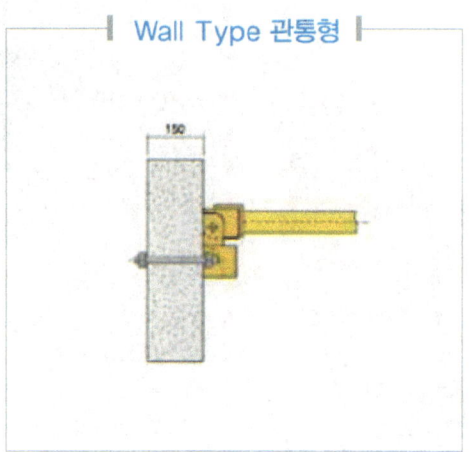
Wall Type 관통형

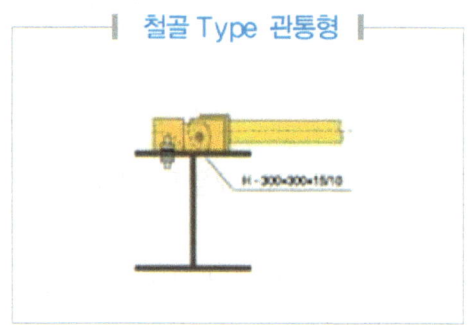
철골 Type 관통형

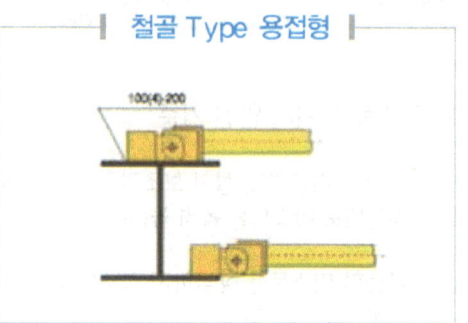
철골 Type 용접형

▶ 벽지지대(Wall Tie) 설치 시 안

1. 먼저 마스트 브라켓을 설치한다

2. 브라켓이 마스트에 수평이 되어 있는가를 확인 한다(최대 경사각 ±8°)

3. 건물측에 벽지지대를 설치하고, 마스트측과 일직선이 되도록 한다.

4. 모든 볼트를 조이고, 적재함의 상,하 작동을 하여 WALL TIE가 견고하게 설치 되었는가를 확인한다.

2. 리프트 작업안전기준

마스트 사전 안전성 확보

▶ 설치/해체 작업시 주변 안전확보

발생원인	안전대책
▶ **작업방법 불량** - 운반구 상부 안전난간이 해체된 상태에서 마스트를 운반구 바닥면에 벗어나게 적재하여 케이블 지지대와 간섭이 발생되어 마스트가 전도되면서 낙하 - 건설용리프트의 마스트 해체작업시 하부지상에 출입금지 조치 미실시	▶ **작업방법 개선** - 마스트 해체 및 운반시 운반구 상부에 안전난간이 설치된 상태에서 실시 - 건설용리프트의 마스트 해체작업시 하부 지상에 출입통제 실시 - 리프트 해체작업 및 지상의 정리정돈 작업시 작업지휘자를 지정하여 상·하 동시작업 금지 및 출입금지 조치

리프트 승강구 안전문 관리

▶ 설치/해체 작업시 주변 안전확보

발생원인

▶ **리프트 승강구 안전문 개방**
 - 리프트 승강구 안전문이 개방된 상태에서 작업 중 추락

▶ **리프트 출입통로부에 작업구대 설치 불량**
 - 리프트 출입통로부에 단차가 있어 무리하게 리어카를 당기다 추락

안전대책

▶ **리프트 승강구 안전문 닫힘 상태 유지**
 - 리프트 출입 안전문은 세대내 작업자가 임의로 개폐할 수 없는 구조로 설치되어야 함
 - 리프트 출입 안전문은 항상 닫힘 상태가 유지되도록 관리감독 철저

▶ **리프트 승강구 작업구대 설치 개선**
 - 리프트 승강구에는 단차가 없는 평탄한 구조로 설치

2. 리프트 작업안전기준

리프트 안전문 기둥고정

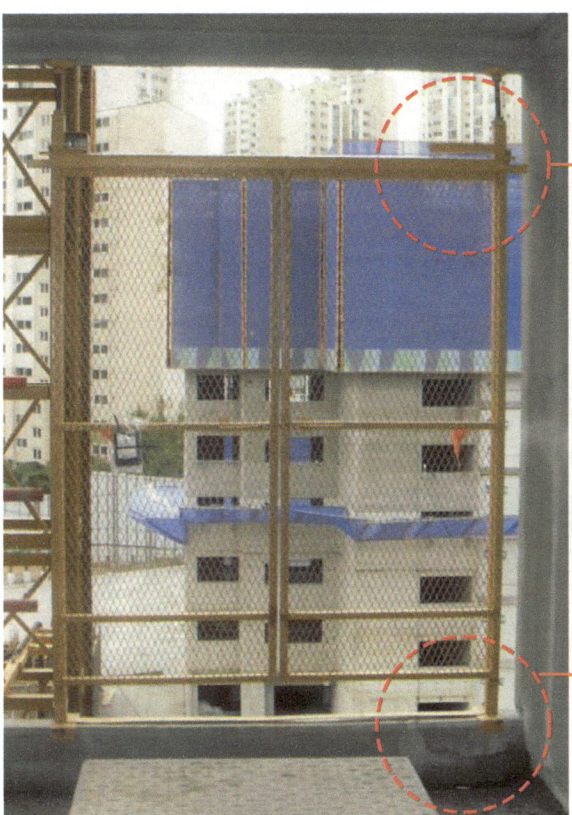

1. 안전문 고정기둥은 상·하부에 견고히 고정한다.

2. 상부는 밀착형으로 고정

3. 하부는 힌지타입으로 고정

리프트와 층간 간격

1. 운반구 출입문 전단과 건물 바닥과의 간격 확인

2. 리프트와 구조물 바닥, 사이는 20cm 이하로 설치

2. 리프트 작업안전기준

고장유형별 대처방안

고장유형(증상)	고장원인	대책방안	비고
리프트 상승 후 작동 정지 - 비상스위치 눌림 (오작동)	키 스위치 불량 (접촉불량) - 외부 충격 및 우수 유입	키 스위치 교체	장비 점검원 현상 상주로 즉시 보수 가능
리프트 오조작으로 인한 작동불량	1. 비상스위치 임의 조작 2. LIFT 내릴시 자동문 덜 닫음	1. 안전조회, 정기교육시 자동 LIFT 사용법의 주기적인 교육 2. LIFT 내외부 작동법 및 고장시 대처요령 설명서 부착	장비 점검원 현장 상주로 즉시 보수 가능
호출버튼 오작동 - 지상층에서 호출 안됨 - 각층에서 층 선택 안됨	1. 호출버튼 접점 불량 2. 수신기 불량 3. 배터리 방전 - 비상스위치 눌림 및 출입문 열림으로 전원 차단 후 배터리로 장시간 운행	1. 불량 호출기교체 2. 근로자 사용법 홍보 3. 최근시 출입문 닫힘 확인	장비 점검원 현장상주로 즉시 보수가능

고장유형별 대처방안

고장유형(증상)	고장원인	대책방안	비고
비상스위치 파손	충격으로 인한 파손	자재 과적금지 (하중 및 부피제한 기준적용)	장비 점검원 현장상주로 즉시 보수가능
출입문 작동 불량	와이어 꼬임 및 웨이트 가이드 간섭	와이어로프 교체 및 구리스 도포	장비 점검원 현장상주로 즉시 보수가능
기계부분 파손으로 인한 불량 - 브레이크 라이닝 마모 - 각 롤러 및 리미트 스위치 파손	소모품으로 주기적인 교체 요함	1. 월1회 주기적인 점검을 통해 고장전교체	

2. 리프트 작업안전기준

리프트 체크리스트 - 1

검사항목		주요 점검사항	점검결과
승강로	기초	앵커볼트는 체결상태가 양호하고 휨, 변형등이 없을 것.	
		부등침하가 없고 배수상태가 원활할 것.	
	마스트	설치 된 마스트는 변형 및 파손품이 없어야 하며 직진도을 유지할 것.	
		연결부는 고장력강 이상의 볼트로 체결되고 여유 나사산이 2산 이상일 것.	
		미 체결된 부위가 없어야 하며 풀림방지 조치가 되어있을 것.	
	월타이	최하부 지점은 기초면에서 4-6m이내에 1개소, 중간지점은 6-9m지점에 원타이를 설치하며 최상부지점은 월타이 상부로 6-9m(장비형식별)초과 되지 않을 것.	
		월타이의 볼트체결부는 정확하게 체결되고 수평경사도는 ±8이내 일 것	
	방호울	승강로로부터 수평거리 1m이내에는 높이 1.8m 이상의 승강로 방호울이 설치 될 것	
		방호울 출입문에는 운반구 상승시 밖에서 출입문을 열 수 없는 구조의 장치가 설치되고 정상적으로 작동될 것.	
		방호울 출입문 개방시 전원이 차단 되는 구조로 작동이 정상 일 것.	
	렉 기어	치면의 변형, 마모, 편마모가 없고 상,하,좌,우 유격은 1.5㎜ 이내일 것.	
		고장력강 이상의 볼트로 풀림없이 견고하게 고정되고 윤활이 적정할 것.	
운반구	스위치	운반구 출입문에는 운반구의 작동과 연동된 인터록장치가 설치되어 있고 항시 정상적으로 작동되며 적재하중 명판에 전면부에 부착 될 것.	
	발판	운반구 출입문의 바닥면과 건물 바닥면의 간격은 60㎜ 이하가 되거나 건물측과 200㎜ 이상 겹칠 수 있는 부재는 이와 동등 이상의 구조를 갖출 것.	
	지붕	운반구 상부는 비래물의 추역에 견딜 수 있는 강도를 가진 것이고 위급시 탈출 가능하도록 비상탈출고가 설치되어 있으며 비상 사다리가 비치될 것.	
	난간대	난간대 운반구 상부에는 높이90㎜ 이상의 난간대가 설치되어 있을 것.	
	조명등	조명등 운반구 내부에는 50LUX 이상의 조명설비가 설치되어 있을 것.	
	각종롤러	고장력볼트로 견고하게 베어링 파손, 마모되지 않으며 작동이 정상일 것. (가이드롤러, 컴프롤러, 압축롤러)	
	바닥	바닥 운반구 하부의 완충장치 접촉부는 낙하충돌시 견딜 수 있는 구조일 것.	

리프트 체크리스트 – 2

검사항목		주요 점검사항	점검결과
안전장치	전기식 권과방지	운반구가 승강로 최상부에 닿기 전에 제어라인 전원(AC 110V)이 차단되어 자동적으로 정지하도록 상한 리미트 스위치가 설치되고 정확하게 작동 될 것.	
		운반구가 승강로 바닥의 완충장치에 닿기 전에 전원(AC 110V)이 차단되어 운반구가 정지하도록 하한 리미트 스위치가 설치되고 정확하게 작동될 것	
		운반구내에 설치된 상,하한 리미트 스위치는 외부 충격등에 견딜 수 있도록 카바가 부착되어 있어야 하며 방진, 방수 조치가 되어 있을 것.	
		마스트에 고정된 캠은 이미트 스위치 레버와 위치가 정확하게 고정될 것.	
	기계식 권과방지	승강로 최상부에는 완충재를 부착한 기계식 스토퍼나 이와 동등한 기능을 가진 장치가 부착되어 있을 것.	
		기계식 스토퍼의 체결볼트는 고장력강 볼트로 견고하게 고정될 것.	
		승강로 최상부 마스트에는 렉기어가 부착되지 않을 것.	
	완충스프링	승강로 최하부에는 운반구의 충격을 완화시키는 구조 및 강도의 완충스프링이 견고하게 설치되어 있을 것.	
	과부하 방지장치	적재하중 1.1배 이상 초과 적재시 경보와 함께 제어라인 전원(AC 110V)이 차단되어 작동 되지 않을 것.	
		성능검사 합격품이며 임의조작 및 임의해지 되지 않을 것.	
	낙하 방지장치	운반구가 정격속도 1.3배 이상으로 나하할 때 동력을 차단하고 1.4배 이내에서 운반구 낙하를 자동으로 정지시키는 장치로 견고하게 고정되어 있을 것.	
		적재하중을 적재 후 낙하시험시 낙하거리 1.5-3m 이내에서 정상작동 정지될 것.	
	3상전원 차단장치	3상전원차단장치 레버와 캠의 위치가 정확하게 고정되어 정상작동 되며 전면부 차단장치 카바에 운전,정지 표기가 되어 있을 것.	
	비상스위치	비상정지 버튼은 수동복귀형 타입으로 설치하며 정상 작동될 것.	
		정격속도 기준 45m/min 이하 속도에서는 순간정지식 타입,45m/min 이상에서는 순차정지식 비상스위치가 설치 될 것.	
	안전고리	안전고리 운반구에 4-6개 이상의 안전고리가 부착되어 있고 풀림, 변형, 파손이 없을 것.	
		안전고리는 강도 및 구조가 적정하고 체결용 볼트, 너트는 고장력강 이상일 것	
		마스트 파이프와 안전고리와의 간격은 5mm 이내 유지 할 것.	

2. 리프트 작업안전기준

리프트 체크리스트 - 3

검사항목		주요 점검사항	점검결과
전기계통	전동기 감속기	이음, 발열없이 정상 작동되고 상부, 하부의 용량이(kW)일치 할 것.	
		전동기 커플링은 파손, 변형이 없고 정확하게 동력을 전달 시킬 것.	
		구동부와 감속기, 전동기는 고장력 볼트로 견고하게 고정되어 있을, 것.	
	브레이크	브레이크 라이닝은 편마모, 파손이 없고 마모량은 원치수의 50%이내이며 디스크브레이크 마모량은 원치수의 10%이내이고 심한 마멸이 없고 정상작동될 것.	
		회전판은 전동 가측, 브레이크측 디스크에 유격발생으로 접촉되지 않을 것.	
	메인판넬	외함은 파손, 변형이 없고 방수, 방진 조치 및 사건장치가 되어 있고 공급전원, 제어전원, 전기위험 표기 및 관리업체, 담당자 비상연락처가 부착되어 있을 것.	
		계기류, 표시램프, 차단기, 개폐기는 정격용량이며 정상작동될 것.	
		판넬내부 각종 단자대, 스위치류, 램프류에 고정된 터미널은 견고하게 고정되며 판넬내 배선의 피복은 손상, 파손 및 탄화가 없고 절연저항은 규정치 이상일 것.	
	조작반	순간정지식 비상스위치가 부착되어 정상적으로 작동되어 전원을 차단시키며 복귀시 전원이 투입되어야 하며 리프트 전담 운전원이 운전할 것.	
		상승, 하강 스위치 작동시 오작동을 하지않으며 정상작동 되며 비상, 상승, 하강 표시와 방진, 방수 조치가 되어 있을 것.	
	견원공급 케이블	전원케이블은 꼬임이 없고 피복에 손상, 파손이 없을 것.	
		전원케이블을 안내하는 홀더(가이드)가 설치되어야 하며 케이블이 홀더에서 이탈되지 않을 것이며 트롤리 타입시 원활하게 작동될 것.	
	접지	전동기, 제어반 외함 등 전기설비는 접지단자가 견고하게 고정되고 접지단자대에서 접지봉까지 접지선 라인이 단선부위 없이 양호 할 것.	
		접지선은 규정 굵기의 접지선으로 접지할 것.	
		피뢰접지는 마스트 하단부에 2개소이상 볼트로 견고하게 접속 시킬 것.	

04 대형재해 5대 건설장비 안전기준

주요점검시 불량사례

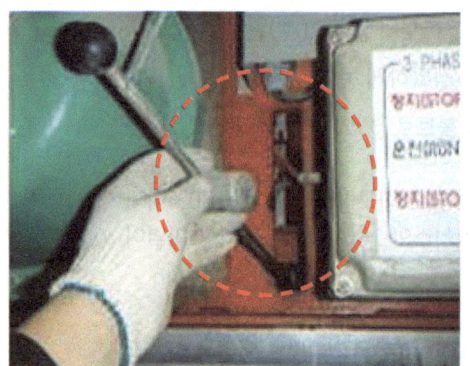
삼상 전원차단장치 고정불량

삼상 전원차단장치 내부 선 직결

해체용 윈치 비상정지 버튼 미설치

해체용 윈치 와이어로프 단말고정 클립수 부족

운반구 출입문 인터록장치 기능제거

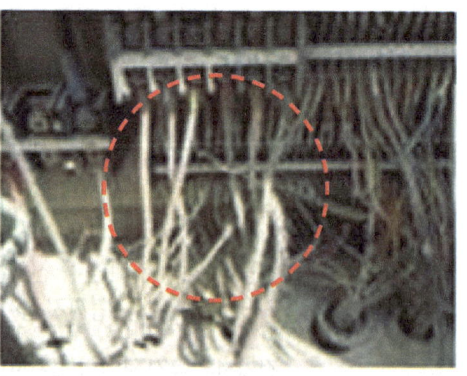
제어반 단자 철사 연결

2. 리프트 작업안전기준

Wall Tie누락

작업자 안전벨트 미사용

치용 윈치 해지장치 미설치

설치용 윈치 비상정지버튼 미설치

하부 하강부져 고정불량

전동기 고정볼트 누락

주요점검시 불량사례

설치용 윈치 고정볼트 미설치

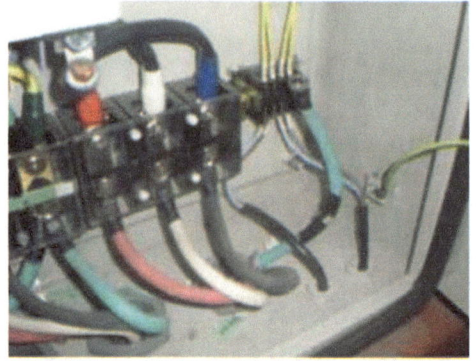
제어반 미접지

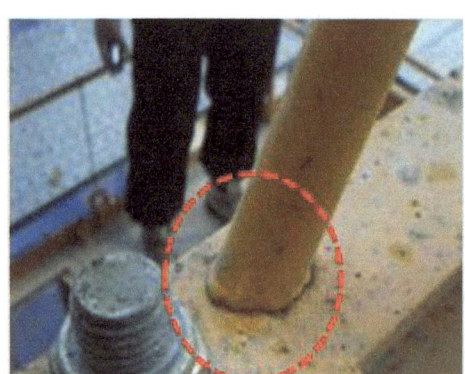
마스트 격자 균열 발생

인터록 스위치 커버탈락

비상용 사다리 비배치

측면 과도한 개구부 발생

2. 리프트 작업안전기준

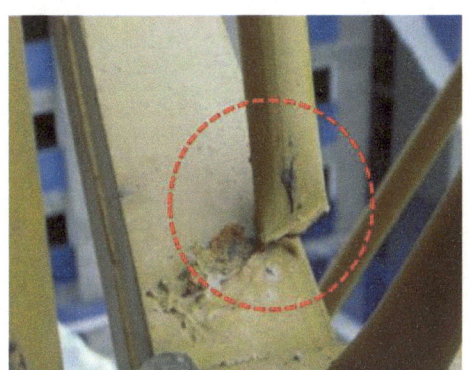

마스트 격자 용접부의 탈락

출입 하부 낙하방지 미조치

3. 곤돌라 작업안전기준

(1) 목적
- 곤돌라 작업의 안전기준을 정하여 안전한 곤돌라 작업 실시
- 곤돌라 작업에서의 안전사고 방지

(2) 적용범위
- 전 현장에 적용한다.

(3) 작업관리조직

- 안전보관총괄책임자
- 관리감독자(시공담당자)
- 안전관리자
- 협력업체 소장
- 곤돌라 설치회사

(4) 책임과 권한

안전보건총괄책임자	곤돌라 설치 및 작업과 관련된 시공과 안전에 대해 전반적으로 책임진다.
관리감독자	곤돌라 설치, 사용 계획의 적정성을 검토하고 근로자의 보호구 착용 책임진다.
안전관리자	곤돌라 설치, 사용계획의 적성을 검토하고 해당 근로자 교육을 책임진다.
T/C 설치회사	적절한 작업방법 및 순서를 사전수립하고, 근로자 관리감독을 철저히 한다. 작업의 이상발생 예상시 관리감독자(안전관리자)에게 보고 하고 대책을 수립한다.

3. 곤돌라 작업안전기준

5. 업무 FLOW

단계	내용	주요업무	담당
설치전	구조검토 실시	- 건설장비 구조계산서 및 도면 검토 - 기초설계(지지력 등 검토) - 지지고정 부재 구조검토(고정방법)	공무, 공사, 안전
	대체 시공 관리	- 웨이트 및 고정 시공상태 확인	공사
설치 해체	작업전 준비사항	- 작업팀구성 확인 - 장비하중관리 준수 - 설치 시 check point 활용	공사, 안전
사용중	근로자교육 실시	- 작업자, 감시단 및 근로자 지정 특별교육 실시	공사, 안전
	재체점검	- 곤돌라 설치 후 1개월마다 설치협력업체가 실시	공사, 안전
	안전점검	- 곤돌라 설치 후 3개월마다 노동부 외주기관에 위탁 실시 (최초 설치시 1개월 이내 1회 의무적 실시)	공사, 안전

6. 곤돌라 구조 및 안전장치

곤돌라 구조 및 안전장치

NO	명칭
1	와인더
2	모터, 브레이크
3	낙하방지장치(블럭스톱)
4	과부하방지장치(기계식)
5	과전류 계산기

*권과방지장치 : 와이어로프의 권과를 방지하는 장치

04 대형재해 5대 건설장비 안전기준

곤돌라 부재별 기능

구분		기능
1		와인더 - 윈치의 풀림방지기능
2		모터, 브레이크 - 모터 순간정지 기능 - 정전시 낙하방지 기능
3		낙하방지장치(블럭스톱) - 메인 와이어로프, 단시 곤돌라 낙하방지 기능 - 곤돌라 양측에 부착
4		과부하방지장치(기계식) - 적재하중이상 적재시 부저 울림과 - 동시에 케이지의 긍강이 정지됨으로 과적 방지기능
5		전류 계전기 - 제어반 내부에 부착 - 동시에 과전류가 흐를 경우 전원을 차단시키는 장치로, 동기 보호장치

208

3. 곤돌라 작업안전기준

(7) 설치 및 운영시 안전기준

1) 곤돌라 반입 및 설치, 해체

Check Point	안전기준 및 내용
설치/해체 작업순서 정황	- 설치/해체시 공사담당자와 안전작업 여건이 되도록 협의
설치/해체 작업중의 위험 요인 파악 및 교육	- 고소작업시 주의사항 숙지 - 작업지침에 따른 작업분담 확인
장비반입전 구조 검토서 확인	- 도면에 기재된 구조검토 확인
곤돌라 지지대(브래킷) 및 작업대차 설피	- 안전벨트 보호구 착용 - 지지대(브래킷) 설치시 세트앵커 설치 - 작업대차 스토퍼 설치 및 와이어 로프 고정 실시
와이어로프 및 수작생명줄 설치	- 규정 와이어로프 사용(주로프 10mm, 보조8mm) - 생명줄 2점지지 이상 실시(14mm이상) - 로프의 꼬임등 변형, 손상된 것 사용금지

2) 곤돌라 작업시

Check Point	안전기준 및 내용
작업구역 설치	- 운반/하역작업 : 작업장소정지(접근금지), 자재검수 - 작업전 특별안전교육(양중작업 포함) - 건설기계 작업계획서 작성 및 징구 - 타 동종 근로자 접근금지 조치(상하 동시 작업 금지) - 안전감시단 배치 및 통제 - 악천후시 작업 중지(순간풍속 10㎧ 이상, 강우 및 강설)
곤몰라 작입시	- 곤돌라 운전은 곤돌라 운전 안전교육이수자만 운전 - 전원은 220V × 3∅(3상) 전압을 사용한다 - 탑승자는 규정에 적합한 개인 안전보호구를 착용한다 - 곤돌라에 탑승 후 안전블록에 부착된 추락방지대(로립)을 안전벨트에 체결하고 로립은 상시에 작동이 가능한 위치에 있도록 한다 - 운전원은 점검 체크리스트를 이용하여 곤돌라 점검 - 곤돌라 운행전 지상에서 수평조절기를 이용 수평 조정 - 적재하중(허용하중 표기)을 초과 금지 - 곤돌리 승,히강시 돌출부위, 방해요인 사전제거 - 곤돌라 상승 시 상부 지지대에서 50cm 하부 지점 정지 - 곤돌라 하강 시 지면까지 내리지 않고 지면 30cm 지점에서 정지 - 2인 이상 작업자 곤돌라 사용시 정해진 신호 준수 및 운반구 정지된 상태에서만 작업 실시 - 작업공구 및 자재의 낙하방지 위해 정리정돈 - 운반구 안에서 발판, 사다리 사용 금지 - 벽에 운반구가 닿지 않도록 하고 필요한 경우에는 운반구 전면에 고무 등을 부착

곤돌라 지지대 안전성 확보

발생원인	안전대책
▶ 곤돌라 지지대 불량으로 파단	▶ 양중기의 방호장치 설치

발생원인

▶ 곤돌라 지지대 불량으로 파단

- 양중기(곤돌라)에 과부하 방지장치, 급정지 장치 등 방호장치 미설치함
- 양중기의 제작기준 및 안전기준 미준수 사고 곤도라는 제작회사, 제작 제원 등이 없이 임의 제작 설치하여 사용
- 구동축에 사용된 Chain 결함
- 작업용 곤도라(달비 계) 권상 와이어로프 드럼의 제동장치 미설치
- 안전대 부착설비 미설치

안전대책

▶ 양중기의 방호장치 설치

- 양중기의 제작기준 및 안전기준 준수
- 양중기는 제작회사, 기계제원, 설계 및 제작사양서, 안전장치 사양서 등 구비된 제작기준, 안전기준에 적합한 것을 사용
- 곤돌라에 탑승하여 작업하는 때에는 안전대 부착 설비(구명줄)을 설치하고 작업자로 하여금 안전대 착용시키고 추락방지대를 구명줄에 결속하여 작업을 진행, 곤돌라 운반구의 지지부분 등에 대해서 이상유무 점검을 철저히 하여야 함

3. 곤돌라 작업안전기준

작업대차 설치기준(대차형)

▲ 작업대차 설치 상태

1. 주로프 : 10mm 와이어로프 2가닥

2. 클립체결 : 4개이상을 체결

3. 클립간격 : 6cm이상
   (클립연장길이 24cm이상)

작업대차 고정기준(대차형)

▲ 웨이트 적재 및 바퀴 고정

웨이트는 규격에 맞게 적재

바퀴에는 구름방지 고정물 설치

작업대차 설치기준(대차형)

1. 곤돌라 작업하중 대차 하부 블록 설치
2. 파라펫이 없거나 얕은 경우 대차 추가고정 조치
3. 앙카를 매립하여 10mm 와이어로프 고정
4. 앙카는 8㎝ 이상 깊이 (함마 드릴날 기준)

5. 앙카간격 수평거리 2m 등간격으로 설치
6. 고정앙카 없을시에는 건물 기둥에 고정
7. 기둥고정시 10mm 와이어로프로 2점지지

3. 곤돌라 작업안전기준

작업대차 설치기준(대차형)

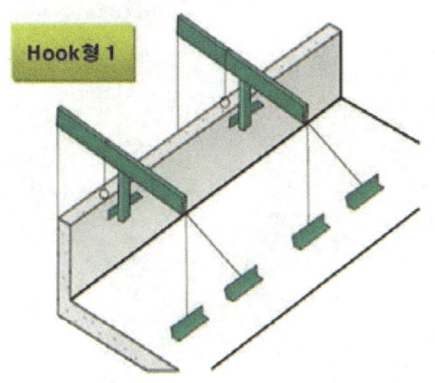

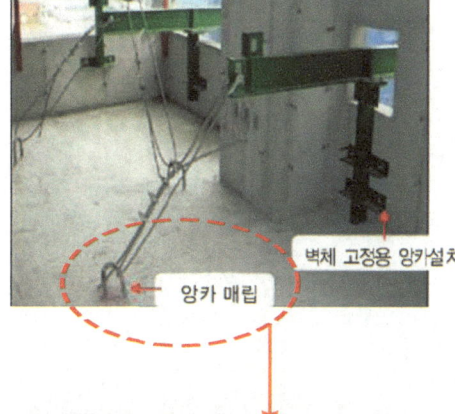

벽체 고정용 앙카설치
앙카 매립

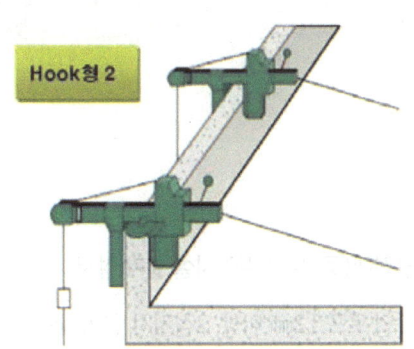

콘크리트 타설전 앙카 매립

- 지붕층 콘크리트 타설, 철근배근 작업시 앙카 매립한다.

- 콘크리트 타설후 소요강도 충분할때 까지 설치작업 금지한다.

- 고정된 위치 장기간 작업 및 지지대 공간이 협소할 때 유리

- 파라벳이 구조적으로 안전해야 한다.

04 대형재해 5대 건설장비 안전기준

안전대 착용 및 부착설비

발생원인

▶ **안전대 미착용**
- 외부 곤도라 작업대의 작업여건상 추락방지 안전 난간 설치 할 수 없어, 근로자가 추락의 취험 매우 높으므로 곤도라 작업대의 후면 철재 Frame에 안전대를 부착하고, 안전대 미착용 작업중 추락 사망

▶ **곤도라 작업대 고정 미흡**
- 곤도라 작업대는 작업시 하중 의하여 전후좌우로 움직이지 아니하도록 빌딩 외부에 고정을 하여야 하나, 고정이 되지 아니한 상태에서 작업중 곤도 작업대 빌딩 바깥쪽으로 움직이면서 빌딩과 곤도 작업대 사이 틈으로 추락사망

안전대책

▶ **안전대(코브라) 걸이시설 설치 철저**
- 작업 로프 12㎜ 이상, 2점지지, 곤돌라와 별도 설치 안전대 착용
- 외부 고소작업중 곤도라 작업대의 작업면(건물벽면)에 작업여건상 추락방지 안전 난간이 설치되어 있지 않을 경우에는 곤도라 작업대 후면 안전난간에 안전대를 부착하여 안전대 착용후 작업실시

▶ **곤도라 작업대 고정철저**
- 곤도라 작업대 내부에서 작업시 작업하중 등에 의하여 곤도라 작업대가 전후좌우로 움직이지 않도록 유리 압착기등으로 벽면에 고정 철저

3. 곤돌라 작업안전기준

안전대 착용 및 부착설비

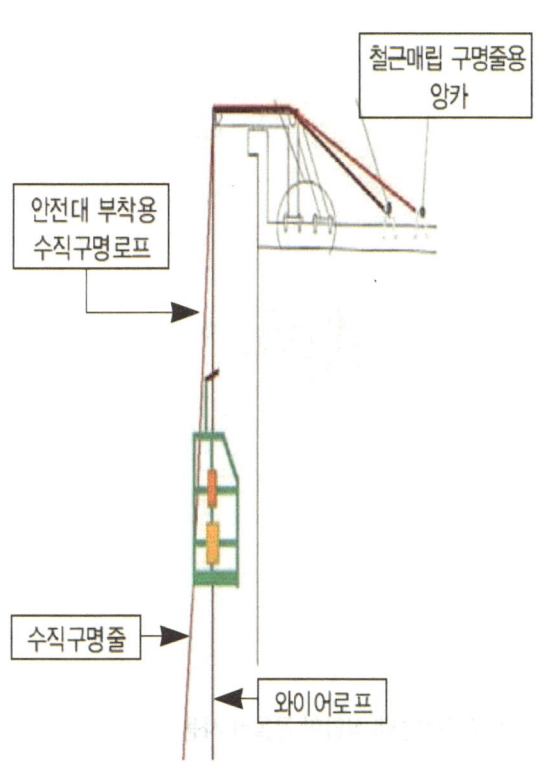

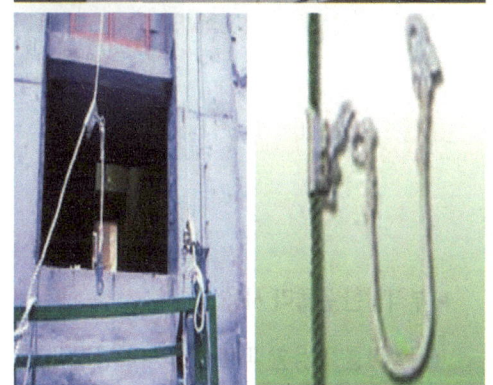

수직구명줄 및 추락방지대

- 곤돌라 상부 안,대 부착설비용 수직구명중 설치하며 현장여건에 맞게 2개점 이상 고정 (앙카 or 콘크리트 구조물 고정)

- 수직 구명로프 고정용 앙카를 옥상 바닥 또는 파라펫에 별도 설치

- 앙카는 근로자 추락시 방호가능한 지지력 확보

- 수직구명로프는 곤돌라와 별도 분리하여 체결

04 대형재해 5대 건설장비 안전기준

안전기준에 적합한 곤돌라 사용

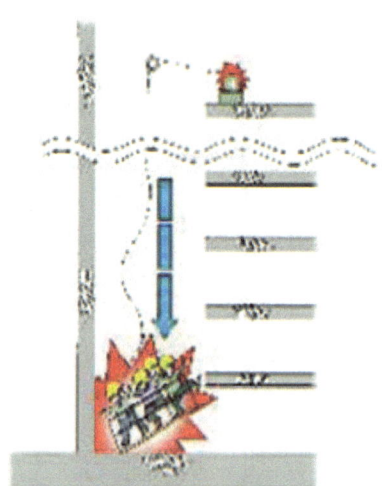

┤ 발생원인 ├

▶ **부적합한 곤돌라 사용**

- 곤돌라를 사용할 때에는 과부하방지장치, 권과방지 장치, 제동장치등 방호장치가 설치된 안전기준에 적합한 곤돌라를 미사용

▶ **작업전 안전점검 미실시**

- 작업전 감속기 작동상태, 브레이크 기능 등 안전 점검을 미실시한 곤돌라 운반구에 작업자 4명과 철곰빔 3개(1081kg)등을 싣고 상승하던 중 순간적인 하중과 충격등으로 원치 감속기의 워엄기어(worm wheel)톱니가 파손

┤ 안전대책 ├

▶ **안전기준에 적합한 곤돌라 사용**

- 곤돌라를 사용할 때에는 과부하방지장치, 권과방지 장치, 제동장치등 방호장치가 설치된 안전기준에 적합한 곤돌라를 사용

▶ **작업전 안전점검 실시**

- 현장에서 곤돌라를 설치하여 사용할 때에는 감속기 기어, 브레이크, 방호장치 작동상태 등에 대해 안전점검을 실시한 후 사용

3. 곤돌라 작업안전기준

곤돌라 체크리스트

NO	주요 점검사항	점검결과	비고
01	곤돌라 지지를 위한 앙카 체결상태는 양호한가		
02	Arm의 돌출길이는 적정한가		
03	적재하중 초과시 과부하방지장치는 작동 되는가		
04	작업자에 대한 특별안전교육은 실시하였는가		
05	주와이어 절단시 보조와이어의 블록스톱이 작동 되는가		
06	감속기, 축등에는 이상 소음이 발생하지 않는가		
07	운전원 음주 여부 및 혈압 등 건강상태는 양호한가		
08	브레이크의 작동상태는 양호한가		
09	곤돌라 상승시 과권방지를 위한 상한리미트는 작동 되는가		
10	곤돌라 안전검사는 받았는가		
11	콘트롤 박스의 비상정지 스위치는 정상 작동 되는가		
12	곤돌라 작업구간내 타 작업과의 간섭은 없는가		
13	모타 과전류계전기는 적정 설정되어있고 정상 작동 되는가		
14	콘트롤 박스의 누전차단기는 작동이 되는가		
15	게이지의 연결부분이 볼트,너트의 부식, 체결상태는 이상이 없는가		
16	와이어는 규격품이고 소선의 절단, 부시그 꼬임 등의 이상이 없는가		
17	와이어의 상부 고정 및 대차의 하중은 적정한가		
18	작업원의 추락방지를 위한 별도의 생명줄은 설치 되었는가		

04 대형재해 5대 건설장비 안전기준

주요점검시 불량사례

권과방지장치 미작동

과부하방지장치 미설치

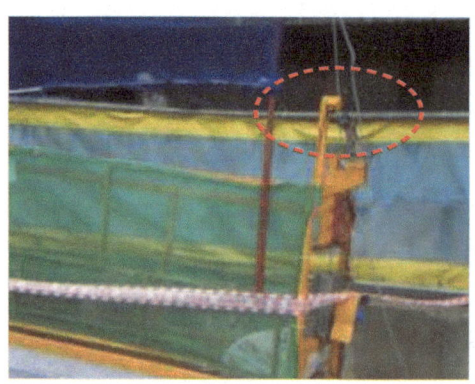
스위치작동용 고무판 반대위치 기능상실

권과방지장치 작동용 고무판(터치바)로프
미고정 권과방지장치 기능상실

연결볼트 여유나사산 부족

낙하방지장치 철사로 고정 기능상실

3. 곤돌라 작업안전기준

비상정치장치 탈락

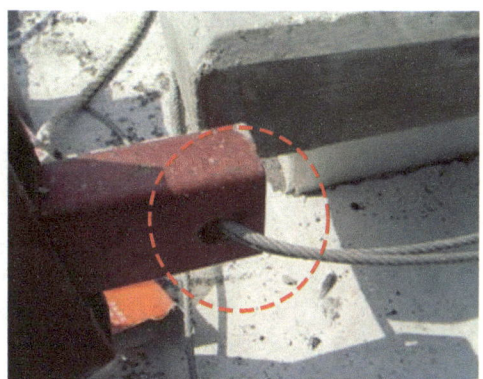

고정용 와이어로프 결속 불량
(연결용 샤클 미사용)

권과방지 리미트 변형, 기능유지 미흡

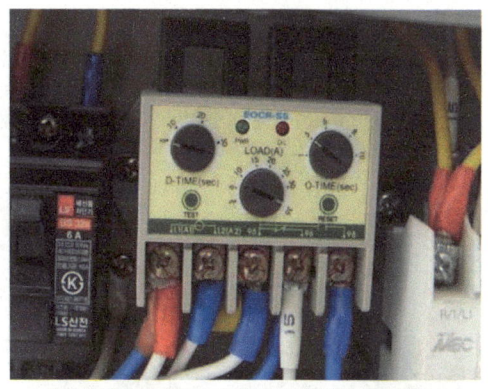

EOCR(과전류계전기, 전기식과부하방지장치)
최대치로 설정 사용

스위치 전원선 피복 손상

수직구명줄 이음하여 사용

04 대형재해 5대 건설장비 안전기준

주요점검시 불량사례

1점 고정으로 정점 선정 미흡

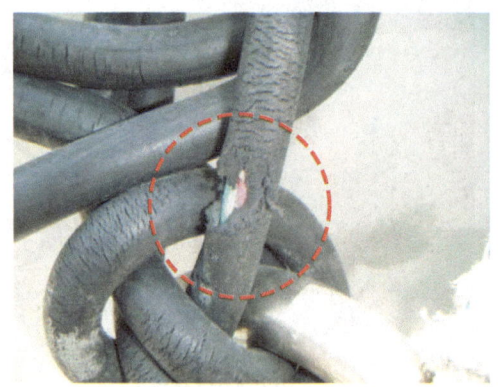
주동력선 케이블 손상

작업대차에 수명구명줄 고정

별도 수직구명줄 미설치 및 미사용

경기도 건설안전 가이드라인

4

이동식 크레인 작업안전 기준

4. 이동식 크레인 작업안전기준

(1) 목적
- 이동식 크레인 작업의 안전기준을 정하여 안전한 크레인 작업 실시
- 이동식 크레인 작업 에서의 안전사고 방지

(2) 적용범위
- 전 현장에 적용한다.

(3) 작업관리조직

- 안전보건총괄책임자
- 관리감독자(시공담당자)
- 안전관리자
- 협력업체 소장
- 이동식 크레인 임대업체

(4) 책임과 권한

안전보건총괄책임자	이동식 크레인 작업과 관련된 시공과 안전에 대해 전반적으로 책임진다.
관리감독자	이동식 크레인 작업과 관련된 시공과 안전에 대해 전반적으로 책임진다.
안전관리자	이동식 크레인 사용계획의 적성을 검토하고 해당 근로자 교육을 책임진다.
이동식 크레인 임대업체	적절한 작업방법 및 순서를 사전수립하고, 근로자 관리감독을 철저히 한다. 작업의 이상발생 예상시 관리감독자(안전관리자)에게 보고 하고 대책을 수립한다.

(5) 업무 FLOW

단계	Process	주요업무	담당
반입 전	작업계획 수립	- 작업장소, 작업구획 확보, 높이 등 결정 - 안전운행방법, 신호수 배치 등 - 협력업체+임대회사 장비 관련 서류 확인 (보험증, 장비제원 및 사양, 임대회사 사업자등록증 운전원 면허증) - 장비 작업계획서 확인	공사, 안전
반입 전	작업전 준비사항	- 운전원 경력등 확인 - 장비작업 예정통보(최소 작업 1일전) - 장비하중관리준수	공사, 안전
사용 중	교육 및 관리	- 운전자, 작업자, 감시단 및 근로자 교육실시 - 장비 실명제 카드, 체크리스트 부착	공사, 안전
사용 중	수시점검	- 현장 반입 후 1일 수시 점검 실시	공사, 안전

(6) 이동식 크레인 구조 및 안전장치

1) 하이드로 크레인 전체 및 각부 명칭

전자식수평계

운전석 내부 모니터

물 수평계

붐 경사계 센서

2) CRAWLER CRANE의 구조명칭

3) 메인 모니터 설명

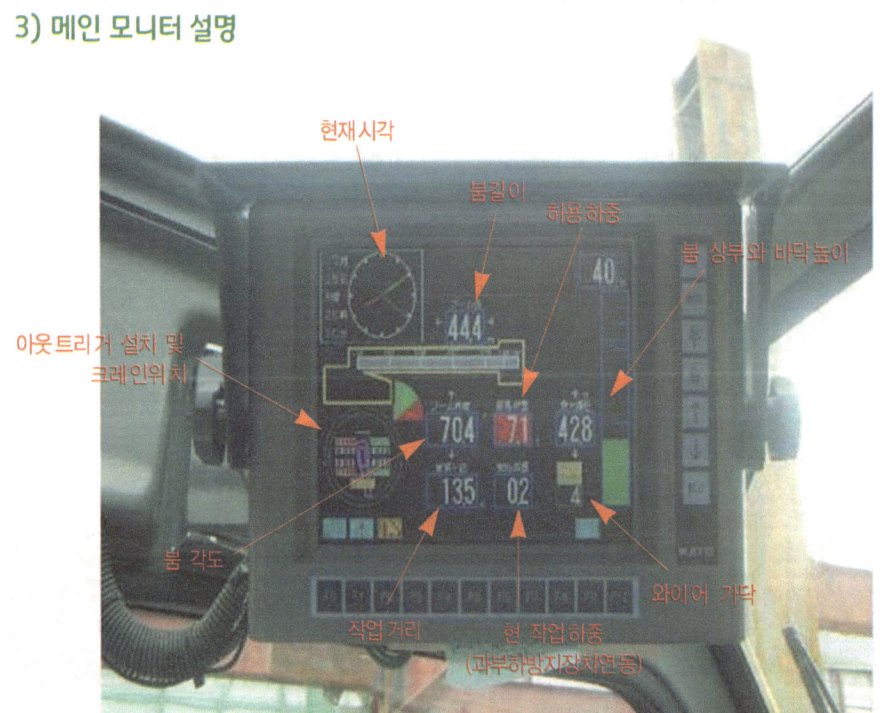

4. 이동식 크레인 작업안전기준

(7) 운영시 안전기준

Check Point	안전기준 및 내용
작업시작 전 안전조치	- 중량물 취급 작업계획서 및 안전수칙을 숙지하고 작업을 시작한다. - 인양물 형태 및 중량, 작업장소 특성(지면상태 등), 근접위험요소(가공전선로 등)등을 확인한다 - 안전모 및 안전화 등 보호장구를 착용한다(복장:작업복) - 일상점검 서식에 따라 작업전 본체 주요부의 볼트, 너트 조임상태 및 용접부 결함상태 등의 기기 결함등의 점검사항을 체크한다 - P.T.O를 켜지 않은 상태에서 크레인의 모든 작동 레버가 중립에 있는지 확인한다 - 아웃트리거는 반드시 최대한 펼치고, 지면에 안착시켜 크레인이 지면과 수평이 되도록 한다(필요시 받침목 설치) - 아웃트리거를 최대한 펼친 뒤 아웃트리거 조작레버를 중립에 위치시킨다 - 장비에 무리가 없도록 충분히 시운전을 실시하며, 각 부의 이상유무 및 안전장치 정상적으로 작동되는지 확인한다
작업 중 안전조치	- 정격하중표에 명기된 거리별 하중능력을 숙지하여 하중표에 의한 정격하중값 이내에서 작업을 실시한다 - 인양작업은 항상 작업반경 내에서 적정하중만을 인양하고, 작업반경 근처에 장애물 제거 및 사람이 있는지 확인한다 - 권상전 인양물 체결 및 균형상태를 확인한다.(2점 이상 체결) - 인양물의 선회, 권상, 권하 시 적정속도 상태를 유지한다 안전도:후방>측방>전방 - 윈치드럼에서 와이어로프가 완전히 풀리지 않도록 하고 바닥에 끌리지 않도록 적정 풀림상태를 유지한다 최소 드럼 감김수:2회 - 인양할 물건을 지면에서 약간 올린뒤 일시 정지하여 안정을 확인한 다음 작업 실시한다 - 크레인 선회 동작 시 가능한 천천히 작업에 임하여 크레인 백레쉬로 인한 정지시 좌우 움직임을 최소화 한다 - 크레인 작업 중단 및 작업자의 조종석 이석시 인양물은 자연 또는 적재함 바닥에 안착한다
작업 후 안전조치	- 작업후 순서에 따라 각종 장치를 복구한다 윈치→텔레스코핑→붐대→아웃트리거 - P.T.O등 조정장치는 OFF로 한다 - 후크 및 붐대를 정위치로 놓고 후크는 와이어로프로 고정하고 붐대는 붐대 선회방지장치를 확실히 고정한다 - 차량 타이어 및 브레이크 상태를 확인한 후 주행한다

(8) 운영 작업시 안전기준

HYDRAULIC CRANE의 제원(예)

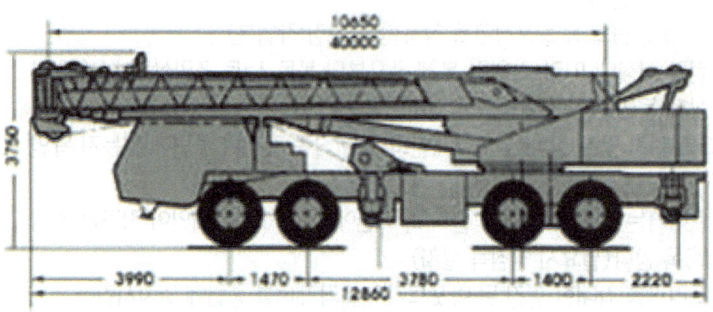

장비제원		단위	규격
최대인양하중		톤	50.5
자체중량		톤	38.68
붐	단수	단	5
	길이	미터	10.8~40.15
지브길이		미터	9.0~16
후크최대높이		미터	55.8
치수	전장	미터	13.62
	전고	미터	3.75
	전폭	미터	2.82

50 TON

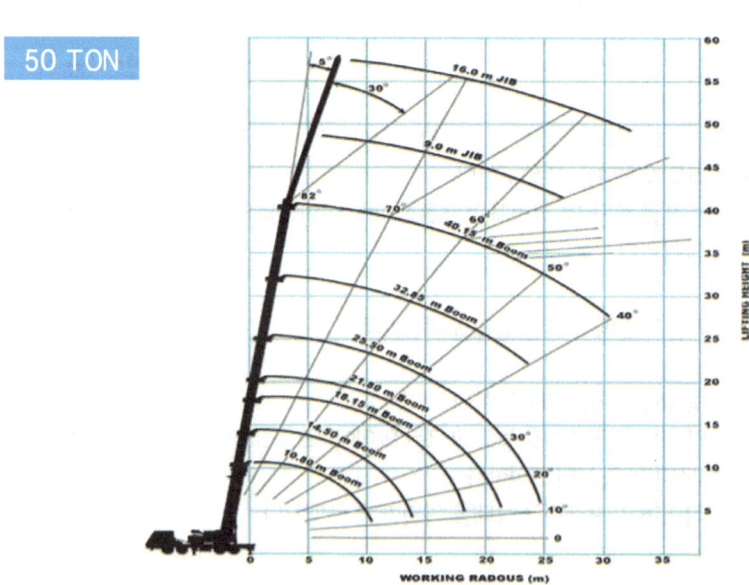

4. 이동식 크레인 작업안전기준

작업반경(m)	붐 길이(m) 작업범위 : 360도 전방향						
	10.8m	14.5m	18.15m	21.8m	25.5m	32.85m	40.15m
3	50.5	33	28	24			
3.5	43	33	28	24			
4	38	33	28	24	20		
4.5	34	30.5	28	24	20		
5	30.2	29	28	24	20	13	
5.5	27.5	26.5	25.6	23.2	20	13	
6	25	24	23.5	21.5	20	13	
6.5	22.7	22.3	21.8	19.9	18	13	7.5
7	20.7	20.3	20	18.4	16.8	13	7.5
7.5	18.7	18.6	18.5	17.1	15.7	13	7.5
8	17.3	17.1	17	15.9	14.8	12.3	7.5
9	14.2	14	13.9	13.6	13.2	11	7.5
10		11.3	11.2	11.2	11.1	10	7.3
11		9.3	9.3	9.2	9.1	9.1	6.8
12		7.8	7.7	7.6	7.6	8.3	6.3
14			5.5	5.5	5.4	6.2	5.5
16			4	3.9	3.8	4.7	4.7
18				1.8	1.8	2.6	3.2
20				1.8	1.8	2.6	3.2
22					1.1	1.9	2.45
24						1.35	1.9
26						0.9	1.4
28							1
30							0.7
32							0.4

붐의각도(도)	지브의 길이 : 9m		지브의 길이 : 16m	
	5도	30도	5도	30도
82도	3.5	2	2	1
80도	3.5	2	2	1
79도	3.5	2	2	1
78도	3.5	1.96	2	1
77도	3.3	1.91	2	0.97
76도	3.12	1.86	2	0.95
75도	2.97	1.82	1.92	0.93
73도	2.68	1.73	1.76	0.89
70도	2.33	1.58	1.53	0.84
68도	2.15	1.49	1.4	0.81
65도	1.91	1.36	1.23	0.76
63도	1.7	1.29	1.14	0.73
60도	1.25	1.19	1.14	0.73
58도	1	0.96	0.77	0.61
56도	0.77	0.76	0.59	0.47
55도	0.67	0.66	0.5	
54도	0.58	0.57		

CRAWLER CRANE의 종류 및 인양능력-(예)

80 TON

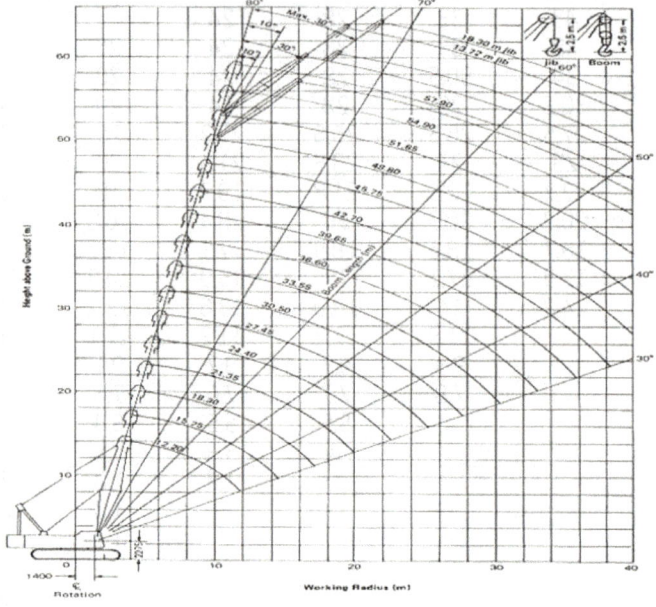

(in metric tons)

working radius (m)	Boom length(m)														
	12.20	15.25	18.30	21.35	34.40	37.45	30.55	33.55	36.60	39.65	42.70	45.75	48.80	51.85	54.90	57.90
3.8	80.0															
4.0	80.0															
4.5	68.8	68.7														
5.0	57.8	57.7	57.6													
6.0	43.1	43.0	42.9	42.8	42.7											
7.0	34.2	34.1	34.0	33.9	33.8	33.7										
8.0	28.6	28.5	28.4	28.3	28.2	28.1	28.0	27.9								
9.0	24.3	24.3	24.2	24.1	24.0	23.9	23.8	23.7	23.6							
10.0	20.9	20.8	20.7	20.7	20.6	20.6	20.5	20.4	20.4	20.3	20.2	20.1				
12.0	16.4	16.3	16.2	16.2	16.2	16.1	16.0	16.0	15.9	15.9	15.8	15.7	15.6	15.5	15.4	
14.0		13.3	13.3	13.3	13.3	13.2	13.1	13.0	12.9	12.8	12.7	12.6	12.5	12.4	12.3	12.2
16.0			11.0	11.0	11.0	10.9	10.9	10.8	10.7	10.6	10.5	10.4	10.3	10.2	10.1	10.0
18.0				9.5	9.4	9.4	9.3	9.2	9.1	9.0	8.9	8.8	8.7	8.6	8.5	8.4
20.0					8.2	8.1	7.9	7.9	7.8	7.7	7.6	7.5	7.4	7.4	7.3	7.2
24.0						6.3	6.2	6.1	6.0	5.9	5.8	5.7	5.6	5.5	5.4	5.3
26.0							5.5	5.4	5.3	5.3	5.2	5.1	5.0	4.9	4.7	4.5
28.0							5.0	4.9	4.8	4.7	4.6	4.5	4.3	4.3	4.0	3.8
30.0								4.4	4.3	4.2	4.1	4.0	3.7	3.7	3.4	3.2
32.0								3.8	3.7	3.6	3.5	3.2	3.2	3.2	3.0	2.7
34.0									3.2	3.2	3.1	2.8	2.7	2.5	2.2	
36.0									2.9	2.8	2.6	2.3	2.2	2.0	1.7	
38.0											2.4	2.4	1.9	1.8	1.6	1.3

4. 이동식 크레인 작업안전기준

100 TON

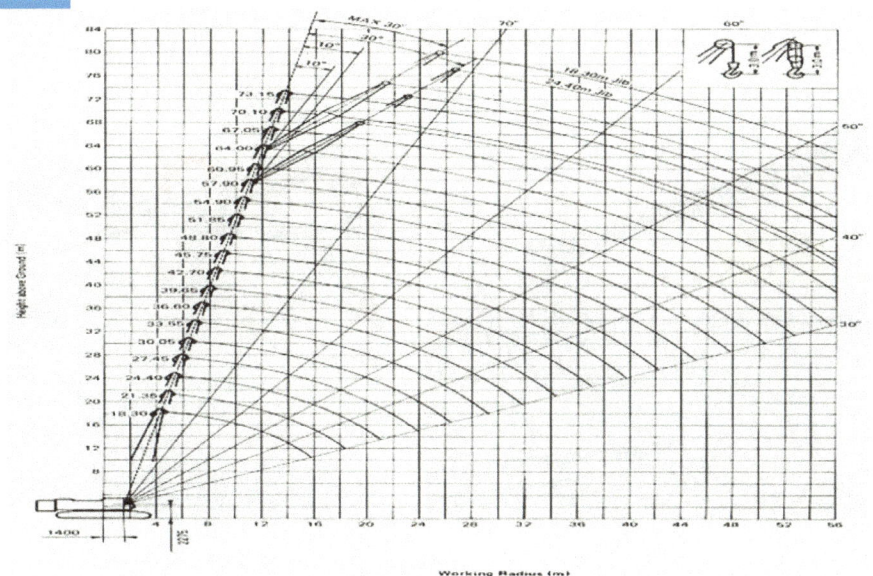

(in metric tons)

working radius (m)	Boom length(m)																
	18.30	21.35	24.40	27.45	30.50	33.55	36.60	39.65	42.70	45.75	48.80	51.85	54.90	57.90	60.95	64.00	67.05	70.10	73.15
5.0	100.0																		
5.3	100.0																		
6.0	84.9	79.0	72.2																
7.0	66.4	66.3	66.2	61.9	55.4														
8.0	54.1	53.9	53.8	53.7	50.9	48.0	43.8												
9.0	45.5	45.2	45.1	45.0	44.9	44.8	42.5	38.4	35.1										
10.0	39.1	39.0	38.9	38.7	38.5	38.5	38.4	36.4	34.4	31.3	28.8								
12.0	30.4	30.2	30.1	30.0	30.0	29.9	29.8	29.8	29.5	29.4	27.2	24.8	22.7	20.8					
14.0	24.8	24.7	24.6	24.5	24.3	24.2	24.1	23.9	23.8	23.7	23.5	23.4	21.9	19.8	17.7	16.5	15.7	14.4	
16.0	20.8	20.7	20.5	20.4	20.3	20.2	20.1	20.0	19.9	19.8	19.6	19.5	19.4	19.2	16.9	15.5	14.9	13.6	11.5
18.0		17.7	17.6	17.5	17.5	17.4	17.2	17.0	16.9	16.8	16.6	16.5	16.4	16.2	16.1	14.6	14.1	12.7	10.9
20.0		15.5	15.4	15.3	15.1	15.0	14.9	14.7	14.6	14.5	14.3	14.2	14.1	13.9	13.8	13.7	13.2	12.0	10.3
22.0			13.6	13.5	13.3	13.2	13.1	12.8	12.7	12.6	12.5	12.4	12.3	12.1	12.0	11.9	11.7	11.1	9.7
24.0				12.1	11.9	11.8	11.7	11.5	11.4	11.3	11.1	10.9	10.8	10.6	10.5	10.3	10.2	10.0	9.1
26.0					10.6	10.5	10.4	10.2	10.0	10.0	9.9	9.8	9.6	9.5	9.3	9.0	8.9	8.8	8.5
28.0					9.7	9.5	9.4	9.	9.1	8.9	8.8	8.6	8.5	8.3	8.2	8.1	7.9	7.8	7.6
30.0						8.6	8.5	80.	8.2	8.1	7.9	7.8	7.7	7.5	7.5	7.3	7.1	6.9	6.7
32.0							7.7	7.5	7.5	7.4	7.2	7.1	6.9	6.7	6.6	6.5	6.3	6.2	6.0
34.0								6.8	6.8	6.7	6.5	6.4	6.2	6.1	5.9	5.8	5.6	5.5	5.2
36.0								6.7	6.2	6.1	5.9	5.8	5.7	5.5	5.3	5.2	5.0	4.8	4.6
38.0									5.7	5.6	5.4	5.3	5.2	5.5	4.8	4.6	4.4	4.2	4.0
40.0										5.1	4.9	4.8	4.7	4.5	4.3	4.1	3.9	3.7	3.5
42.0											4.4	4.3	4.2	4.0	3.8	3.6	3.4	3.3	3.0
44.0											4.0	3.9	3.7	3.5	3.4	3.2	3.0	2.8	2.5
46.0												3.4	3.3	3.4	3.0	2.7	2.5	2.5	2.2
48.0													2.9	2.6	2.5	2.5	2.3	2.1	1.9
50.0														2.4	2.3	2.2	2.0	1.8	1.6
52.0														2.1	2.0	1.8	1.7	1.5	1.3
54.0															1.7	1.5	1.4	1.3	
54.0																1.3			

양중작업전 안전성 확보

발생원인	안전대책
▶ 이동식 크레인 인양하중 고려 불량 　- 붐 길이, 작업반경, 인양 각도 불량 ▶ 이동식 크레인 인양하중 고려 불량	▶ 이동식 크레인 인양하중 사전검토 철저 　- 이동식 크레인을 이용한 양중작업 시 크레인의 붐 길이와 작업반경 인양각도 고려하여 정격하중 이내의 중량을 양중 ▶ 과부하 시 작업중지 조치 　- 과부하 방지장치의 경고부저가 울리거나 아우크리거 받침판이 들리는 등 크레인에 과부하 감지 될 경우에는 즉시 작업중지 조치

4. 이동식 크레인 작업안전기준

▶ 장비 전도 위험 - 1

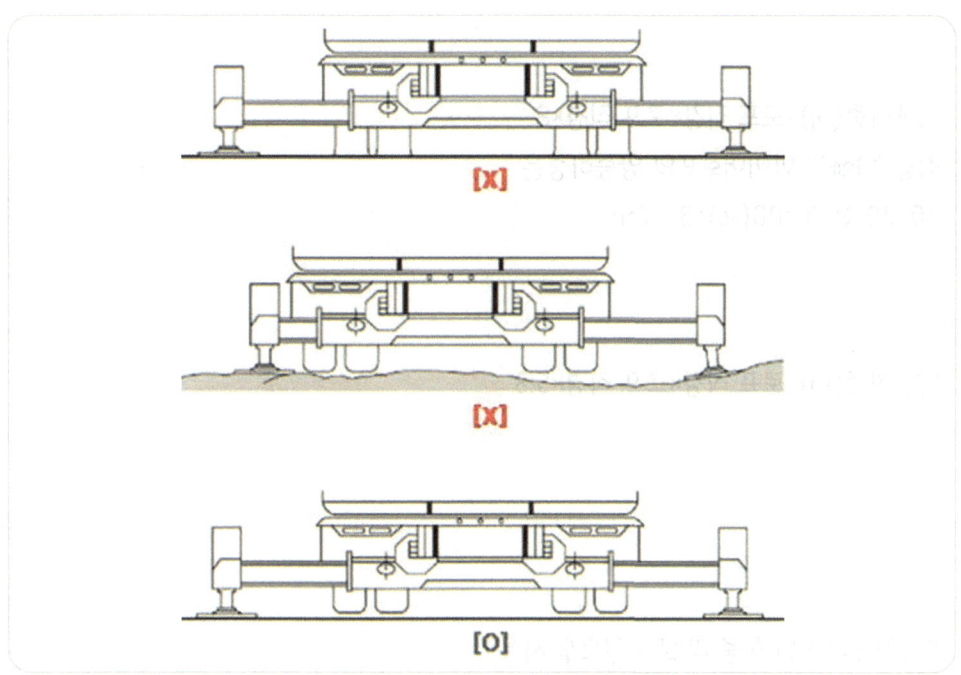

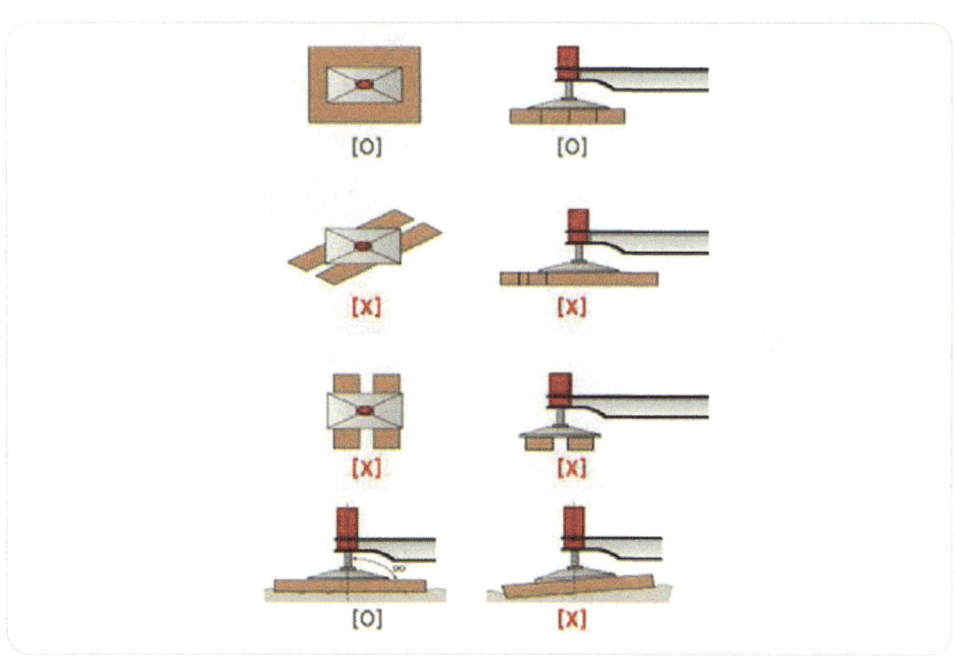

▶ 로프 하중계산 방법 - 2

와이어로프

양중하중(kg)=로프 직경×로프 직경×8
직경 20㎜인 와이어로프의 양중하중은
20×20×8=3,200(kg)=3.2Ton

샤클

양중하중(kg)=로프 직경×로프 직경×5.3

WEB BELT(섬유로프)

BELT에 부착된 하중 라벨을 검토후 사용

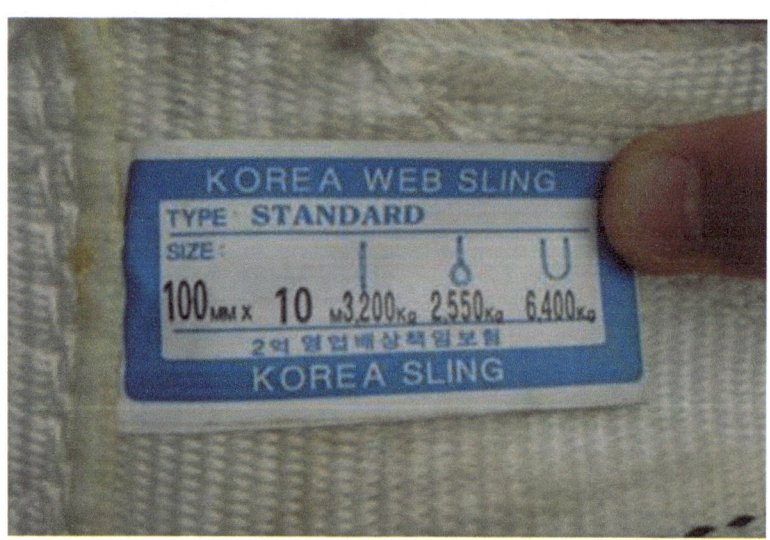

4. 이동식 크레인 작업안전기준

▶ 와이어로프 사용 폐기기준

1. 이음매 있는 것

2. 소선절단 (10% 이상)

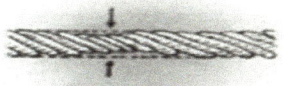
3. 공칭지름 감소(7% 이상)

4. 꼬인것

5. 심하게 변형 또는 부식

사용기준

1. 작업하중을 고려한 양중 로프 선정

2. 양중작업 안전계수는 6이상(안전하중=절단하중/6)

3. 작업전 양중로프 및 샤클에 대한 안전점검 실시

폐기기준

1. 이음매가 있는 것

2. 지름의 감소가 공칭지름의 7% 초과한 것

3. 한 가닥의 소선의 수가 10% 이상 절단된 것

4. 심하게 변형 또는 부식된 것

04 대형재해 5대 건설장비 안전기준

작업 중 주변 안전확보

｜ 발생원인 ｜

▶ **작업방법 불량**

- 크레인 명세서 상 경사각, 정격 하중 미준수 하여 이동식 크레인 전도
- 과부하방지장치 등 안전장치 미 작동, 불량

｜ 안전대책 ｜

▶ **작업방법 개선**

- 이동식크레인으로 중량물 인양작업을 진행
- 크레인 명세서에 기재되어 있는 경사각 및 그에 따른 정격하중을 준수
- 과부하방지장치·권고방지장치 및 브레이크 장치 등 방호장치를 부착하고 유효하게 작동될 수 있도록 관리

4. 이동식 크레인 작업안전기준

인양화물 중량 예측

철근
- 규격 : 10~25mm
- 단위중량 : 20kg/당
- 1다발 : 100개
- 총중량 : 2톤

파이프서포트(V4)
- 규격 : V4
- 단위중량 : 14.2kg/개당
- 1다발 : 100개
- 총중량 : 1.42톤

각재
- 규격 : 90×90×3600
- 단위중량 : 18.9kg/개당
- 1다발 : 100개
- 총중량 : 1.89톤

강관파이프

규격	총중량
2m(5.26kg)	→ 0.526톤
3m(7.89kg)	→ 0.789톤
4m(10.52kg)	→ 1.052톤
6m(15.78kg)	→ 1.578톤

1다발 : 100개

양중작업 안전장치 확인

발생원인	안전대책
▶ **악천 후 작업시 작업중단 미 실시** - 강풍, 우천 등 악천 후시 작업중단 미 실시 ▶ **탑승설비 설치 시 안전대 부착설비 미 시공** - 탑승설비를 활용하여 작업시 추락재해 예방 위한 안전대 부착설비 미 시공	▶ **악천 후 작업시 작업중단 조치** - 순간풍속이 10㎧초과한 강풍·우천 등 기상여건이 좋지 않을 때에는 이동식크레인 작업을 제한 조치 ▶ **탑승설비 구비 및 안전조치** - 이동식크레인에 탑승설비를 설치 근로자를 탑승시킬 경우 추락재해예방을 위하여 안전대 및 안전대 부착설비(구명줄)을 설치 - 후크해지장치 정비 및 점검 철저

4. 이동식 크레인 작업안전기준

▶ 소켓 단말가공 철저

(X)

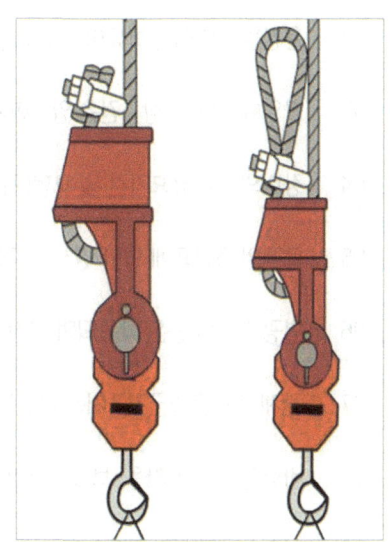
(O)

위험요인

1. 소켓 단말가공처리 미흡
2. 클립 풀림에 의한 자재낙하

안전대책

1. 와이어로프 단선에 클립체결
2. 와이어로프 단선에 와이어로프 덧댐후 클립체결

(9) 이동식 크레인 체크리스트

NO	주요 점검사항	점검결과
01	후방감시카메라는 설치가 되었는가	
02	운전원은 면허를 보유하고 유경험자인가	
03	작업에 따른 기상조건은 양호한가	
04	장비의 검사유효기간 및 보험(자차포함)에 가입되어 있는가	
05	크레인 조견표에 의한 경사각, 거리, 인양하중은 적정한가	
06	경광등, 전조등은 작동되며 안전표식은 부착되어 있는가	
07	관계자외 출입금지조치는 하였는가	
08	비상정지장치(자동/브레이크식 수동)는 정상적으로 작동되는가	
09	신호수는 배치가 되었는가	
10	권과방지장치는 장착되어 있고 정상적으로 작동되며 부저(벨)는 울리는가	
11	주변에 전력선등 이격거리는 양호한가	
12	과부하방지장치는 정착되어 있고 정상 작동이 되는가	
13	후크 안전고리는 부착되어 있고 정상 작동이 되는가	
14	WIRE DRUM의 감김 상태 및 WIRE의 상태(부식,마모,변형등)는 양호한가	
15	바퀴식은 OUT-RIGGER(4개소)장착 및 고임목을 보유하고 있는가	
16	인양용 WIRE는 훼손, 부식, 꼬임, 풀림 등 이상이 없는가	
17	인양 보조공구 SHACKLE, TURN BUCKLE등 상태가 양호한가	
18	차량계건설기계(하역운반기계)/중량물취급계획서는 적정하게 작성되었으며, 보험증 등 관련서류는 확보(제출)되었는가	

4. 이동식 크레인 작업안전기준

(10) 주요점검시 불량사례

권과방지 장치 미작동

권과방지 장치 기능상실

붐대 균열 발생

지브 기복용 와이어로프 소선판단

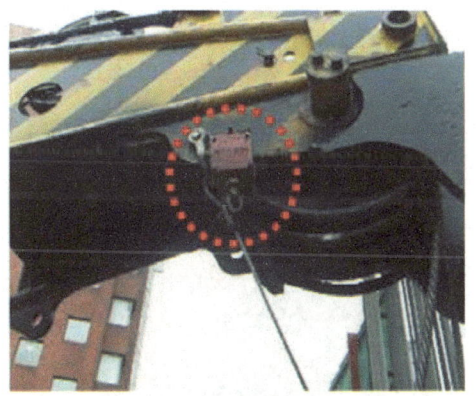

권과방지장치 미결선 조치

연결된 와이어로프 단말 고정클립
역방향으로 체결됨

04 대형재해 5대 건설장비 안전기준

후크해지장치 및 하중표시 불량

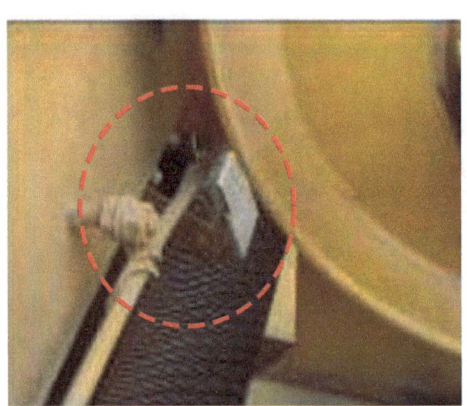
메인드럼 감시카메라 미 작동

아웃트리거 받침 목 불량

지브 균열 발생

이동식 크레인 훅크 연결부 분할핀 철사 사용

이동식 크레인 와이어로프 이탈방지판 미설치

5. 고소작업대 작업안전기준

(1) 목적
- 고소작업대 작업의 안전기준을 정하여 안전한 곤돌라 작업 실시
- 고소작업대 작업에서의 안전사고 방지

(2) 적용범위
- 전 현장에 적용한다.

(3) 작업관리조직

- 안전보건총괄책임자
- 관리감독자(시공담당자)
- 안전관리자
- 협력업체 소장
- 고소작업대 임대업체

(4) 책임과 권한

안전보건총괄책임자	고소작업대 사용과 관련된 시공 및 안전의 전반적인 책임진다.
관리감독자	고소작업대 사용 계획의 적정성을 검토하고 근로자 보호구 착용 책임진다.
안전관리자	고소작업대 사용 계획의 적성을 검토하고 해당 근로자 교육을 책임진다.
고소작업대 임대 사용 협력업체	적절한 작업방법 및 순서를 사전수립하고, 근로자 관리감독을 철저히 한다. 작업의 이상발생 예상시 관리감독자(안전관리자)에게 보고 하고 대책을 수립한다.

5. 업무 FLOW

단계	Process	주요업무	담당
설치전	작업계획 수립	- 작업장소, 작업구획 확보, 높이 등 결정 - 안전운행방법, 신호수 배치 등 - 협력업체+임대회사 장비 관련 서류 확인(보험증, 장비 제원 및 사양, 임대회사 사업자등록증 운전원 면허증) - 장비 작업계획서 확인	공무, 공사, 안전
	작업전 준비사항	- 운전원 경력등 확인 - 장비작업 예정통보(최소 작업1일전) - 장비하중관리준수	공사
설치해체	교육 및 관리	- 운전자, 작업자, 감시단 및 근로자 교육실시 - 장비 실명제 카드, 체크리스트 부착	공사, 안전
	수시점검	- 현장 반입 후 1일 수시 점검 실시	공사, 안전

6. 고소작업대 구조 및 안전장치

고소작업대 운저닉 각부 명칭

1. 과상승 방지장치(40㎝이상 돌출)
2. 보조 작업발판 탈락방지 스토퍼
3. 핸드 스틱 및 비상 정지 스위치
4. 풋 스위치

고소작업대 전체 및 각부 명칭

- 과상승 방지 리미트 FOOT-PROOF 설치 여부
- 실명제 표지판 부착 여부
- 붐 연결부위 이상 유무
- 경고등, 경보음 작동
- 비상하강스위치, 주행차단 스위치, 주행방지장치 작동 여부
- 구름방지 스토퍼 설치

과상승 방지봉 2EA 설치

경보등, 경보음 작동 여부

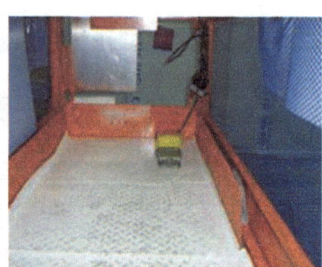

FOOT-PROOF 설치

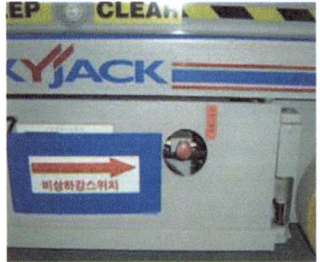

비상하강스위치 작동

상승중 주행방지 장치

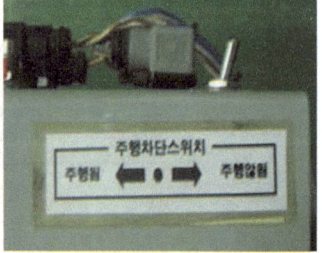

주행차단 스위치

5. 고소작업대 작업안전기준

고소작업대 장비 실명제

① 보험증 (크기:A4)

고소작업대 실명제 (크기:A4)

체크리스트 (크기:A3)

고소작업대 운전 시험 합격자 (크기:A3)

- 실명제 표지판은 탑승로 우측면 중앙 부위에 부착한다.

- 운전원은 전담운전원으로 운영하며, 소정의 운전시험 합격자가 한다.

- 고소작업대 점검은 수시로 하며, 최소 1회/2일 실시한다.

- 고소작업대 사용은 실명제 부착 후 사용토록 한다.

04 대형재해 5대 건설장비 안전기준

고소 작업대 장비 실명제

고소작업대 실명제

장비명(모델명)	고소작업대(2646E)		관리책임자	정	이름	
최대작업높이	9.9M	최대적재중량	340KG			
장비높이	2130mm	장비길이	2440mm		H.P	
장비무게	1770 KG	장비폭	1170mm		부	이름	
보험기간	2010.08.29 ~ 2010.12.24					
임대업체		사용업체				H.P	

고소작업대 안전수칙

1. 교육을 이수받은 운전자 외 조작을 금지한다.

2. 상부작업시 안전벨트 착용 및 체결을 철저히 한다.

3. 운행전 앞,뒤,옆면 안전 확인후 운행한다.

4. 모든 작동레버는 무리한 힘을 가하지 말고 부드럽게 조작한다.

5. 작업중에는 콘트롤 박스의 메인스위치를 끄고 (OFF) 사용한다.

6. 적재중량을 절대 엄수한다.(작업대 무게중심에 유의한다.)

7. 난간대 난간위에 걸터 앉거나 기대는 행위 금지한다.

8. 이동시에는 리프트(붐)를 내린 후 이동한다.

9. 탑승인원(2명) 및 적재하중(227kg)을 철저히 준수한다.

10. 항상 전선으로부터 안전거리를 유지한다.(감전사고 예방)

11. 과상승 방지봉을 해체하거나 전기선을 임의로 조작, 변경을 금지한다.

12. 위험, 긴급상황 시는 콘트롤 박스의 메인스위치를 즉각 끄도록 한다.

13. 콘트롤 박스의 조이스틱은 항상 청결을 유지하도록 한다.

14. 작업대 위에 가설작업대나 사다리 설치를 금지한다.

5. 고소작업대 작업안전기준

고소 작업대 장비 실명제

렌탈작업 방호장치 체크리스트

	月	2	4	6	8	10	12	14	16	18	20	22	24	26	28	30	2
※ 사용전 안전장치 및 실명제 카드 확인																		
※ 전도방지장치 부착상태 확인																		
※ 안전수칙표지판 및 장비보험가입 확인																		
※ 화기작업시불꽃비산방지포,소화기설치 확인																		
※ 상부40cm.2개소이상 과상승방지 장치 확인																		
※ 풋스위치+손조작시 작동 방식 확인																		
※ 비상정지장치 부착 및 작동상태 확인																		
※ 바퀴노후,훼손 및 변형 확인																		
※ 리미트 스위치 확인(상승시 이동금지장치)																		

- 미기재시 경고장 발부
- 방호장치 이상발견시 3일간 당 렌탈 사용 중지

· 업 체 명 :
· 관리책임자 :
· 감 시 단 :
· 안전담당자 :

(7) 운영시 안전기준

Check Point	안전기준 및 내용
작업시작 전 안전조치	- 장비 사용전 안전장치를 확인하고 실명제 카드를 부착한다 - 전도방지장치 부착상태를 확인한다 - 안전수칙 표지판을 부착하고 장비보험가입유무를 확인한다 - 작업대 상부 40cm 높이에 2개 이상의 과상승방지 장치를 설치한다 - 비상정지장치 부착 및 작동상태 확인한다 - 바퀴(타이어)의 노후, 훼손 및 변형된 것을 사용을 금지한다 - 작업 전 작업계획서 수립(작업방법, 순서, 운행경로 등) 한다
작업 중 안전조치	- 화기 작업시 작업대 외부 불꽃 비산 방지포 및 소화기를 설치한다. - 조작 스위치는 풋스위치+손조작시 작동되는 방식을 사용한다. - 상승된 상태에서 이동이 되지 않도록 리미트 스위치를 설치한다. - 고소작업대 차 이동통로는 정리정돈 실시한다. - 고소작업대 차 이동 시 리프트를 하강한 상태로 이동한다. - 조작실수에 의한 협착 예방을 위해 리미트 스위치 설치한다. - 상승작업 시 편심하중이 발생되지 않도록 주의한다. - 작업대에 허용하중 초과 탑승(적재) 금지한다. - 작업대 난간에 올라서서 작업 금지(작업지휘자 배치) 한다. - 작업자 승·하강 시 리프트를 내린 상태로 이동한다. - 작업범위를 벗어날 경우 이동 후 작업한다. - 작업대에 자재적재 시 반드시 결속한다. - 공구 및 소형자재 운반 시 달줄·달포대 사용한다. - 작업대 난간대에서 몸이 밖으로 기울어 질 경우 안전대 착용 한다. - 고정작업시 구름방지용 스토퍼를 반드시 사용한다.

5. 고소작업대 작업안전기준

8. 운영 작업시 안전기준

장비임대시 사전점검 철저

발생원인
- ▶ 보조발판 이탈방지 스토퍼 탈락
- ▶ 사전점검 및 관리감독 불량

안전대책
- ▶ 장비 임대시 사전점검 철저
  - 장비 작동상태
  - 안전장치 작동상채(스토퍼)
  - 장비 안전작업에 대한 안전교육
  - 정칙길이 확보(50㎝이상)

고소작업대 안전장치 확인

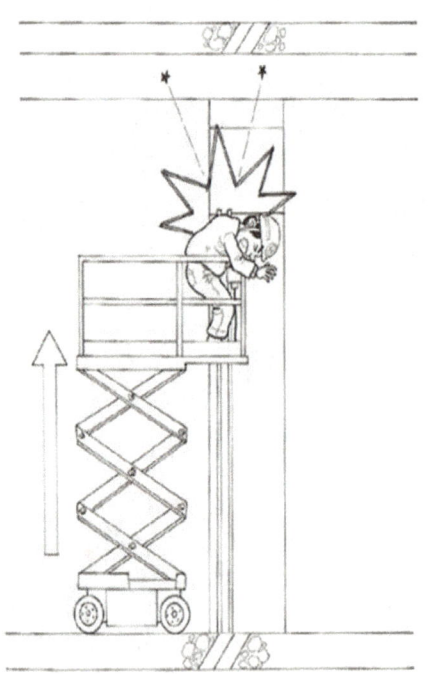

발생원인	안전대책
▶ 스위치 오조작 - 상승중 이동방지 장치 미설치 ▶ 관리감독 불량	▶ 연동 안전장치 확인 철저 (풋스위치 및 핸드 스틱) - 리미트 스위치 설치 - 장비 안전작업에대한 안전교육

5. 고소작업대 작업안전기준

작업시 안전장치 및 주변 안전확보

발생원인	안전대책
▶ 작업대 상승상태 이동 ▶ 상승중 이동방지 장치 미설치 ▶ 작업대 이동구간 정리정돈 미흡	▶ 작업대 상승 상태 이동 금지 ▶ 작업대 상승 주행방지장치 제거금지 - 제작당시에는 작업대 상승시킨 상태에서 이동 시 주행을 방지하기 위한 자동안전장치(주행차단 system)가 부착 되어 있었으나, 사용성 불편 안전장치 제거함 ▶ 이동구간 사전 점검 및 정리정돈

▶ 관련서류

※ 보험증권[PL] 및 안전인증제

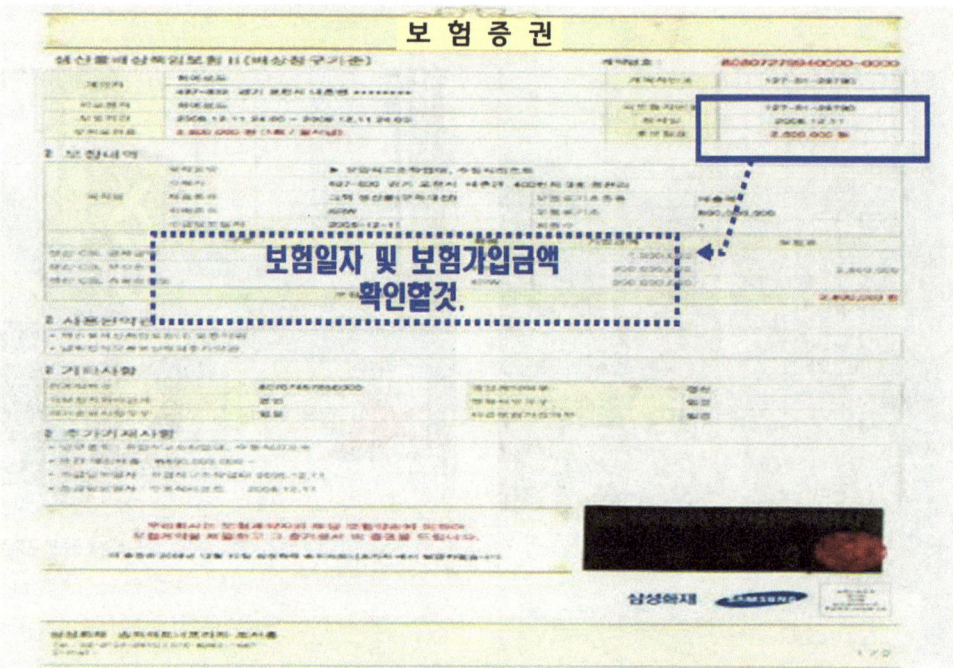

산업안전보건법 개정으로 노동부에서는 위험기계 및 방호장치보호구에 대한 산업재해 예장을 위한 안전인증(KCS 마크) 및 안전검사 제도를 아래와 같이 실시합니다.

개요

안전인증(KCS마크)제도란?

산업안전보건법 제34조(안전인증)에서 정한 위험기계 및 방호장치, 보호구(고소작업대, 리프트, 크레인 등등)에 대해 안전인증기관에서 제품의 안전성능과 제조자의 기술능력 및 생산체계를 종합적으로 심사하여 안전인증기준에 적합한 경우 안전인증표시(KCS마크)를 사용 할 수 있도록 하는 인증제도

시행시기 2009.7.1.부터

안전인증의 종류

의무안전인증 : 의무안전인증 대상 위험기계 및 방호장치, 보호구를 제조(외국에서 제조하여 대한민국으로 수출하는 경우들을 포함)하는 자는 노동부장관이 실시하는 안전인증을 받아야 한다.

대상품목 – 고소작업대, 리프트, 크레인, 압력용기, 프레스/전단기, 로울러기, 사출성형기

※ 위반시 : 3년 이하의 징역 또는 2천만원 이하의 벌금(안전인증을 받지 아니한 기계, 기구등을 제조, 수입, 양도, 대여 및 사용하는 자는 이에 해당)

안전인증 의무자

의무안전인증:제조자(외국에서 제조하여 대한민국으로 수출하는 경우 등을 포함)

※ 다만, 노동부장관이 정하여 고시하는 수량 이하로 수입하는 경우에는 수입자가 안전인증을 받을 수 있다.

법적근거

의무안전인증 : 산업안전보건법 제34조, 동법 시행령 제28조

5. 고소작업대 작업안전기준

(9) 고소작업대 체크리스트

NO	주요 점검사항	점검결과
01	현장교육받은 전담운전원이 운전하는가	
02	과상승 방지 리미트 스위치는 40cm높이에 2개가 유지되어 있는가	
03	탑승인원 및 적재하중을 준수하고 있는가	
04	클러치 foot-proof 설치되어 있는가	
05	작어비 구름방지 슬퍼를 사용하고 있는가	
06	붐이 상승상태에서 이동이 되지 않도록 주행방지장치는 작동이 되는가	
07	이동구간에 대해서 정리정돈이 양호 한가	
08	비상시 유압을 해제하는 비상하강장치는 작동이 되는가	
09	바퀴노후, 훼손 및 변형등은 양호 한가	
10	주행차단 스위치는 ON/OFF 표시가 정확한가	
11	리프트 주행시, 승하강시 경고등, 경보음은 작동 하는가	
12	화기작업시 외부 불꼬 비산 방지포, 소화기가 설치 되어 있는가	
13	실명제카드, 안전수칙 표지판은 부착되고 수시 점검을 실시하고 있는가	
14	승하강 계단은 부착되어 있고 미끄럼의 위험은 없는가	
15	입구 측면 안전난간대는 시공되어 있는가	
16	차량계 건설기계(하역운반기계)/중량물 취급계획서는 적정하게 작성되었으며, 보험증 등 관련서류는 확보(제출)되었는가	

(10) 주요점검시 불량사례

안전벨트 미착용

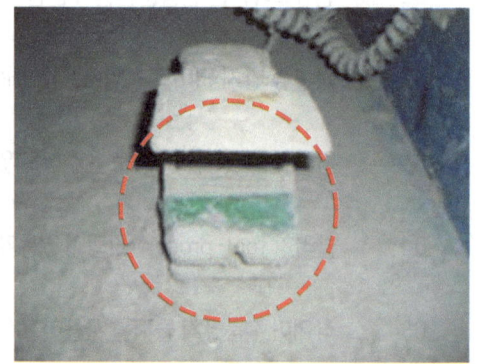
고소작업대 풋스위치 기능제거

조종대 과도 오염

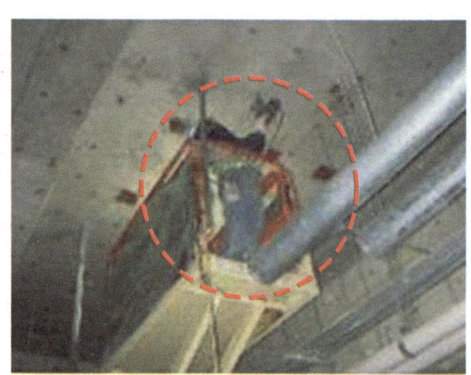
상승작업시 체인난간 미사용

차륜 고정볼트 과도 풀림

조정대 고정불량

5. 고소작업대 작업안전기준

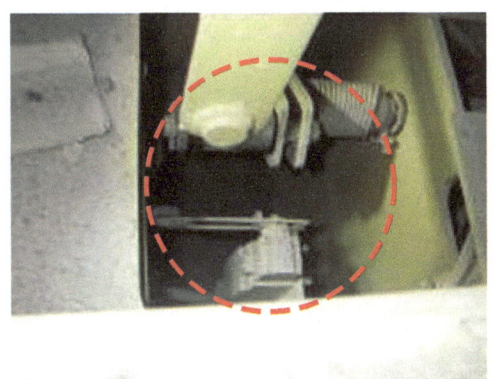

상승시 주행정지 리미트스위치 고장

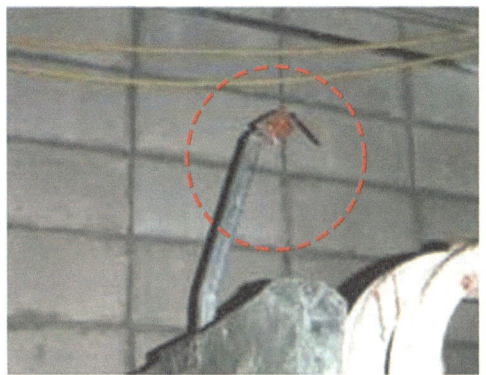

과상승방지 리미트스위치 변경

고소작업대 과상승방지장치 1개소 미사용

레버 그립 스위치 고장

경기도 건설안전 가이드라인

05

중대재해 3대 건설작업 안전기준

05 중대재해 3대 건설작업 안전기준

1. 추락사고 위험작업 안전기준

(1) 추락(떨어짐)사고 위험

1) 추락(떨어짐) 사고 예방의 정의

높은 장소(2m이상)에서 근로자가 작업 시 추락(떨어짐)하거나 넘어질 위험이 있을 경우 현장에서는 아래와 같은 안전조치를 실시해야 한다.

▶ 비계를 조립하는 등 근로자가 안전하게 작업할 수 있는 발판을 설치 후 기준에 맞는 안전난간을 설치해야 한다.

▶ 작업 발판을 설치하기 곤란한 경우 기준에 맞는 안전방망을 설치해야 한다.

▶ 작업발판(안전난간) 및 안전방망을 설치하기 곤란한 경우 근로자에게 안전대를 착용하도록 해야 한다.

2) 공사장 추락(떨어짐) 사고 위험 공종

▲ 강관비계설치/해체

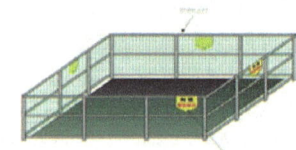
▲ 개구부인접작업

▲ 고소작업

▲ 시스템동바리

▲ 코핑거푸집설치

▲ 거더설치

▲ 철골작업

▲ 달비계작업

▲ 지붕패널작업

3) 추락(떨어짐)사고 현황 및 기인물

건설업은 일정공간에 건축물을 축조하는 형태의 사업이며, 건축물 및 가설 구조물의 설치/해체 중의 추락사고가 대부분을 차지하고 있어, 추락(떨어짐)사고를 예방하기 위해서는 다양한 정확한 이해와 실행이 필요함

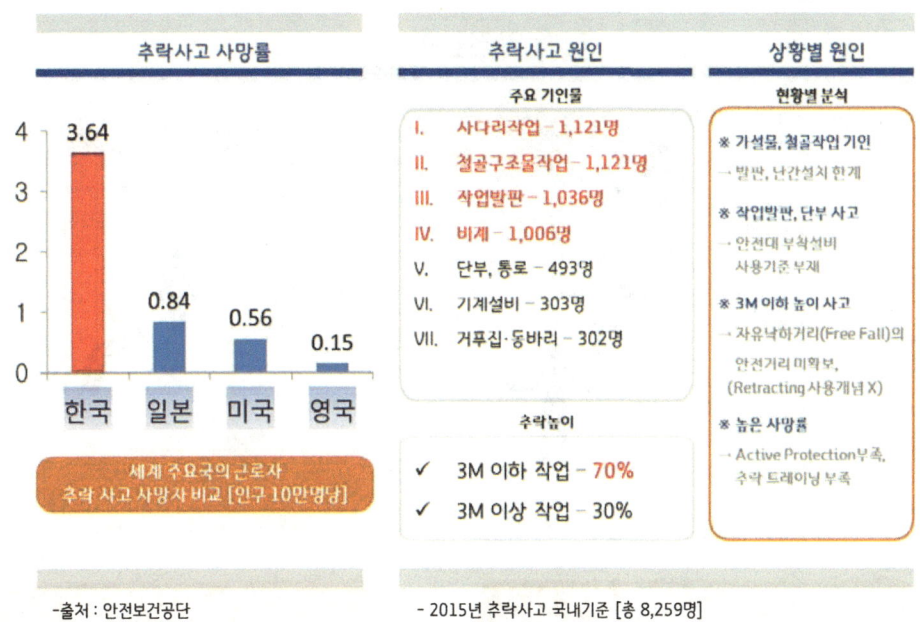

- 출처 : 안전보건공단
- 2015년 추락사고 국내기준 [총 8,259명]

재해형 사고 유형인 추락(떨어짐)사고는 선진국에서는 오래전부터 기술적인 개발과 다양한 활동을 통해 가시적 성과를 보이고 있음

1) 사다리작업, 철골구조물, 가설구조물 설치/해체 사고를 예방하기 위해서는 먼저 추락(떨어짐)사고가 발생되는 기본 이론을 이해하고 그에 따른 적절한 대책이 사전 수립되고 실행되어야 함

2) 기본적인 안전시설물의 설치는 가장 우선되어야하며, 기준에 맞는 안전시설은 사전에 계획되고 위험이 발생하기 전 설치가 완료되어야 한다.

3) 안전시설물의 설치불가 또는 시설물의 보호영역 밖에서 작업 시 근로자를 안전하게 구속시킬 수 있는 다양한 설비를 사업주는 완비해야 한다.

4) 추락높이의 이해

추락사고는 근로자가 지상 등에 떨어져 발생하는 재해를 뜻하며, 사고를 예방하는 위해서는 먼저 free fall Clearances 즉 작업자가 떨어졌을 경우 상해로부터 안전을 지킬 수 있는 최소한의 요구되는 안전높이를 이해해야 한다. 안전대를 착용하도록 해야 한다.

최소 안전높이

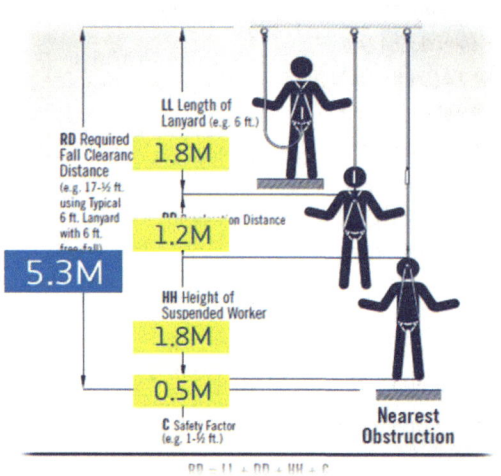

추락 사고 발생시 안전을 확보 하기 위한 총 높이 산출

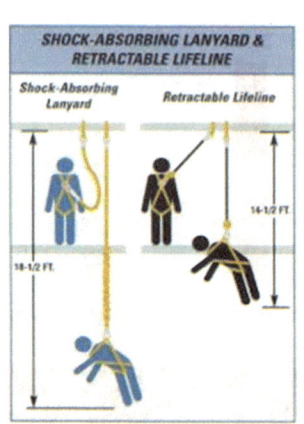

일반 안전대착용 VS S.R.L 착용시 추락높이비교

※ S.R.L [Self Retracting Lifelines or Self Retracting Lanyard]

추락사고 시 근로자의 상해를 예방하기 위한 최소 높이는 아래와 같다.

최소높이 = LL + DD + HH + C = 5.3M
(LL : 안전대죔줄길이, DD : 완충기 작동 길이, HH : 작업자 키, C : 안전율)

1) 최소 안전높이를 확인하여, 추락 시 상해의 위험이 있다고 판단될 경우 대책을 수립해야 한다.

2) 최소 안전높이를 확보하기 위한 가장 좋은 방법은 자동복원기능이 있는 안전블럭 등의 활용이다.

5) 안전블럭(자동복원)의 기능

추락 높이를 최소화 할 수 있는 방법 중 가장 효과적인 솔루션은 자동복원 기능이 포함된 안전블럭을 활용하는 것이다. 안전블럭은 다음과 같은 기회를 제공한다.

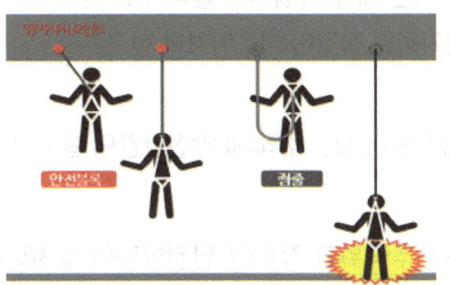

▲ 1. 추락 거리 최소화

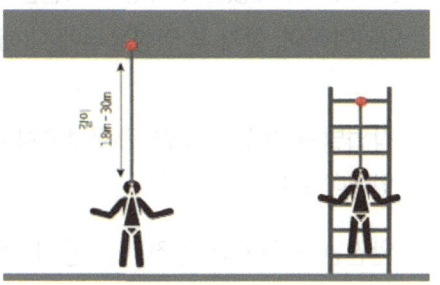

▲ 2. 효율적이고 안전한 작업 편의성

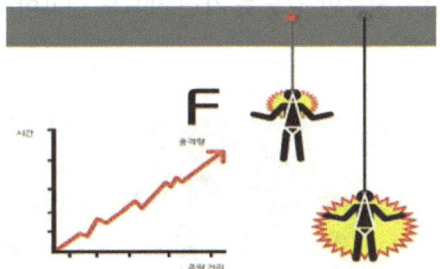

▲ 3. 추락 시 충격으로부터 상해 방지

▲ 4. 죔줄 길이로 인한 스윙의 2차 충돌예방

안전블럭을 활용한 추락사고 예방 활동에는 아래의 주의사항을 참고하여 사용해야 한다.

1) 안전블럭이 고정되는 지지점은 매우 견고한 지지물에 카라비너, 슬링, 와이어 등을 활용하여, 결속되어야 한다.

2) 안전블럭과의 연결은 안전대의 죔줄(후크)로 걸어서는 절대 안되며, 반드시 전체식 안전대의 등뒤 D링과 안전블럭의 후크로 연결하여 사용해야 한다.

3) 안전블럭은 보통 야외용(방습, 방수)으로 제작되지 않으며, 따라서 장기간 옥외에 설치되어서는 안되며, 사용 후 실내에 보관하고, 사용안내서에 따라 정기적인 유지 보수를 시행해야 한다.

(2) 추락(떨어짐)사고 예방

1) 견고한 추락방지 시설/설비의 설치

견고하고 누락없는 추락방지 시설물의 설치는 해당 작업이 투입되기 전 설치되어야하며, 설치 후 이상유무에 대해 정기적인 점검이 이루어져야 한다.

▶ 작업발판 및 통로의 끝, 개구부로서 추락위험이 있는 장소에 안전난간이 설치되어 있어야 한다.

▶ 안전난간 설치와 안전대 사용이 곤란한 추락위험 장소에 안전방망이 설치되어 있어야 한다.

▶ 작업발판이나 개구부에 덮개를 설치한 경우 충분한 강도를 가진 재료로 견고하게 설치되어야 한다.

▲ 추락방지망 설치

▲ 개구부 덮개 설치

▲ 안전난간 설치

▲ 수직보호망 설치

1. 추락사고 위험작업 안전기준

2) 안전대 부착설비 등의 활용

작업발판(안전난간) 및 안전방망을 설치하기 곤란한 경우 안전대 부착설비를 견고히 설치하고 근로자에게 안전대를 착용하도록 해야 한다

▶ 안전대 부착설비를 설치한 경우 안전대 부착설비의 이상(처짐, 풀림, 고정 등) 유무를 작업 시작 전 점검해야 한다.

▶ 안전대는 작업여건을 고려하여, 법에서 규정한 제품을 지급하고, 착용토록 해야 하 며, 작업 전 이상유무를 관리감독자는 확인해야 한다.

▶ 안전대의 고정 지지점은 작업자의 추락시 받을 수 있는 충격하중을 고려하여 견고한 지점을 선택해야한다

▶ 안전대 지저점과 안전대와의 연결 Connector선정 시에는 추락 안전높이를 고려하여, 떨어지는 높이를 최소화 할 수 있는 기구를 선택해야 한다.

▲ 고정식 지지점(앵커포인트) 확보

▲ 수직 안전블럭 사용

▲ 수평 생명줄 설치

▲ 이동식 지지점(앵커포인트) 확보

3) 추락위험 작업근로자 교육훈련

안전한 시설물의 설치와 부착설비에 대한 검토, 실행이 되었다면, 해당 작업에 투입되는 작업자에게 적합한 교육과 훈련이 수행되어야 한다.

고소작업에 투입되는 작업자의 교육훈련은 사고를 예방할 수 있는 최선의 선택이며, 아래 사항을 포함한 교육훈련이 수행되어야 한다.

1) 작업자의 건강상태는 무엇보다 최우선 확인되어야 한다. 음주, 약물복용 등의 확인과 함께 개인지병 등도 사전 확인되어야 한다.

2) 안전대와 고정지지점을 위해 사용되는 각종 용품들은 고소에서 사용하기 전 반드시 지상에서 사용법을 숙지하고, 반복훈련이 시행되어야 한다.

3) 작업자의 교육훈련은 해당 위험성평가서 등의 이론교육(관리자), 사용훈련 (직,조,반장) 등이 수행해야하며, 효과적인 교육훈련을 위해 관리자 및 감독자는 충분한 강사훈련을 받아야 한다.

1. 추락사고 위험작업 안전기준

4) 위험관리 모니터링(Risk Monitoring)

적절한 관리체계에 의해 추락(떨어짐) 사고 위험 작업이 안전하게 수행되고 있는지에 대해 승인/허가, 확인, 점검, 조치 등의 프로세스가 실행 되어야한다

▶ **사전 안전작업검토 프로세스**

모든 고소작업이 사전 안전작업검토 대상으로 선정되고, 관리되어야 하는 것은 아니다. 고소작업에서 작업발판 또는 추락방지망을 설치하기 어려운 장소에서 실행되는 작업들이 사전 안전작업검토 대상이 될 수 있다.

- 가설비계 설치/해체 작업(일정 높이 이상)
- 시스템동바리 설치/해체 고소작업
- 타워크레인 텔레스코핑 또는 해체작업
- 승강용 리프트의 설치/해체 작업
- 기타 현장에서 지정한 고소위험 작업

▶ **사전 안전작업 검토**

고소작업이 현장에서 지정한 작업허가 대상으로 분류 또는 위험하다고 판단되는 작업으로 선정시에는 감독자(협력사 직원 또는 직, 조, 반장)들에의해 해당 작업의 안전 준수사항을 감독 해야하며, 적절한 감독활동의 수행여부에 대해 관리자는 수시 및 정기적인 모니터링을 통해 감독자의 점검 활동 공백을 사전 제거해야 한다.

▶ **특별 모니터링**

고소에서 추락위험 작업 시 아래의 상황 등이 발생 시는 특별 모니터링 활동을 수행 해야 한다.

- 고온의 기온(30도 이상), 저온의 기온(영하 4도 이하) 발생 시
- 작업장 주변의 이상상황 발생 시(중장비 작업, 동시작업 등)
- 기타 고소작업에 영향을 미칠 수 있는 상황 발생 시

▶ 작업의 중지

고소작업에서의 추락사고는 발생 시 중대재해로 이어질 가능성이 매우 높은 위험작업으로 위험이 적절히 관리되지 않을 경우 작업을 중지해야 한다.

- 강우/강설/강풍 등의 기후변화 발생 시
- 추락방지시설 또는 안전대부착설비의 설치가 미흡하여, 추락위험이 상당하다고 판단되는 경우
- 기타 법규에서 규정한 상황 발생 시

▶ 추락(떨어짐) 재해사례

(출처 : 안전보건공단)

일 자	재해자	공사종류	재해내용
17년 5월	1명 사망	상가	작업발판에서 작업하던 근로자가 난간 너머에서 작업하다 추락
17년 2월	1명 사망	학교	거푸집 해체 중 인양줄이 탈락하면서, 비계에 충돌하여 작업자가 비계 아래 추락
16년 9월	1명 사망	아파트	리프트 승강을 위해 이동중 개구부로 추락
16년 9월	1명 사망	종교시설	작업발판 단부 바깥에서 작업 중 추락
16년 8월	1명 사망 1명 부상	상가	거푸집 해체 중 인비계아래로 추락
16년 7월	1명 사망	플랜트	공도구 사용 중 걸이시설의 후크가 탈락한 충격으로 추락
16년 5월	1명 사망	아파트	콘크리트 타설작업을 위해 압송관을 설치 중 작업발판 없는 곳에서 추락
16년 5월	1명 사망	상가	안전난간 바깥에서 작업 중 중심을 잃고 넘어지며 추락

1. 추락사고 위험작업 안전기준

▶ 추락(떨어짐) 재해사례

선진국에서도 추락사고에 대한 위험은 그 어떤 재해 유형보다 높게 평가하고 있으며, 그에 따라 기본적인 이론을 정립하여 현장에 적용하고 있음

1) (A) Anchorage : 추락하는 작업자의 무게와 충격을 견딜 수 있는 고정 또는 이동식 지지점(미국에서는 22KN 이상의 지지점을 요구)
2) (B) Body Support : 통상 안전그네(하네스 등)를 말하며, 전체식 필수
3) (C) Connector : 안전그네와 지지점을 연결하는 죔줄 및 안전블럭 등의 장비
4) (D) Descent/Rescue : 추락한 작업자를 안전하게 지상까지 하강/상승시키는 비상 대응 설비

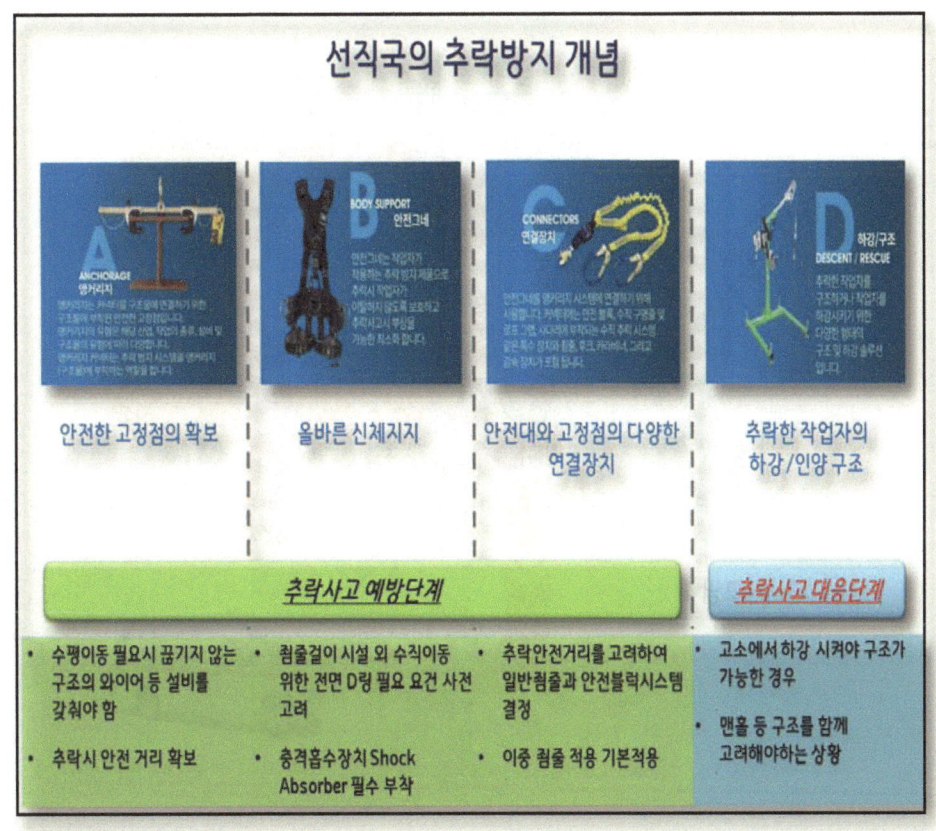

▶ **추락사고 응급구조 단계**

추락사고가 발생하여도 안전대 부착설비 시스템이 잘 작동되었다면 심각한 상해로 이어지지는 않는다. 하지만 고소에 매달려 있는 작업자를 신속하게 구조하지 못하면, 2차 재해로 인해 상해를 입거나, 최악의 경우 사망할 수 있다.

1) 추락사고 재해자를 구조할 수 있는 설비(인상/하강)를 갖추고 있어야 한다.
2) 5분 이내 구조할 수 없는 장소나 상황일 경우 보조기구 등 (서스펜션 트라우마 스트랩, 그림 1)을 구비하고 사용토록 조치한다.
3) 추락 재해자를 구조하기 위한 시나리오 및 비상훈련을 시행해야 한다.

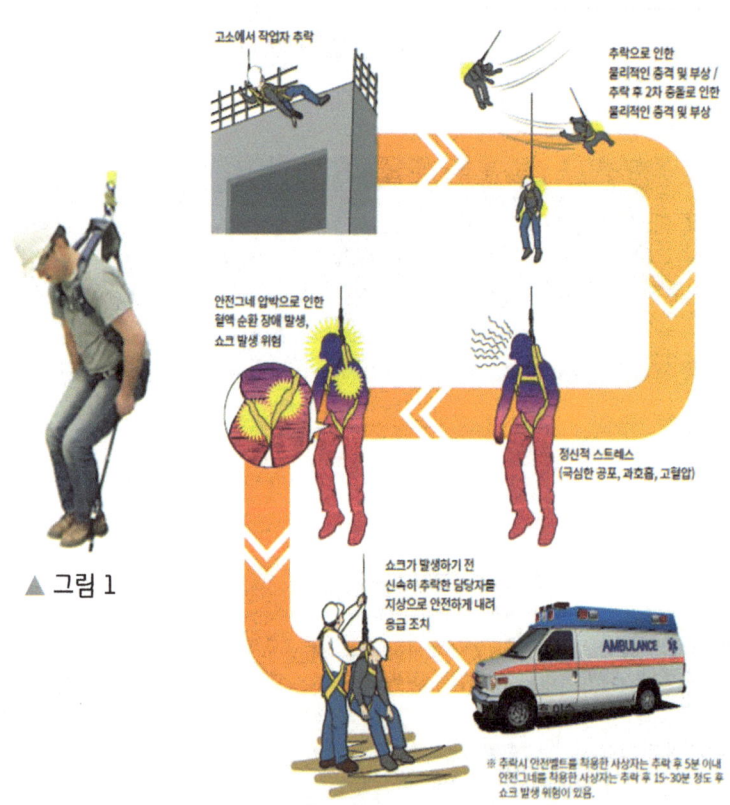

▲ 그림 1

2. 밀폐공간 위험작업 안전기준

(1) 밀폐공간 위험

1) 밀폐공간 정의

우물, 수직갱, 터널, 잠함, 피트(pit), 암거, 맨홀, 탱크, 반응탑, 정화조, 침전조, 집수조 등 근로자가 작업을 수행할 수 있는 공간으로 환기가 불충분한 장소로서, 「산업안전보건기준에 관한 규칙」제618조 제1호에서는 "산소결핍, 유해가스로 인한 화재·폭발 등의 위험이 있는 장소"로 정의하고 있다.

▶ 제한된 출입구, 불량한 자연환기, 작업자가 상주하지 않는 공간
▶ 산소결핍이나 유해가스로 인한 건강장해가 일어나는 공간
▶ 인화성물질에 의한 화재, 폭발 등의 위험이 있는 장소

2) 밀폐 장소 및 사고특성

작업공정	작업장소	상 황 도	사고 특성	주요 작업종류
접수조			· 주로 슬러지 제거 및 내부 청소 중 슬러지 층내의 황화수소의 발생으로 인해 순간적으로 의식을 잃고 사망 → 초기 산소농도는 정상이지만 작업 중 갑자기 고농도의 황화수소 발생에 의한 질식재해 발생	· 청소 작업 · 점검 및 보수작업 · 수중펌프 교체작업 · 배관 작업
정화조				
맨홀			· 관로 점검을 위해 맨홀로 들어가는 중 가정이나 공장에서 배출된 하수가 황화수소를 형성하기 때문에 작업 중 가스에 노출되어 사망	· 청소 작업 · 점검 및 보수작업 · 수중펌프 교체작업 · 배관 작업
폭기조			· 주로 폭기조 가동상태를 점검 도중 슬러지 부위에 혐기성 상태에서 황화수소가 발생하고 순간적으로 의식을 잃게 되어 사망	· 교반기 보수작업 · 폭기조 가동상황 점검 · 슬러지 제거 작업

2. 밀폐공간 위험작업 안전기준

3) 질식유발에 의한 사고 및 인체영향

구 분	사고 특성	주요 작업종류	
산소 (O2) 질식사고	· 혐기성 박테리아 등의 부패 작용으로 산소가 소모되어 산소농도가 18%미만인 경우 산소 부족으로 사고	산소농도	농도별 인체 영향
		6%	순간에 혼절, 호흡정지, 경련, 6분이상이면 사망
		8%	실신혼절, 7~8분이내에 사망
		10%	안면창백, 의식불명, 구토
		12%	어지럼증, 구토, 신체제어 불능
		16%	호흡·맥박의 증가, 두통, 메스꺼움, 구토
		18%	환기 없이는 작업 불가
황화수소 (H2S) 중독수소	· 혐기성 박테리아 등의 부패 작용으로 산소가 소모되어 산소농도가 18%미만인 경우 산소 부족으로 사고	황화수소농도	농도별 인체 영향
		10	8시간 작업시 노출기준
		50-100	가벼운 자극(눈, 기도)
		200-300	상당한 자극
		500-700	의식불명, 또는 사망
		> 1,000	사망

4) 기타 밀폐공간 위험 용어의 정의

· 유해가스 : 밀폐공간에서 탄산가스 ·황화수소 등의 물질이 가스 상태로 공기 중에 발생하는 것
· 적정공기 : 산소농도의 범위가 18% 이상 23.5% 미만, 탄산가스의 농도가 1.5% 미만, 황화수소의 농도가 10ppm 미만인 수준의 공기
· 산소결핍 : 공기 중의 산소농도가 18% 미만인 상태
· 산소결핍증 : 산소가 결핍된 공기를 들이 마심으로써 생기는 증상

(2) 밀폐공간 위험성관리(Managing Risk)

1) 위험의 파악(Risk Identification)

산소결핍, 유해가스로 인한 화재·폭발 등의 위험이 있는 장소 등 법규로 규정한 밀폐공간 장소의 존재 여부와 작업 시행 공종/시기/작업방법 등을 파악한다

▶ 산소 및 유해가스의 농도측정은 반드시 공기측정 장비의 조작과 그 결과에 대한 올바른 해석을 할 수 있는 자가 수행하여야 합니다.

  - 산업안전보건기준에 관한 규칙(제619조의2)에서 산소농도 측정은 관리감독자, 안전관리자 또는 보건관리자, 안전관리전문기관 또는 보건관리전문기관, 지정측정기관이 측정하도록 규정하고 있음

▶ 밀폐공간으로 선정된 장소는 작업 시행 전 산소 및 유해가스 농도를 측정하여 적정 공기인지 여부를 평가하여야 합니다.

▶ 적정 공기

- 산소농도 범위 18% 이상 23.5% 미만, 탄산가스의 농도가 1.5% 미만, 일산화탄소 농도가 30ppm 미만, 황화수소의 농도가 10ppm 미만인 수준의 공기를 말합니다. (산업안전보건기준에 관한 규칙 제168조)

- 그 밖에 가연성가스의 농도가 하한치(Lower flammable limit, LFL)의 10%를 넘지 않는 경우와 독성가스의 농도가 허용기준 미만인 경우까지도 적정공기 기준으로 보기도 합니다.

2. 밀폐공간 위험작업 안전기준

2) 위험의 평가(Risk Evaluation)

파악된 밀폐공간의 작업은 참여작업인원, 사용장비, 사용물질, 작업방법 등의 위험 요소들이 상호 작용 시 어떤 위험성을 나타내는지 평가 해야한다

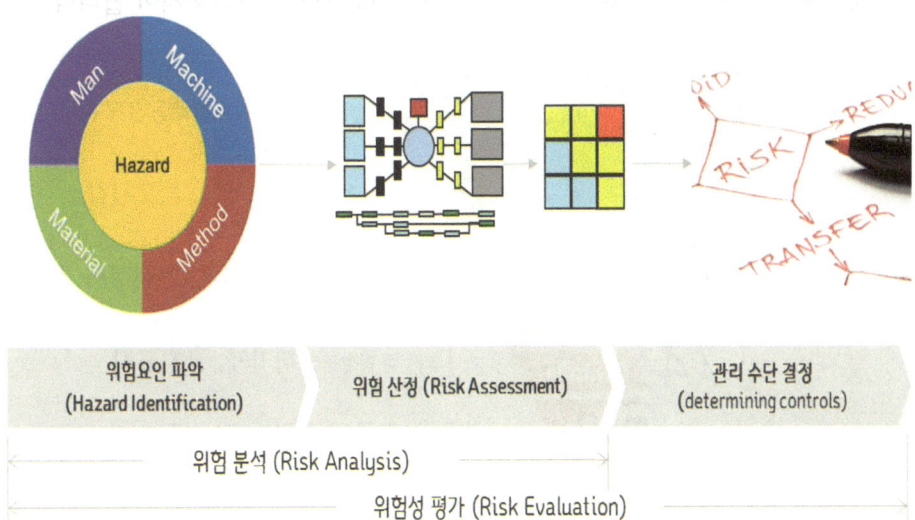

▶ 위에서 파악된 위험 요소들이 얼마나 위험한지 그 요소별 위험의 크기를 평가하고, 그에 따른 관리 수단의 결정이 이어질 수 있도록 관리되어야 합니다.

- 작업에 참여하는 근로자가 많을 수록 사고 발생 시 심각한 피해로 이어질 것이므로 그 위험도는 매우 높게 평가되어야 합니다.

- 사용장비(설비)는 불꽃을 발생시켜 화재 및 폭발을 일으킬 수 있다면, 매우 심각한 위험이며, 대형화 된 장비(설비)와 다수의 장비(설비)를 사용하게 된다면 그 위험도는 매우 높게 평가되어야 합니다.

- 인화성물질, 화학반응을 일으킬 수 있는 물질 등이 사용되는 작업일 수록 위험도는 높게 평가되어야 합니다.

- 밀폐공간에서 고소작업이 이루어지거나, 고 난위도의 작업, 특수 공법 등이 시행된다면, 그 위험도는 매우 높게 평가되어야 할 것입니다.

▶ 위와 함께 밀폐공간을 출입하는 것이 고소/협소/소음발생/출입공간협소/구조의 어려움 등이 파악되었다면, 위험도는 높게 평가 되어야하며, 관리수단 또한 철저히 개발되어야 할 것입니다.

3) 위험의 관리(Risk Control)

밀폐공간 작업 3대 필수안전수칙은 산소 및 유해가스측정, 환기, 호흡보호구 구비/착용이며, 이와 함께 관리적대책과 안전작업검토 등이 함께 작동하여, 위험을 사전 예방하는 활동과 사고 발생 시 신속한 피해 최소 활동이 이루어져야 합니다.

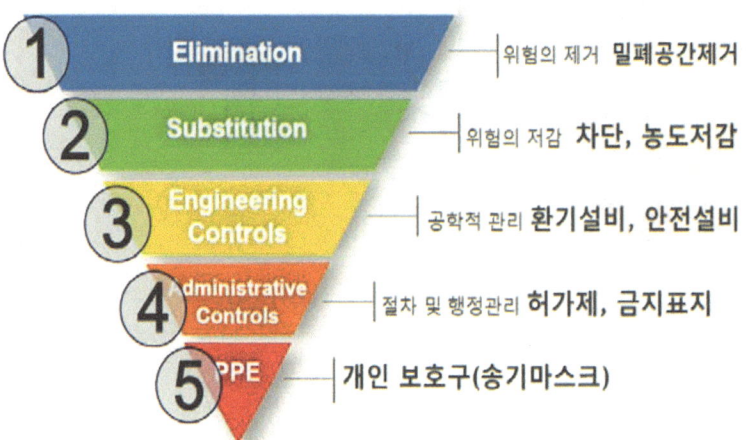

▶ 밀폐공간 작업에서는 개인보호구(송기마스크, 공기호흡기 등)는 필수요소 입니다. 그렇지만 위표에서 볼 수 있듯이 개인보호구는 최후의 수단으로 사용될 수 있도록 제거/저감/공학적관리/절차 행정관리가 우선되어야 합니다.

▶ 밀폐공간 작업에서의 역할과 책임은 아래와 같습니다.

- 원도급사
  밀폐공간의 위험성평가를 주관하고, 이에 따라 발견된 위험성평가 결과와 결정된 관리 수단을 협력업체에 제공해야하며, 그에 따른 실행 여부를 모니터링해야 한다.
- 협력사
  원도급사에서 제공받은 위험성평가와 관리 수단을 적절히 수행하고, 근로자들에게 사전에 주지시키는 등 교육 등을 실시해야 한다.
- 작업자
  작업자는 제공받은 위험정보와 관리방법을 숙지하고, 기준을 지켜 작업을 적절히 수행해야 한다.

2. 밀폐공간 위험작업 안전기준

4) 위험관리 모니터링(Risk Monitoring)

적절한 관리체계에 의해 밀폐공간 작업이 안전하게 수행되고 있는지에 대해 확인, 점검, 조치가 수행되어야 합니다.

▶ 안전작업검토에 대한 모니터링

안전작업검토의 승인절차의 적정성과 허가서의 요구사항이 상시 충족되는지 확인되어야 합니다. 이의 확인은 평가된 위험성의 크기에 따라 '안전관리자' 또는 '현장소장'이 실시할 수 있습니다.

▶ 수시/정기 모니터링

밀폐공간에서 작업이 진행 시 감독자(협력사 직원 또는 직, 조, 반장)는 법규에 의해 해당 작업의 안전 준수사항을 감독 해야하며, 적절한 감독활동을 관리자는 수시 및 정기적인 모니터링을 수행을 통해 감독활동의 공백을 사전 제거해야 합니다.

▶ 특별 모니터링

밀폐공간 작업 시 아래의 상황 등이 발생 시는 특별 모니터링 활동을 시행해야 한다.

- 강우/강설 등의 기후변화 발생 시
- 고온의 기온(30도 이상), 저온의 기온(영하 4도 이하) 발생 시
- 작업장 주변의 이상상황 발생 시(폐수의 유입 등)
- 기타 밀폐공간 작업에 영향을 미칠 수 있는 상황 발생 시

(3) 밀폐공간 재해예방 활동

1) 안전작업검토 관리 및 행정적 관리

위험성평가에서 결정된 해당 밀폐공간 작업에 대해 아래의 내용이 포함된 안전작업검토가 적성 되고, 승인절차 프로세스가 가동되어야 한다.

구분	점검항목				비고
작업정보	작업위치				내용 가득
	작업기간				
	작업내용				
	작업책임자 정보	(성명)		(전화번호)	
	관리자/감독자 정보	(성명)		(전화번호)	
	투입근로자 정보	인원(명)			
		성 명			
점검사항	호흡용 마스크 지급				이행 여부 확인
	안전장비 및 대피용 기구 비치				
	비상시의 연락방법(무전기, 비상벨 등) 구비				
	밀폐공간 보건작업 프로그램 수립 및 근로자 교육 실시				
	화기작업(용접, 용단 등)시 필요한 별도의 허가				
가스농도	농도 측정				측정 결과
	산소농도(18% 이상)		황화수소 (10ppm 이하)		
	시간	농도	시간	농도	
작업허가 요청 및 승인					
안전작업검토 제출일	20 . . .		안전작업검토 승인일	20 . . .	
안전작업검토 제출자	(서명)		안전작업검토 승인자	(서명)	

▶ 안전작업검토는 해당작업팀에서 작성되어야 하며, 협력사의 관리책임자(현장소장)의 승인 후 원도급사의 관리자에게 승인 요청을 해야 한다.

▶ 원도급사의 관리자는 작업허가서 내용을 검토하고, 반드시 밀폐공간 작업이 시행되는 현장에서 상기 요건 사항들을 확인 후 작업을 허가해야 한다.

▶ 허가서의 게시

- 안전작업검토는 작업이 진행되는 곳에 잘 보이도록 게시해야 한다.

- 허가서 변동사항이 발생되거나, 부적합 사항 발생 시 즉시 조치해야한다.

2. 밀폐공간 위험작업 안전기준

▶ **밀폐공간 작업 전 안전한 작업방법 등에 관한 주지**

- 밀폐공간 작업 시에는 매 작업 시작 전 다음 사항에 대하여 해당 작업 근로자에게 알려야 합니다.
- 근로자에게는 아래 사항을 포함한 내용을 주지하고 교육해야 한다.

> ※ 밀폐공간 출입근로자 주지사항
> ① 산소 및 유해가스 농도측정에 관한 사항
> ② 사고 시 응급조치 요령
> ③ 환기설비의 가동
> ④ 보호구 착용 및 사용방법에 관한 사항
> ⑤ 구조용 장비 사용 등 비상 시 구출에 관한 사항

▶ **인원의 점검 및 출입 금지**

- 밀폐공간에서 작업을 하는 경우에는 반드시 허가를 받고, 관련 교육을 이수한 근로자만 출입 해야하며, 상시 인원을 점검해야 한다.

▶ **감시인(감독자)의 배치**

- 밀폐공간 작업이 시행될 경우 출입하는 근로자 외 상시작업 상황을 감시할 수 있는 감시인(감독자)를 지정하여 밀폐공간 외부에 배치하여야 합니다
- 감시인(감독자)은 자리를 무단으로 자리를 이탈하면 안되며, 부득이 이탈이 필요할 때는 관리자 또는 안전관리자에게 보고 및 승인을 득해야 한다.

▶ **연락체제 구축**

- 밀폐공간 작업장 내부와 외부(감시인) 사이에 상시 연락할 수 있는 통신 장비(무전기, 비상벨 등)를 갖추어야 합니다.
- 장비는 고장 등에 대비하여 반드시 2개 이상을 구비하는 것을 권장한다.

2) 밀폐공간 작업장 안전관리

작업장은 고농도의 슬러지 등을 사전에 제거하여, 유해 가스가 발생되는 것을 최저로 감소시키는 활동을 사전 실행되어야 하며, 철저한 가스측정 실행과 함께 환기설비를 결정하고, 사전환기/작업중 환기를 실시해야 한다.

▶ 유해가스 농도의 측정

- 밀폐공간작업을 위한 사전조사 시
- 밀폐공간작업을 시작하기 전
- 장시간 작업, 불활성가스 또는 유해가스의 누출·유입·발생 가능성이 있는 경우
- 수시 또는 일정 시간 간격으로(ex. 2시간)
- 밀폐공간작업 중 전체 근로자가 작업장소를 떠났다가 돌아와 작업을 재개하기
- 근로자의 신체, 환기장치 등에 이상이 있을 때

좁은 맨홀의 경우	넓은 맨홀의 경우
3가지 깊이로 각 3개소 측정함	전 맨홀의 밑을 3가지 깊이로 측정
장방형 밀폐공강	**구형 밀폐공간**
우선 맨홀의 바로 밑을 측정한 후 공기호흡기 착용후 측정 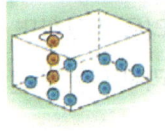	정상의 맨홀 바로 및 3점과 샘플링 구멍을 통해 측정 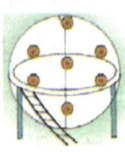

※ 가스측정을 위해 작업장을 직접 내려갈 경우는 반드시 송기마스크 또는 공기호흡기를 착용 해야하며, 측정 절차는 작업허가프로세스 등 밀폐작업과 동일하게 시행해야 한다.

2. 밀폐공간 위험작업 안전기준

▶ 환기설비

- 밀폐공간에서 환기를 할 경우에는 효율이 높은 급기 공급장치 설치가 기본이며, 필요에 따라 배기 설비를 설치할 수 있다.

- 밀폐공간에서 환기를 할 경우에는 효율이 높은 급기 공급장치 설치가 기본이며, 필요에 따라 배기 설비를 설치할 수 있다.

※ 환기 작업 시 유의사항
① 환기장치는 작동테스트 등을 사전에 실시하고, 평탄한 곳에 높여질 수 있도록 설치한다.
② 환기 장치의 고장 시 작업자의 건강 및 생명에 지장을 미칠 수 있다고 판단될 경우 예비 설비를 반드시 구비해야 한다.
③ 작업자가 투입되기 전 내부 체적의 5배 이상 급기를 실시해야 한다.
④ 급기 시 자동차 배기구 인근, 내연기관 발전기 인근 등에 설치 시 외부의 유해가스 및 일산화탄소 등의 유입에 특히 주의한다.
⑤ 일산화탄소가 발생되는 불안전 연소 설비가 사용되는 작업시에는 배기 설비를 적극 설치 및 사용한다.
⑥ 송풍관의 구멍 등의 망실로 인해 효율이 저하되는 것을 방지 해야하며, 작업 중 가급적 구부리는 것을 최소화할 수 있도록 설치한다.
⑦ 송풍관은 작업자에게 가까운 곳에 설치될 수 있도록 충분한 여유 길이를 확보하고, 용접 불꽃 등의 비산이 우려될 경우 적절한 조치를 실시한다.

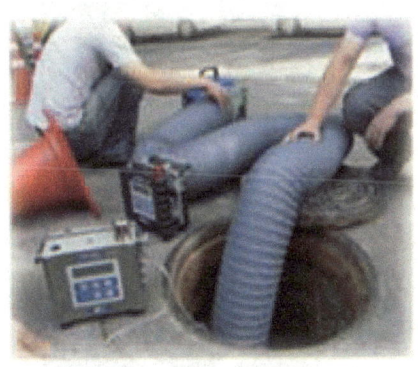

▶ 승, 하강설비

- 밀폐공간 출입장소의 준비
  ① 밀폐공간 작업 시는 특별한 경우를 제외 승, 하강과 사고 시 구조를 병행할 수 있는 설비를 갖추어야 함
  ② 작업허가서에 명시된 감독자 또는 작업보조원(감시자)은 상부에서 승, 하강 작업을 지원해야 한다.
  ③ 보조원은 신속히 구조할 수 있는 구명보호구(송기마스크, 공기호흡기)를 착용 후 상황에 대비해야 한다.

- 밀폐공간 출입 시 안전
  ① 승, 하강 장비는 1인의 힘으로 충분히 하강 및 승강(구조)이 가능한 구조를 가진 제품을 선정해야 한다.
  ② 승, 하강 시 이상충격 등이 발생하여 추락할 수 있는 위험에 대비하여 안전블럭기능이 있는 제품 또는 안전블럭을 별도 추가하여 위험에 대비해야 한다.
  ③ 작업자와 보조원 등은 상기 기능을 충분히 숙지하고 사용할 수 있도록 훈련되어야 한다.

윈치모드 사용 시 / 안전블록모드 사용 시

- 측면, 비 정형 출입장소
  ① 측면으로 출입하거나 바닥이 평탄하지 않는 장소에서는 휴대할 수 있는 윈치 또는 호이스트형 설비를 설치한다.
  ② 삼각대가 아닌 지점에 설치할 경우 고정점의 강도는 2ton 이상의 하중을 견딜 수 있는 곳에 견고한 연결재를 사용하여 사용해야 한다.

2. 밀폐공간 위험작업 안전기준

▶ 개인보호장비

- 송기마스크 및 공기호흡

① 법규에서 규정한 밀폐공간 작업 시는 송기마스크 또는 공기호흡기를 지급하고, 착용하도록 관리해야 한다.

② 출입하는 모든 작업자는 송기마스크를 착용해야하며, 공기호흡기는 송기마스크 호스가 닿지 않거나, 굽어져 있는 장소 등을 출입할 때 공기용기의 용량에 적합한 시간 내 사용한다.

③ 공기호흡기는 과압 또는 저압에 효과적으로 대응할 수 있는 규격 제품을 사용하고, 보조원들이 사용할 수 있는 여부이 확보되어 긴급상황에 대비해야 한다.

송기마스크	공기호흡기(SCBA)

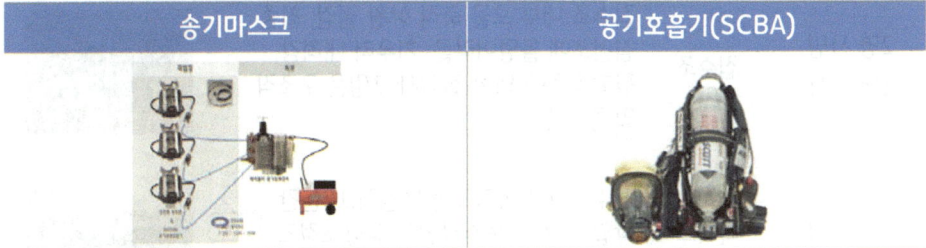

▶ 비상대응 장비

- 휴대용 무전기, 구조용 승, 하강기, 방폭전등 등은 작업장의 특성에 적합한 제품을 구비하여 작업 시 사용되어야 한다.

- 비상대응 장비는 작업인원, 작업장크기 등을 고려하여 적절한 수량을 확보해야 하며, 무엇보다 즉시 사용될 수 있도록 준비되어야 한다.

- 비상대응 장비는 사용법을 작업자에게 충분히 훈련시켜야 한다.

휴대용 무전기	구조용 승,하강기	방폭랜턴

05 중대재해 3대 건설작업 안전기준

▶ **밀폐공간 재해사례**

재해자	밀폐공간	재해 내용	사 진
2명 사망	집수조	지하 폐수처리장 배수설비 공사 작업 중 집수조 내의 황화 수 소 등 유해가스에 일시적으로 중독되어 추락함, 1명은 구조작업 중 사망	
1명 사망 1명 부상	집수조	기계실 바닥 집수정 내 수중오수펌프 교체작업, 상가 분뇨 집 수조 보수작업, 자연환기실시, 2명이 작업	
2명 사망 1명 부상	집수조	집수조 내부 오물 축적 상황 점검, 최종 침전조에 돌덩어리를 치우러 내려감, 황화수소에 의한 질식사, 1명은 구조작업 중 부상	
2명 사망	폭기조	폐수처리장 폭기조 상태점검, 10분간 작업, 교반기 보수작업차 유량조정조 내부로 들어감, 2명은 구조작업 중 부상	
2명 사망	맨홀	유량조정조 교반기 인양용 와이어로프 교체작업을위해 맨홀을 열고 들어감, 수중펌프 슬러지 배출 확인, 1명은 구조작업 중 사망	
2명 사망	맨홀	2명의 작업자가 지하수 집수정 맨홀내부 양수펌프 자동수위 조절장치 교체작업	
3명 사망	정화조	2명이 오수처리시설 오수정화조 청소작업 중 황화수소 중독 에 의해 사고를 당함, 1명은 구조작업 중 사망	
1명 사망 4명 부상	정화조	하수처리시설 오수제거작업 도중 밀폐공간에서 장기간 정체된 오수, 황화수소 발생이 증가해 급성 질식한 재해, 4명이 구조 작업 중 부상	

2. 밀폐공간 위험작업 안전기준

▶ **산업안전보건 기준에 관한 규칙 [별표 18]의 밀폐공간**

구분	산업안전보건기준에 관한 규칙의 밀폐공간 항목	비 고
1	지층에 접하거나 통하는 우물·수직갱·터널·잠함·피트 또는 그밖에 이와 유사한 것의 내부(가, 나, 다, 라)	
2	장기간 사용하지 않은 우물 등의 내부	
3	케이블·가스관 또는 지하에 부설되어 있는 매설물을 수용하기 위하여 지하에 부설한 암거·맨홀 또는 피트의 내부	
4	빗물·하천의 유수 또는 용수가 있거나 있었던 통·암거·맨홀 또는 피트의 내부	
5	바닷물이 있거나 있었던 열교환기·관·암거·맨홀·둑 또는 피트의 내부	
6	장기간 밀폐된 강재(鋼材)의 보일러·탱크·반응탑이나 그 밖에 그 내벽이 산화하기 쉬운 시설(그 내벽이 스테인리스강으로 된 것 또는 그 내벽의 산화를 방지하기 위하여 필요한 조치가 되어 있는 것은 제외한다)의 내부	
7	석탄·아탄·황화광·강재·원목·건성유(乾性油)·어유(魚油) 또는 그 밖의 공기중의 산소를 흡수하는 물질이 들어 있는 탱크 또는 호퍼(hopper) 등의 저장 시설이나 선창의 내부	
8	천장·바닥 또는 벽이 건성유를 함유하는 페인트로 도장되어 그 페인트가 건조되기 전에 밀폐된 지하실·창고 또는 탱크 등 통풍이 불충분한 시설의 내부	
9	곡물 또는 사료의 저장용 창고 또는 피트의 내부, 과일의 숙성용 창고 또는 피트의 내부, 종자의 발아용 창고 또는 피트의 내부, 버섯류의 재배를 위하여 사용하고 있는 사일로(silo), 그 밖에 곡물 또는 사료종자를 적재한 선창의 내부	
10	간장·주류·효모 그 밖에 발효하는 물품이 들어 있거나 들어 있었던 탱크·창고 또는 양조주의 내부	
11	분뇨, 오염된 흙, 썩은 물, 폐수, 오수, 그 밖에 부패하거나 분해되기 쉬운 물질이 들어있는 정화조·침전조·집수조·탱크·암거·맨홀·관 또는 피트의 내부	
12	드라이아이스를 사용하는 냉장고·냉동고·냉동화물자동차 또는 냉동컨테이너의 내부	
13	헬륨·아르곤·질소·프레온·탄산가스 또는 그 밖의 불활성기체가 들어 있거나 있었던 보일러·탱크 또는 반응탑 등 시설의 내부	
14	산소농도가 18퍼센트 미만 23.5퍼센트 이상, 탄산가스농도가 1.5퍼센드 이상, 황화수소농도가 10ppm 이상인 장소의 내부	
15	갈탄·목탄·연탄난로를 사용하는 콘크리트 양생장소(養生場所) 및 가설숙소 내부	
16	화학물질이 들어있던 반응기 및 탱크의 내부	
17	유해가스가 들어있던 배관이나 집진기의 내부	
18	근로자가 상주(常住)하지 않는 공간으로서 출입이 제한되어 있는 장소의 내부 (2017. 3. 3 개정)	

경기도 건설안전 가이드라인

3
화재사고 위험작업 안전기준

2. 밀폐공간 위험작업 안전기준

(1) 건설공사현장 화재사고 위험

1) 화재사고 특징 및 위험

　넓은 장소와 다수의 공간에서 각각의 화기작업이 동시에 이루어지는 공사건설 현장에서는 각자의 작업에 몰두 하다 보면 주변의 작은 불씨를 미처 발견하지 못할 수 있어 화재사고에 취약하다. 따라서 건설공사 현장은 일반 제조업과는 다른 화재사고 예방 대책 수립이 필요하다.

▶ 여러 협력사가 동일한 공간 및 장소에서 화기작업 시행
▶ 쉽게 탈 수 있는 건축용 자재(단열재, 목재, 유류 등)의 다량 사용
▶ 화재 발생 시 타 공간의 작업자에게 알려줄 수 있는 경보시설이 없는 특징
▶ 밀폐된 곳이나, 지하공간 등에서 작업하는 근로자의 대피 어려움

2) 밀폐 장소 및 사고특성

일 자	작업공정	피해현황	사고원인	기인물
13. 11	상가신축	- 사망2명, 부상9명 외	용접작업	단열재
14. 10	주상복합	- 부상1명, 재산피해 외	전기화재	목재,단열재
15. 09	다중시설	- 사망4명, 부상25명 외	용접작업	단열재,건축자재

3) 발화 기인물

| 단열재 | 건축자재 | 신너, 페인트 등 |

※ 실외 보관 시 화재위험이 낮아 질 수 있으나, 우천 등으로 인한 품질 문제로 대부분 실내에 보관하여 화재 위험이 높아짐

3. 화재사고 위험작업 안전기준

4) 건설현장 대형화재 사고

대형 참사 부르는 공사장 화재는 용접·용단 작업 중 우레탄 폼 등의 쉽게 탈 수 있는 건설자재에 옮겨 붙어 발생하는 유형이 가장 빈번하게 발생한다.

사고현장	피해현황	사고원인	비고
이천냉동창고	- 사망40명, 부상10명	우렌탄 폼 발포 작업 중 불티	
국립현대 미술관	- 사망4명, 부상25명	전기화재, 적치된 우레탄폼 등 단열재 착화	
김포주상복합	- 사망4명, 부상2명	배관 용접작업 불꽃이 우레탄폼 단열제 천장으로 착화	
고양시외버스 터미널	- 사망8명, 중상5명, 경상111명	용접기 불티에 의한 보온재 착화	
남양주 지하철 화재,폭발	- 사망4명, 중상10명	용단작업용 LP가스통 누출	
동탄상가 화재	- 부상50명 외	용접작업	

▲ 고양 버스터미널 화재

▲ 이천 냉동창고 화재

▲ 김포 주상복합 화재

▲ 동탄 주상복합 화재

(2) 화재사고 예방 및 대책

1) 「국가화재안전기준」 "임시소방시설의 화재안전기준" (NFSC 606)

남양주시 지하철 용단 작업 중 가스폭발, 김포 주상복합건물 공사장에서 화재, 동탄 상가화재 등 공사현장의 화재 사고 발생 시 다수의 인명피해와 재산손실 위험이 있으며, 이에 공사현장에서는 임시소방시설의 화재안전기준을 준수해야한다.

▶ 임시소방시설을 설치하여야 하는 화재위험 작업장의 종류

① 인화성·가연성·폭발성 물질 취급 또는 가연성 가스 발생 작업
② 용접·용단 등 불꽃 발생 또는 화기 취급 작업
③ 전열기구, 가열전선 등 열 발생 작업
④ 부유분진을 발생시킬 수 있는 작업
※ 상기작업 5m 이내에 임시소방시설을 설치해야 함

▶ 건설공사장 임시소방시설

① "소화기"란 「소화기구의 화재안전기준(NFSC101)」제3조제2호에서 정의하는 소화기
② "간이소화장치"란 공사현장에서 화재위험작업 시 신속한 화재 진압이 가능하도록 물을 방수하는 이동식 또는 고정식 형태의 소화장치
③ "비상경보장치"란 화재위험작업 공간 등에서 수동조작에 의해서 화재경보 상황을 알려줄 수 있는 설비(비상벨, 사이렌, 휴대용 확성기 등)를 말한다.
④ "간이피난유도선"이란 화재위험작업 시 작업자의 피난을 유도할 수 있는 케이블 형태의 장치

소화기	간이소화장치	비상경보장치	간이피난유도선

3. 화재사고 위험작업 안전기준

▶ 임시소방시설 설치대상 및 면제기준

종 류	설치대상	면제사항
소화기	전 대상(건축허가동의대상)	
간이소화장치	연면적이 3천㎡이상이거나 지하층·무창층·4층이상 층바닥면적 600㎡이상인 작업장	옥내소화전 또는 대형소화기 설치 시
비상경보장치	연면적이 400㎡이상이거나 지하층·무창층 바닥면적이 150㎡이상인 작업장	자동화재탐지설비, 비상방송설비 설치 시
간이피난유도선	지하층·무창층 바닥면적이 150㎡이상인 작업장	유도등, 비상조명등, 피난유도선 설치 시

▶ 임시소방시설의 주요기능 및 사용방법

● **소화기**

① 주요기능
- 분말 소화약제 또는 소화용 가스를 이용한 일반 소화기
- 화재현장 주변에 비치하여 화재 발생 시 인근 작업자가 수동 조작하여 소화활동에 활용

② 설치기준
- 공사장의 모든 층 : 능력단위 3단위 소화기 2개이상 비치
- 화재 위험 작업장 : 작업지점으로부터 5m 이내 소화기(3단위이상) 2대와 대형 소화기 1대 비치

③ 주요 점검사항
- 약제가 굳었는지 흔들어 확인
- 각 실마다 설치되었는지 확인
- 압력계 지침이 녹색을 가리키면 정상, 노랑색이면 압력미달

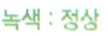 녹색 : 정상

 노란색 : 압력미달
 월1회 : 흔들어주세요

● 간이소화장치

① 주요기능
- 공사장에 설치된 상수도배관에 연결하거나 이동용 임시가압장치(펌프)를 이용하여 물을 방사할 있도록 설치하는 장치
- 소화기를 이용한 초기소화 실패 시 수동조작에 의해 소화활동에 활용

② 설치기준
- 최소방수압 : 0.1MPa 이상
- 사용시간 : 최소 20분 이상의 수원 확보
- 최소방수량 : 65L/min 이상
- 설치간격 : 작업지점 25m 이내
- 동결방지조치 실시

③ 주요 점검사항
- 소화전함 주위 장애물 확인
- 소화전 밸브 개폐조작 확인
- 수조 수원 확인
- 펌프 및 전동기 정상동작 확인

※ 대체가능시설
- 이동식 소화장치함
- 호스릴형 소화장치
- 고정식 소화장치함
- 단일호스타임
- 기타 형식 외

3. 화재사고 위험작업 안전기준

● 비상경보장치

① 주요기능
- 화재를 발견한 작업자가 수동으로 조작하여 화재발생 사실을 주변에 알려 피난을 유도하는 장치

② 설치기준
- 적용품목 : 비상벨, 싸이렌, 확성기 비치간격 : 작업지점으로 부터 5m 이내
- 성능기준 : 화재사실 통보 및 대피를 작업장의 모든 사람이 알 수 있을 정도의 음향·소리

③ 주요 점검사항
- 평상 시 : 위치표시등만 점등되어 있음
- 점검 시 : 누름버튼을 누른후 주경종 및 지구경종 경보 확인
- 복구방법 : 누름버튼을 복구(빼냄)후 수신기 복구버튼 누름

확성기

경종   발신기   수신등

● 간이피난유도선

① 주요기능
- 점등용 소형 전구와 배선을 따라 연결하여 띠 형태로 제작한 선
- 지하층, 무창층의 작업장에서 피난로를 따라 설치하고, 화재 시 피난로 방향을 지시할 수 있도록 하여 피난에 활용

② 설치기준
- 광원방식 : 상시 점등 상태로 설치
- 설치기준 : 바닥으로 부터 높이 1m이하 작업장의 어느 위치에서도 출입구로의 피난방향을 알 수 있는 표시를 하여야 한다.

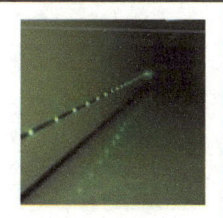 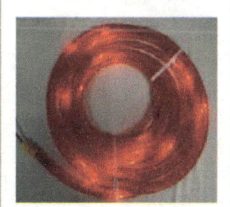 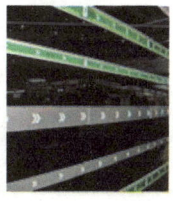

2) 「산업안전보건기준에 관한 규칙」 "화기감시자"

화기작업인 용접, 용단, 연마, 땜, 드릴 등 화염 또는 스파크를 발생시키는 작업 및 나아가 가연성 물질의 점화원이 될 수 있는 모든 기기를 사용하는 작업에서 화재사고를 예방하기 위해 '화재감시자'를 두도록 산업안전보건법을 강화

▶ 화재감시자 배치 기준(다음의 장소에서 화기작업을 시행하는 경우)

사업주는 근로자에게 다음 각 호의 어느 하나에 해당하는 장소에서 화재위험작업을 하도록 하는 경우에는 화재의 위험을 감시하고 화재 발생 시 사업장 내 근로자의 대피를 유도하는 업무만을 담당하는 화재감시자를 지정하여 화재위험작업 장소에 배치하여야 한다.

① 연면적 1만 5,000m^2의 건설공사 또는 개조공사가 이루어지는 건축물의 지하장소
② 연면적 5,000m^2 이상의 냉동·냉장 창고시설의 설비, 또는 단열공사 현장
③ 액화석유가스 운반선 중 단열재가 부착된 액화석유가스 저장시설 인접 장소 사업주는 제1항에 따라 배치된 화재감시자에게 업무 수행에 필요한 확성기, 휴대용 조명기구 및 방연마스크 등 대피용 방연장비를 지급하여야 한다.

▶ 화재감시자의 임무

① 작업 공간에 단열재 등 화재위험 자재 존재 유무 확인
② 화재 위험작업 시 불꽃비산방지포 설치 등 작업 준비 적정성 확인
③ 소화기 등 소화설비 사용방법 숙지 및 화재예방 조치의 적정성 확인
④ 동선이 수시로 바뀌는 건설현장의 비상통행로 확인 및 숙지
⑤ 소형 소화기와 비상경보장치 휴대 및 사용방법 확인

3. 화재사고 위험작업 안전기준

▶ 화재감시자의 배치 장소와 방호 조치

● 화재감시자 배치

① 문 폐쇄, 바닥 개구부 막음조치, 허가서 부착, 컨베이어 정지, 작업관계자와 접근 금지.
② 가능하다면 비산 불티를 관리할 작업자를 배치하거나 추가로 방호커튼 설치.
③ 가연성 물품은 이동. 또는 방화장벽으로 구획하거나 방화패드, 커튼, 내화성 타포린 등으로 덮음.
④ 비상통신 장비를 갖추고 소화기를 갖춘 화재감시자 배치

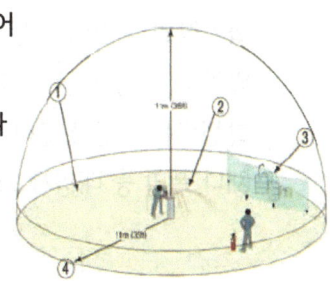

● 2층에서 작업 시 2명 이상의 화재감시자가 필요한 경우

① 11m 법칙의 적용 시 추가적인 안전대책 필요 : 문 폐쇄, 바닥 개구부 막음조치, 허가서 부착, 컨베이어 정지, 작업관계자와 접근 금지. 비산 불티가 들어갈 수 있는 공간이 있는지 점검. 필요하면 화 재감시인 추가 배치
② 가능하다면 비산 불티를 관리할 작업자 배치
③ 가연성 물품은 이동. 또는 방화장벽으로 구획하거나 방화패드, 커튼, 내화성 타포린 등으로 덮음.
④ 하부에 위치한 장비는 방호.
⑤ 비상통신 장비를 갖추고 소화기를 갖춘 화재감시자 배치
⑥ 필요하다면 11m 법칙을 확장할 수 있음
 (바람 또는 작업 위치에 따른 대비)

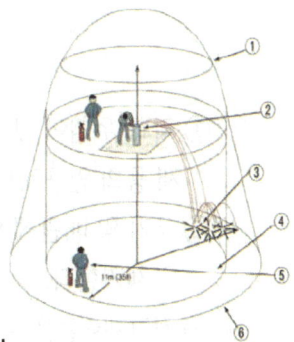

▶ 화재감시자의 적격성 및 훈련

① 화재감시자는 당해 작업의 화재사고 발생 위험여부에 대해 감시하고, 작업 중 이상 발생 시 즉시 관리감독자 또는 안전관리자에게 보고해야 한다.
② 화재감시자는 안전관리자, 보건관리자가 겸직해서는 아니된다.
③ 화재감시자의 임무 등에 대해 숙지토록 사전 훈련이 이루어져야 하며, 지속적인 보수교육을 실시해야 한다.

3) 「용접·용단」 화재안전

화기작업 중 발생하는 화재사고 중에서도 가장 큰 원인이 되는 것은 용접·용단작업이다. 용접·용단 시 화재사고는 매년 1,000여 건씩 반복되고 있다. 용접·용단 시 발생하는 고열과 불티는 주변에 인접한 인화성 물질에 직접적인 점화원이 되며, 화재나 폭발 등 대형사고로 발전될 가능성이 높다.

▶ 용접·용단 특징

① 작업 시 날리는 불티는 수천 개가 발생되며, 3000℃ 이상의 고온체이다.
② 작업장소의 높이에 따라 수평 방향으로 최대 11m까지 흩어짐
③ 발화원이 될 수 있는 불티의 크기는 직경이 0.2~3mm 정도이다.
④ 용접보다 불꽃이 많이 튀는 용단에 쓰이는 산소절단기는 위험물이 있어 폭발이나 화재가 발생할 우려가 있어 특별한 주의가 요구된다.

▶ 용접·용단 작업 안전수칙

① 착화 위험이 있는 인화성 물질 및 인화성 가스 체류 배관·용기, 우레탄폼 단열재 등의 인근에서 화기작업 시에는 화재감시자를 지정·배치한다
② 용기 및 배관에 인화성 가스, 액체 체류 또는 누출 여부를 상시 점검 후 위험요인을 제거한다.
③ 전기케이블은 절연조치하고 피복 손상부는 교체, 단자부 이완 등에 의해 발열되지 않도록 조인다.
④ 작업에 사용되는 모든 전기기계기구는 누전차단기를 통하여 전원을 인출한다(빼낸다).
⑤ 가스용기의 압력조정기와 호스 등의 접속부에서 가스누출 여부를 항상 점검한다.
⑥ 작업이 진행되는 바닥에 불티받이포 를 설치하거나 치울 수 없는 가연물이 있을 경우엔 방지덮개로 방호조치를 한다.
⑦ 작업허가서를 발부하고, 허가 승인 전 화기작업 유형별로 사고 예방대책이 되어 있는지 확인한다.

3. 화재사고 위험작업 안전기준

4) 「화기작업 허가서」

화기작업 중 밀폐공간, 인화성 물질 인근 작업 등 화재발생의 위험과 발생 시 중대사고가 발생할 위험이 있는 장소에는 적절한 작업허가절차가 필요하다.

경기도 건설안전
가이드라인

06
부록

06 부록

1. 건설현장 사전 안전작업검토

▶ 건설현장 11대 사전 안전작업 검토 공종

순서	공종	주요위험		대상공사	비고
		위험1	위험2		
1	타워크레인설치/해체	넘어짐	떨어짐	건축, 토목, 플랜트	
2	항타기 설치/해체	넘어짐	끼임	건축, 토목, 플랜트	
3	가설비계설치/해체(4.2M이상)	떨어짐	무너짐	건축, 토목, 플랜트	
4	시스템동바리 설치/해체	떨어짐	무너짐	건축, 토목, 플랜트	
5	중량물 인양/하역작업	맞음	끼임	건축, 토목, 플랜트	
6	흙막이 가시설 설치/해체 작업	맞음	떨어짐	건축, 토목, 플랜트	
7	철골(조립/해체)작업	떨어짐	맞음	건축, 토목, 플랜트	
8	외부로프작업	떨어짐	맞음	건축	
9	화기(용접, 용단)작업	화재	-	건축, 토목, 플랜트	
10	밀폐공간작업	질식/중독	떨어짐	건축, 토목, 플랜트	
11	전기(활선)작업	감전	떨어짐	건축, 토목, 플랜트	

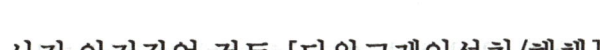

사전 안전작업 검토 [타워크레인설치/해체]

현장명		작업허가번호	
검토대상작업			
공사분류		작업공종	
작업사항		세부작업장소	

Section - I 검토 신청자

소속	직책	직위	성명	확인(Sign)	해당 작업과의 관계

Section - II 기간 및 종료

신청기간	신청일	년	월	일	시작시간	시	~	분	종료시간	시	~	분
시간연장	사유				시작시간	시	~	0분	종료시간	시	~	분

Section - III 사전점검사항(아래 사항을 만족하지 못하는 경우 작업이 중지 될 수 있음)

		Pass	Fail	N/A			Pass	Fail	N/A
A	작업계획서는 작성되었는가? (등록/보험/계원/운전원면허 등)	☐	☐	☐	K	TBM은 실시하였는가?	☐	☐	☐
B	작업팀은 T/C 설치해체교육(안전보건공단)신규/보수교육은 이수하였는가? (실제 작업팀과 일치하는가?)	☐	☐	☐	L	구조검토서는 작성되었는가?	☐	☐	☐
C	특별안전교육은 실시하였는가? (신호수교육 포함)	☐	☐	☐	M	기상상황은 확인하였는가?	☐	☐	☐
D	위험성평가는 작성되었는가?	☐	☐	☐	N	메인짚에 안전벨트 걸이시설은 준비되었는가?	☐	☐	☐
E	사용되는 장비의 차량계/중량물/ 하역작업계획서가 작성되었는가?	☐	☐	☐	O	기초 바닥면은 부등침하가 없이 평탄한가?	☐	☐	☐
F	사용되는 공도구 점검은 실시하였는가?	☐	☐	☐	P	기초 앙카볼트 마모 및 부식변형상태는 없는가?	☐	☐	☐
G	적합한 개인보호구 지급 및 착용되었는가?	☐	☐	☐	Q	타워크레인 방호울은 설치 준비되었는가?	☐	☐	☐
H	관리감독자/작업지휘자는 선임되었는가?	☐	☐	☐	R		☐	☐	☐
I	장비 운전원 면허는 확인하였는가?	☐	☐	☐	S	크레인 제작기준, 안전기준 및 검사기준 제56조12항5호 참조			
J	줄걸이(섬유벨트/와이어로프/샤클/단말부고정)상태는 점검하였는가?	☐	☐	☐	T	산업안전보건기준에 관한 규칙 제13조 참조			

Section - IV 작업안전/환경위험분석

필요보호구	머리 ☐ 호흡기 ☐ 빌 ☐ 기 ☐ 안면부 ☐ 전신 ☐ 눈 ☐ 손 ☐ 기타 ☐ [ ]
기상환경위험	강풍 ☐ 강우 ☐ 강설 ☐ 낙뢰 ☐ 혹서 ☐ 혹한 ☐ 먼지 ☐ 습도 ☐ 기타 ☐ [ ]
작업환경조건	추락 ☐ 지반불량 ☐ 조도 ☐ 중장비인접 ☐ 개구부인접 ☐ 붕괴장소 ☐ 소음 ☐ 분진 ☐ 기타 ☐ [ ]
환경피해위험	대기오염 ☐ 소음 ☐ 진동 ☐ 폐기물발생 ☐ 독성물질유출 ☐ 토양오염 ☐ 수질오염 ☐ 기타 ☐ [ ]

Section - V 사전 안전작업 승인

관리감독자	직위	성명	서명(Signature)	날짜 / /
안전관리자	직위	성명	서명(Signature)	날짜 / /
현장소장			서명(Signature)	

Section - VI 첨부자료

1. 작업계획서 2. 중량물취급계획서 3. 안전교육일지 4. 위험성평가서 5. 작업자명단 6. 비상연락망 7. 기타[   ]

사전 안전작업 검토 [항타기 설치/해체]

현장명		작업허가번호	
검토대상작업			
공 사 분 류		작 업 공 종	
작 업 사 항		세부작업장소	

Section - I 검토 신청자

소 속	직 책	직 위	성 명	확인(Sign)	해당 작업과의 관계

Section - II 기간 및 종료

신청기간	신청일	년	월	일	시작시간	시	~	분	종료시간	시	~	분
시간연장	사 유				시작시간	시	~	0분	종료시간	시	~	분

Section - III 사전점검사항(아래 사항을 만족하지 못하는 경우 작업이 중지 될 수 있음)

		Pass	Fail	N/A			Pass	Fail	N/A
A	작업계획서는 작성되었는가? (등록/보험/제원)	☐	☐	☐	K	경사계,권과방지장치,비상정지장치,경보장치는 작동되는 장비인가?	☐	☐	☐
B	특별안전교육은 실시하였는가?	☐	☐	☐	L	줄걸이(섬유벨트/와이어로프/샤클/단말부고정)상태는 점검하였는가?	☐	☐	☐
C	위험성평가는 작성되었는가?	☐	☐	☐	M	와이어 드럼 역회전방지장치는 설치된 제품인가?	☐	☐	☐
D	차량계/중량물/하역작업계획서는 작성되었는가? (크레인)	☐	☐	☐	N	기초 바닥면은 부등침하가 없이 평탄한가?	☐	☐	☐
E	사용되는 공도구는 안전장치가 부착된 제품이 반입되었는가?	☐	☐	☐	O	이동용 철판은 25T 이상으로 준비되어 있는가?	☐	☐	☐
F	적합한 개인보호구 지급 및 착용되었는가?(안전벨트, 보안경, 귀마개 등)	☐	☐	☐	P	설치용 크레인은 와이어, 안전장치, 아웃트리거설치 상태를 확인하였는가?	☐	☐	☐
G	설치/해체 작업의 작업지휘자는 선임되었는가?	☐	☐	☐	Q	설치/해체장소에 항타기가 전도 반경내 고압전선, 주거지, 도로등이 있는가?	☐	☐	☐
H	운전원 면허(천공기)는 확인하였는가?	☐	☐	☐	R	기상상황은 확인하였는가?	☐	☐	☐
I	붐(덤미) 와이어 교체주기는 준수여부는 확인하였는가?	☐	☐	☐	S				
J	리더에 수직구명줄은 설치되었거나, 준비되었는가?	☐	☐	☐	T				

Section - IV 작업안전/환경위험분석

필요보호구	머리 ☐ 호흡기 ☐ 발 ☐ 귀 ☐ 안면부 ☐ 전신 ☐ 눈 ☐ 손 ☐ 기타 ☐ [ ]
기상환경위험	강풍 ☐ 강우 ☐ 강설 ☐ 낙뢰 ☐ 혹서 ☐ 혹한 ☐ 먼지 ☐ 습도 ☐ 기타 ☐ [ ]
작업환경조건	추락 ☐ 지반불량 ☐ 조도 ☐ 중장비인접 ☐ 개구부인접 ☐ 붕괴장소 ☐ 소음 ☐ 분진 ☐ 기타 ☐ [ ]
환경피해위험	대기오염 ☐ 소음 ☐ 진동 ☐ 폐기물발생 ☐ 독성물질유출 ☐ 토양오염 ☐ 수질오염 ☐ 기타 ☐ [ ]

Section - V 사전 안전작업 승인

관리감독자	직 위	성 명	서명(Signature)	날짜 / /
안전관리자	직 위	성 명	서명(Signature)	날짜 / /
현장소장			서명(Signature)	

Section - VI 첨부자료

1. 작업계획서 2. 중량물취급계획서 3. 안전교육일지 4. 위험성평가서 5. 작업자명단 6. 비상연락망 7. 기타[   ]

1. 건설업 사전 안전작업검토

사전 안전작업 검토 [가설비계설치/해체(4.2M이상)]

현장명		작업허가번호	
검토대상작업			
공 사 분 류		작 업 공 종	
작업사항		세부작업장소	

Section - I 검토 신청자

소 속	직 책	직 위	성 명	확인(Sign)	해당 작업과의 관계

Section - II 기간 및 종료

신청기간	신청일	년 월 일	시작시간	시 ~ 분	종료시간	시 ~ 분
시간연장	사 유		시작시간	시 ~ 0분	종료시간	시 ~ 분

Section - III 사전점검사항(아래 사항을 만족하지 못하는 경우 작업이 중지 될 수 있음)

		Pass	Fail	N/A			Pass	Fail	N/A
A	작업 위험성평가가 작성되었는가?	□	□	□	K	작업팀은 컨디션은 좋은가? (음주,감기 등 체크)	□	□	□
B	작업팀은 특별안전교육을 실시하였는가?	□	□	□	L	작업장 바닥에 물기가 많을 경우 작업시 강판의 미끄럼짐 방지를 위한 조치는 준비 되어 있는가?	□	□	□
C	비계설치/해체계획서는 작성되었는가?	□	□	□	M	가설기자재 안전인증서류는 있는가?	□	□	□
D	작업팀은 숙련공으로 구성되어있는가?	□	□	□	N		□	□	□
E	지반침하방지조치가 되어 있는가?	□	□	□	O		□	□	□
F	지정된 지휘자/감독자는 배치되어 있는가?	□	□	□	P		□	□	□
G	작업구역은 경고표시와 접근금지 시설이 설치 되어 있는가?	□	□	□	Q		□	□	□
H	조립완료후 사용허가증은 부착되어 있는가?	□	□	□	R		□	□	□
I	주변 고압선이 지나고 있는가?	□	□	□	S		□	□	□
J	작업자는 떨어짐 사고에 대비하여 전체식 벨트와 2중첨중 고리는 준비되어있는가?	□	□	□	T		□	□	□

Section - IV 작업안전/환경위험분석

필요보호구	머리 □ 호흡기 □ 발 □ 귀 □ 안면부 □ 전신 □ 눈 □ 손 □ 기타 □ [ ]
기상환경위험	상풍 □ 경? □ 강설 □ 낙뢰 □ 혹서 □ 혹한 □ 먼지 □ 습도 □ 기타 □ [ ]
작업환경조건	추락 □ 지반불량 □ 조도 □ 중장비인접 □ 개구부인접 □ 붕괴장소 □ 소음 □ 분진 □ 기타 □ [ ]
환경피해위험	대기오염 □ 소음 □ 진동 □ 폐기물발생 □ 독성물질유출 □ 토양오염 □ 수질오염 □ 기타 □ [ ]

Section - V 사전 안전작업 승인

관리감독자	직 위	성 명	서명(Signature)	날짜 / /
안전관리자	직 위	성 명	서명(Signature)	날짜 / /
현 장 소 장			서명(Signature)	

Section - VI 첨부자료

1. 작업계획서 2. 중량물취급계획서 3. 안전교육일지 4. 위험성평가서 5. 작업자명단 6. 비상연락망 7. 기타 [   ]

사전 안전작업 검토 [시스템동바리 설치/해체]

현장명		작업허가번호	
검토대상작업			
공 사 분 류		작 업 공 종	
작업사항		세부작업장소	

Section – I 검토 신청자

소 속	직 책	직 위	성 명	확인(Sign)	해당 작업과의 관계

Section – II 기간 및 종료

신청기간	신청일	년	월	일	시작시간	시	~	분	종료시간	시	~	분
시간연장	사 유				시작시간	시	~	0분	종료시간	시	~	분

Section – III 사전점검사항(아래 사항을 만족하지 못하는 경우 작업이 중지 될 수 있음)

		Pass	Fail	N/A			Pass	Fail	N/A
A	작업 위험성평가가 작성되었는가?	☐	☐	☐	K	작업팀은 컨디션은 좋은가? (음주,감기등)	☐	☐	☐
B	작업팀은 특별안전교육을 실시하였는가?	☐	☐	☐	L	작업장 바닥이 물기가 많을 경우 작업시 강판의 미끄럼짐 방지를 위한 조치는 준비되어 있는가?	☐	☐	☐
C	시스템동바리 설치/해체계획서는 작성되었는가?	☐	☐	☐	M	작업자는 떨어짐 사고에 대비하여 전체식 벨트와 2중 죔줄 고리는 준비되어있는가?	☐	☐	☐
D	구조검토서는 작성되어 있는가? (5M이상 3D 구조검토)	☐	☐	☐	N		☐	☐	☐
E	조립도는 작성되어 있는가?	☐	☐	☐	O		☐	☐	☐
F	가설기자재 안전인증서류는 있는가?	☐	☐	☐	P		☐	☐	☐
G	재사용에 따른 성능인증서,부재별 시험성적서는 있는가?	☐	☐	☐	Q		☐	☐	☐
H	작업구역은 경고표시와 접근금지 시설이 설치 되어 있는가?	☐	☐	☐	R		☐	☐	☐
I	지휘자/감독자를 지정하여 설치/해체관리를 하고 있는가?	☐	☐	☐					
J	작업팀은 숙련공으로 구성되어있는가?	☐	☐	☐					

Section – IV 작업안전/환경위험분석

필요보호구	머리 ☐ 호흡기 ☐ 발 ☐ 귀 ☐ 안면부 ☐ 전신 ☐ 눈 ☐ 손 ☐ 기타 ☐ [ ]
기상환경위험	강풍 ☐ 강우 ☐ 강설 ☐ 낙뢰 ☐ 혹서 ☐ 혹한 ☐ 먼지 ☐ 습도 ☐ 기타 ☐ [ ]
작업환경조건	추락 ☐ 지반불량 ☐ 조도 ☐ 중장비인접 ☐ 개구부인접 ☐ 붕괴장소 ☐ 소음 ☐ 분진 ☐ 기타 ☐ [ ]
환경피해위험	대기오염 ☐ 소음 ☐ 진동 ☐ 폐기물발생 ☐ 독성물질유출 ☐ 토양오염 ☐ 수질오염 ☐ 기타 ☐ [ ]

Section – V 사전 안전작업 승인

관리감독자	직 위	성 명	서명(Signature)	날짜 / /
안전관리자	직 위	성 명	서명(Signature)	날짜 / /
현 장 소 장			서명(Signature)	

Section – VI 첨부자료

1. 작업계획서 2. 중량물취급계획서 3. 안전교육일지 4. 위험성평가서 5. 작업자명단 6. 비상연락망 7. 기타[   ]

1. 건설업 사전 안전작업검토

사전 안전작업 검토 [중량물 인양/하역작업]

현장명		작업허가번호	
검토대상작업			
공사분류		작업공종	
작업사항		세부작업장소	

Section - I 검토 신청자

소속	직책	직위	성명	확인(Sign)	해당 작업과의 관계

Section - II 기간 및 종료

신청기간	신청일	년 월 일	시작시간	시 ~ 분	종료시간	시 ~ 분
시간연장	사유		시작시간	시 ~ 0분	종료시간	시 ~ 분

Section - III 사전점검사항(아래 사항을 만족하지 못하는 경우 작업이 중지 될 수 있음)

		Pass	Fail	N/A			Pass	Fail	N/A
A	인양/하역작업 위험성평가가 작성되었는가?	☐	☐	☐	K	작업자는 특별안전교육을 실시하였는가?	☐	☐	☐
B	중량물 취급 계획서는 작성되었는가?	☐	☐	☐	L	식별용이한 복장의 신호수는 배치되었으며 무전기는 지급하였는가?	☐	☐	☐
C	중량물의 인양하중에 대한 안전성은 검토하였는가?	☐	☐	☐	M	작업지휘자 및 감시자는 배치되었는가?	☐	☐	☐
D	안전성 검토 적합한 장비(양중기)가 반입되었는가?	☐	☐	☐	N	크레인(양중기) 안착위치의 지반 안정성은 확인되었는가?	☐	☐	☐
E	크레인(양중기)의 와이어로프는 꼬임 및 손상이 없는가?	☐	☐	☐	O	크레인(양중기) 아웃트리거의 최대인출이 가능한 작업공간이 확보되었는가?	☐	☐	☐
F	크레인(양중기)의 권과방지장치 및 과부하방지장치는 설치되었으며 작동상태는 정상인가?	☐	☐	☐	P	크레인(양중기) 아웃트리거의 침하방지용 철판 및 침목은 준비되었는가?	☐	☐	☐
G	크레인(양중기)의 후크해지장치는 부착되어 있는가?	☐	☐	☐	Q	작업반경내 접근제한조치는 되어 있는가? (안전/경고표지 및 구획)	☐	☐	☐
H	안전성 검토에 적합한 줄걸이용 와이어로프 및 샤클(체결장구)이 준비되었는가?	☐	☐	☐	R	인양경로 하부 타작업 실시여부는 확인되었는가?	☐	☐	☐
I	크레인(양중기)의 등록증 및 보험가입상태는 적절한가?	☐	☐	☐	S	중량물에 유도로프는 설치되었으며 길이는 적절한가?	☐	☐	☐
J	크레인(양중기) 운전원의 면허 및 자격, 경력은 적정한가?	☐	☐	☐	T	중량물 상단에 낙하 위험이 있는 자재나 공구는 제거되었는가?	☐	☐	☐

Section - IV 작업안전/환경위험분석

필요보호구	머리 ☐ 호흡기 ☐ 발 ☐ 귀 ☐ 안면부 ☐ 전신 ☐ 눈 ☐ 손 ☐ 기타 ☐ [ ]
기상환경위험	강풍 ☐ 강우 ☐ 강설 ☐ 낙뢰 ☐ 혹서 ☐ 혹한 ☐ 먼지 ☐ 습도 ☐ 기타 ☐ [ ]
작업환경조건	추락 ☐ 지반불량 ☐ 조도 ☐ 중장비인접 ☐ 개구부인접 ☐ 붕괴장소 ☐ 소음 ☐ 분진 ☐ 기타 ☐ [ ]
환경피해위험	대기오염 ☐ 소음 ☐ 진동 ☐ 폐기물발생 ☐ 독성물질유출 ☐ 토양오염 ☐ 수질오염 ☐ 기타 ☐ [ ]

Section - V 사전 안전작업 승인

관리감독자	직위	성명	서명(Signature)	날짜 / /
안전관리자	직위	성명	서명(Signature)	날짜 / /
현장소장			서명(Signature)	

Section - VI 첨부자료

1. 작업계획서 2. 중량물취급계획서 3. 안전교육일지 4. 위험성평가서 5. 작업자명단 6. 비상연락망 7. 기타 [   ]

사전 안전작업 검토 [흙막이 가시설 설치/해체 작업]

현장명			작업허가번호	
검토대상작업				
공 사 분 류			작 업 공 종	
작업사항			세부작업장소	

Section – I 검토 신청자

소 속	직 책	직 위	성 명	확인(Sign)	해당 작업과의 관계

Section – II 기간 및 종료

신청기간	신청일	년	월	일	시작시간	시 ~	분	종료시간	시 ~	분
시간연장	사 유				시작시간	시 ~	0분	종료시간	시 ~	분

Section – III 사전점검사항(아래 사항을 만족하지 못하는 경우 작업이 중지 될 수 있음)

		Pass	Fail	N/A			Pass	Fail	N/A
A	흙막이 가시설 설치/해체 작업 위험성평가가 작성되었는가?	☐	☐	☐	K	자재 적재공간을 확보하였는가?	☐	☐	☐
B	흙막이 가시설 조립도가 작성되었는가?	☐	☐	☐	L	장비, 자재 등 중량물을 복공판 상부에 적재 시 구조 검토가 실시되었는가?	☐	☐	☐
C	설치/해체 작업 전 작업순서 및 작업방법을 결정하였는가?	☐	☐	☐	M	용접기, 작업전선 등 사용승인 받은 공도구를 사용하는가?	☐	☐	☐
D	안전보건교육 실시 및 적합한 개인보호구를 착용하였는가?	☐	☐	☐	N	상·하 동시 작업금지 및 작업반경내 접근금지 조치를 하였는가?	☐	☐	☐
E	부재의 손상, 변형, 부식, 변위상태를 확인하였는가?	☐	☐	☐	O	소화기가 준비되어 있는가?	☐	☐	☐
F	추락방지망 및 안전대 걸이시설 등 안전대책을 수립하였는가?	☐	☐	☐					
G	장비 거치 지반상태가 적정한가?(다짐상태, 상부 고압전선 유·무)	☐	☐	☐					
H	전담 신호수 배치가 되었는가?	☐	☐	☐					
I	인양기구(와이어로프, 슬링벨트, 샤클 등) 상태가 적정한가?	☐	☐	☐					
J	관리감독자, 장비운전원, 신호수간 연락체계가 구축되어있는가?	☐	☐	☐					

Section – IV 작업안전/환경위험분석

필요보호구	머리 ☐ 호흡기 ☐ 발 ☐ 귀 ☐ 안면부 ☐ 전신 ☐ 눈 ☐ 손 ☐ 기타 ☐ [ ]
기상환경위험	강풍 ☐ 강우 ☐ 강설 ☐ 낙뢰 ☐ 혹서 ☐ 혹한 ☐ 먼지 ☐ 습도 ☐ 기타 ☐ [ ]
작업환경조건	추락 ☐ 지반불량 ☐ 조도 ☐ 중장비인접 ☐ 개구부인접 ☐ 붕괴장소 ☐ 소음 ☐ 분진 ☐ 기타 ☐ [ ]
환경피해위험	대기오염 ☐ 소음 ☐ 진동 ☐ 폐기물발생 ☐ 독성물질유출 ☐ 토양오염 ☐ 수질오염 ☐ 기타 ☐ [ ]

Section – V 사전 안전작업 승인

관리감독자	직 위	성 명	서명(Signature)	날짜 / /
안전관리자	직 위	성 명	서명(Signature)	날짜 / /
현 장 소 장			서명(Signature)	

Section – VI 첨부자료

1. 작업계획서 2. 중량물취급계획서 3. 안전교육일지 4. 위험성평가서 5. 작업자명단 6. 비상연락망 7. 기타 [   ]

1. 건설업 사전 안전작업검토

사전 안전작업 검토 [철골조립/해체작업]

현장명		작업허가번호	
검토대상작업			
공 사 분 류		작 업 공 종	
작업사항		세부작업장소	

Section - I 검토 신청자

소 속	직 책	직 위	성 명	확인(Sign)	해당 작업과의 관계

Section - II 기간 및 종료

신청기간	신청일	년	월	일	시작시간	시	~	분	종료시간	시	~	분
시간연장	사 유				시작시간	시	~	0분	종료시간	시	~	분

Section - III 사전점검사항(아래 사항을 만족하지 못하는 경우 작업이 중지 될 수 있음)

		Pass	Fail	N/A			Pass	Fail	N/A
A	작업 위험성평가가 작성되었는가?	☐	☐	☐	K	작업구역내 인원 통제 및 접근금지 방법은 수립 되었는가?	☐	☐	☐
B	작업팀은 안전교육을 실시하였는가?	☐	☐	☐	L	철골부재 넘어짐 방지를 위한 적정간격 유지 및 버팀대 설치는 되었는가?	☐	☐	☐
C	작업자는 떨어짐 사고에 대비하여 전체식 벨트와 2중첨두 고리는 준비되어있는가?	☐	☐	☐	M	달비계 풀림방지 등 방호조치는 되었는가?	☐	☐	☐
D	사용되는 장비는 안전장치에 대해 점검이 이루어졌는가?	☐	☐	☐	N	양중작업전 중량물에 대한 검토는 충분히 되었는가?	☐	☐	☐
E	사용되는 유해위험공구에 대해 점검이 이루어졌는가?	☐	☐	☐	O	용접 작업시 불티 비산 방지조치등 화재 예방 조치는 되었는가?	☐	☐	☐
F	지상에서 안전대 부착 설비가 설치 되었는가?	☐	☐	☐	P	볼트 체결 작업시 낙하물 방지계획은 되었는가?	☐	☐	☐
G	수직, 수평 안전대부착설비에 안전대 부착 설치는 되었는가?	☐	☐	☐	Q	작업지휘자 및 감시자가 배치되어 있는가?	☐	☐	☐
H	용접, 볼트체결 등 작업부위 가설통로 및 작업발판 확보는 되었는가?	☐	☐	☐	R	비상연락망이 게시되어 있는가?	☐	☐	☐
I	양중로프의 상태는 양호 한가?	☐	☐	☐					
J	인양전 설치될 자재의 정밀도 및 철골보 제원등은 검토 되어 상부에서 수정작업은 없는가?	☐	☐	☐					

Section - IV 작업안전/환경위험분석

필요보호구	머리 ☐ 호흡기 ☐ 발 ☐ 귀 ☐ 안면부 ☐ 전신 ☐ 눈 ☐ 손 ☐ 기타 ☐ [　　　]
기상환경위험	강풍 ☐ 강우 ☐ 강설 ☐ 낙뢰 ☐ 혹서 ☐ 혹한 ☐ 먼지 ☐ 습도 ☐ 기타 ☐ [　　　]
작업환경조건	추락 ☐ 지반불량 ☐ 조도 ☐ 중장비인접 ☐ 개구부인접 ☐ 붕괴장소 ☐ 소음 ☐ 분진 ☐ 기타 ☐ [　　　]
환경피해위험	대기오염 ☐ 소음 ☐ 진동 ☐ 폐기물발생 ☐ 독성물질유출 ☐ 토양오염 ☐ 수질오염 ☐ 기타 ☐ [　　　]

Section - V 사전 안전작업 승인

관리감독자	직 위	성 명	서명(Signature)	날짜 / /
안전관리자	직 위	성 명	서명(Signature)	날짜 / /
현 장 소 장			서명(Signature)	

Section - VI 첨부자료

1. 작업계획서 2. 중량물취급계획서 3. 안전교육일지 4. 위험성평가서 5. 작업자명단 6. 비상연락망 7. 기타[　　　　　]

사전 안전작업 검토 [외부로프작업]

현장명		작업허가번호.	
검토대상작업	외부견출, 외부도장, 외부몰딩, 외부유리, 외부코킹, 외부준공청소, 외부 경관등 설치, 철탑조립, 가선 등		
공 사 분 류		작 업 공 종	
작업사항		세부작업장소	

Section - I 검토 신청자

소 속	직 책	직 위	성 명	확인(Sign)	해당 작업과의 관계

Section - II 기간 및 종료

신청기간	신청일	년	월	일	시작시간	시	~	분	종료시간	시	~	분
시간연장	사 유				시작시간	시	~	0분	종료시간	시	~	분

Section - III 사전점검사항(아래 사항을 만족하지 못하는 경우 작업이 중지 될 수 있음)

	Pass	Fail	N/A			Pass	Fail	N/A
A 작업 위험성평가가 작성되었는가?	☐	☐	☐	K 달비계 작업 반경내 안전구역은 설정하였는가?		☐	☐	☐
B 작업팀은 안전교육을 실시하였는가?	☐	☐	☐	L 작업지휘자 및 감시자가 배치되어 있는가?		☐	☐	☐
C 작업에 필요한 안전보호구는 지급 및 착용되었는가?	☐	☐	☐	M 해당 작업의 지원이 필요한 경우 현장 관리감독자와의 소통이 가능한가?		☐	☐	☐
D 달비계에 사용되는 안전장치는 사전 점검이 이루어졌는가?	☐	☐	☐	N 현장의 주요공종과 간섭될 경우 사전에 해당팀과 소통이 되어 있는가?		☐	☐	☐
E 달비계에 사용되는 공도구(로프,샤클,작업의자등)는 점검이 이루어졌는가?	☐	☐	☐	O 달비계(로프)고정점의 안전조치사항은 준수 하였는가(고정용 고리등)?		☐	☐	☐
F 전원이 필요한 경우 현장내부 관리자들의 사용허가 및 안내를 받았는가?	☐	☐	☐	P 유자격자가 필요한 경우 관련 유자격자가 작업에 투입되어 있는가?		☐	☐	☐
G 사용되는 전선은 접지형(3P)인가?	☐	☐	☐	Q 달비계는 지정된 장소에 보관,관리하는가?		☐	☐	☐
H 주로프,보조로프에는 잠금과 표식을 하였는가?(시건장치 및 안전실명제)	☐	☐	☐	R 작업 후 달비계(안전장치 및 로프등)에 대해서 안전검사는 하였는가?		☐	☐	☐
I 전원이 필요한 경우 현장내부 관리자들의 사용허가 및 안내를 받았는가?	☐	☐	☐					
J 달비계 작업순서 및 작업사항에 대해서 안내를 받았는가?	☐	☐	☐					

Section - IV 작업안전/환경위험분석

필요보호구	머리 ☐ 호흡기 ☐ 발 ☐ 귀 ☐ 안면부 ☐ 전신 ☐ 눈 ☐ 손 ☐ 기타 ☐ [ ]
기상환경위험	강풍 ☐ 강우 ☐ 강설 ☐ 낙뢰 ☐ 혹서 ☐ 혹한 ☐ 먼지 ☐ 습도 ☐ 기타 ☐ [ ]
작업환경조건	추락 ☐ 지반불량 ☐ 조도 ☐ 중장비인접 ☐ 개구부인접 ☐ 붕괴장소 ☐ 소음 ☐ 분진 ☐ 기타 ☐ [ ]
환경피해위험	대기오염 ☐ 소음 ☐ 진동 ☐ 폐기물발생 ☐ 독성물질유출 ☐ 토양오염 ☐ 수질오염 ☐ 기타 ☐ [ ]

Section - V 사전 안전작업 승인

관리감독자	직 위	성 명	서명(Signature)	날짜 / /
안전관리자	직 위	성 명	서명(Signature)	날짜 / /
현 장 소 장			서명(Signature)	

Section - VI 첨부자료

1. 작업계획서 2. 중량물취급계획서 3. 안전교육일지 4. 위험성평가서 5. 작업자명단 6. 비상연락망 7. 기타[   ]

1. 건설업 사전 안전작업검토

사전 안전작업 검토 [화기(용접, 용단)작업]

현장명		작업허가번호	
검토대상작업	용접 WELDING ☐ 가스절단(용단) GAS CUTTING ☐	기타 Others ☐	( )
공 사 분 류		작 업 공 종	
작 업 사 항		세부작업장소	

Section - I 검토 신청자

소 속	직 책	직 위	성 명	확인(Sign)	해당 작업과의 관계

Section - II 기간 및 종료

신청기간	신청일	년	월	일	시작시간	시	~	분	종료시간	시	~	분
시간연장	사 유				시작시간	시	~	0분	종료시간	시	~	분

Section - III 사전점검사항(아래 사항을 만족하지 못하는 경우 작업이 중지 될 수 있음)

		Pass	Fail	N/A			Pass	Fail	N/A
A	위험성평가가 작성되었는가?	☐	☐	☐	J	압축가스용기에 역화방지기가 사용되고 있는가?	☐	☐	☐
B	화기 작업장소 주변에 가연성물질들을 제거 하였는가?	☐	☐	☐	K	압축가스용기는 카트에 고정되어 있는가?	☐	☐	☐
C	작업계획서(절차)가 작성되고, 근로자가 숙지하고 있는가?	☐	☐	☐	L	산소절단기의 밸브, 호스, 토치 등은 가스가 세는지 확인 하였는가?	☐	☐	☐
D	임시소방시설기준에 의해 소화기와 소화설비가 준비되어 있는가?	☐	☐	☐	M	용접기는 점검이 완료되었고, 자동전격방지기 등 안전설비가 완비되어 있는가?	☐	☐	☐
E	간이소화장치는 설치되어 있는가?(연면적이 3천㎡이상 이거나 지하층·무창층·4층이상 층바닥면적 600㎡이상인 작업장)	☐	☐	☐	N	용접작업은 유자격자에 의해 실시되는가?	☐	☐	☐
					O	충분한 조명이 제공되어 있는가?	☐	☐	☐
F	비상경보종치는 설치되어 있는가? (연면적이 400㎡이상이거나 지하층·무창층 바닥면적이 150㎡이상인 작업장)	☐	☐	☐	P	적절한 작업대(발판 등)가 제공되어 있는가?	☐	☐	☐
G	간이피난유도선은 설치되어 있는가? (지하층·무창층 바닥면적이 150㎡ 이상인 작업장)	☐	☐	☐	Q	환기가 불충분한 장소에서는 환기대책이 마련되어 있는가? (급기/배기 설비)	☐	☐	☐
H	화기사용장소 5m 이내 화재감시자가 배치되어 있는가?	☐	☐	☐	R	접근금지, 화기사용 안전/경고 표지가 설치되어 있는가?	☐	☐	☐
I	화기사용 불꽃이 아래로 뛸 경우 작업장소 아래에도 화기감시자가 배치되어 있는가?	☐	☐	☐	S	비상연락망이 게시되어 있는가?	☐	☐	☐

Section - IV 작업안전/환경위험분석

필요보호구	머리 ☐ 호흡기 ☐ 발 ☐ 귀 ☐ 안면부 ☐ 전신 ☐ 눈 ☐ 손 ☐ 기타 [ ]
기상환경위험	강풍 ☐ 강우 ☐ 강설 ☐ 낙뢰 ☐ 혹서 ☐ 혹한 ☐ 먼지 ☐ 습도 ☐ 기타 [ ]
작업환경조건	추락 ☐ 지반불량 ☐ 조도 ☐ 중장비인접 ☐ 개구부인접 ☐ 붕괴장소 ☐ 소음 ☐ 분진 ☐ 기타 [ ]
환경피해위험	대기오염 ☐ 소음 ☐ 진동 ☐ 폐기물발생 ☐ 독성물질유출 ☐ 토양오염 ☐ 수질오염 ☐ 기타 [ ]

Section - V 사전 안전작업 승인

관리감독자	직 위	성 명	서명(Signature)	날짜 / /
안전관리자	직 위	성 명	서명(Signature)	날짜 / /
현 장 소 장			서명(Signature)	

Section - VI 첨부자료

1. 작업계획서 2. 중량물취급계획서 3. 안전교육일지 4. 위험성평가서 5. 작업자명단 6. 비상연락망 7. 기타 [ ]

사전 안전작업 검토 [전기(활선)작업]

현장명		검토번호	
검토대상작업			
공사분류		작업공종	
작업사항		세부작업장소	

Section - I 검토 신청자

소 속	직 책	직 위	성 명	확인(Sign)	해당 작업과의 관계

Section - II 기간 및 종료

신청기간	신청일	년	월	일	시작시간	시	~	분	종료시간	시	~	분
시간연장	사 유				시작시간	시	~	0분	종료시간	시	~	분

Section - III 사전점검사항(아래 사항을 만족하지 못하는 경우 작업이 중지 될 수 있음)

		Pass	Fail	N/A			Pass	Fail	N/A
A	전기(활선)작업 위험성평가가 작성되었는가?	☐	☐	☐	K	절연된 설비/도구가 준비되었는가?	☐	☐	☐
B	작업에 영향이 있는 장비 및 시스템에 잠금과 표식을 하였는가?(L/O, T/O)	☐	☐	☐	L	안전/경고 표지가 설치되어 있는가?	☐	☐	☐
C	작업구역은 경고표시와 접근금지 시설이 설치 되어 있는가?	☐	☐	☐	M	전선은 적절히 보호되었는가?	☐	☐	☐
D	작업장소는 청결하며 습하지 않은가?	☐	☐	☐	N	접근금지 등의 조치 필요시 통제인원이 배치되었는가?	☐	☐	☐
E	유자격자가 본 작업에 포함되었는가?	☐	☐	☐					
F	산업용 소켓과 접지가 포함된 이동전선 등이 사용되었는가?	☐	☐	☐					
G	안전작업거리 확보를 위해 충전된 (energized) 설비의 전압을 확인하였는가?	☐	☐	☐					
H	적절한 소화장비가 준비되어 있는가?	☐	☐	☐					
I	소화장비 사용법은 교육되었는가?	☐	☐	☐					
J	ELCB 누전차단기가 시험되었는가?	☐	☐	☐					

공칭계통전압 상 - 상(V) Voltage Range, Phase to Phase (V)	접근제한 (m) Limited Approach Boundary	
	노출이동도체 Exposed Movable Conductor	노출고정전로 Exposed Fixed Circuit part
50V 이하 Less than 50 V	미규정	미규정
50 V - 300 V	3.05	1.07
301 V - 750 V	3.05	1.07
751 V - 15 kV	3.05	1.53
15.1 kV - 36 kV	3.05	1.83
72.6 kV - 121 kV	3.25	2.44
138 kV - 145 kV	3.36	3.05
230 kV - 242 kV	3.97	3.97

Section - IV 작업안전/환경위험분석

필요보호구	머리 ☐ 호흡기 ☐ 발 ☐ 귀 ☐ 안면부 ☐ 전신 ☐ 눈 ☐ 손 ☐ 기타 ☐ [ ]
기상환경위험	강풍 ☐ 강우 ☐ 강설 ☐ 낙뢰 ☐ 혹서 ☐ 혹한 ☐ 먼지 ☐ 습도 ☐ 기타 ☐ [ ]
작업환경조건	추락 ☐ 지반불량 ☐ 조도 ☐ 중장비인접 ☐ 개구부인접 ☐ 붕괴장소 ☐ 소음 ☐ 분진 ☐ 기타 ☐ [ ]
환경피해위험	대기오염 ☐ 소음 ☐ 진동 ☐ 폐기물발생 ☐ 독성물질유출 ☐ 토양오염 ☐ 수질오염 ☐ 기타 ☐ [ ]

Section - V 사전 안전작업 승인

관리감독자	직 위	성 명	서명(Signature)	날짜 / /
안전관리자	직 위	성 명	서명(Signature)	날짜 / /
현장소장			서명(Signature)	

Section - VI 첨부자료

1. 작업계획서 2. 중량물취급계획서 3. 안전교육일지 4. 위험성평가서 5. 작업자명단 6. 비상연락망 7. 기타 [   ]

1. 건설업 사전 안전작업검토

사전 안전작업 검토 [밀폐공간작업]

현장명				검토번호		
검토대상작업	도장	방수 및 마감작업	물탱크 외	맨홀작업 √	보양작업	기타
공 사 분 류				작 업 공 종		
작업사항				세부작업장소		

Section - I 검토 신청자

소 속	직책	직위	성 명	확인(Sign)	해당 작업과의 관계

Section - II 기간 및 종료

신청기간	신청일	년	월	일	시작시간	시 ~	분	종료시간	시 ~	분
시간연장	사 유				시작시간	시 ~	0분	종료시간	시 ~	분

Section - III 사전점검사항(아래 사항을 만족하지 못하는 경우 작업이 중지 될 수 있음)

		Pass	Fail	N/A			Pass	Fail	N/A
A	위험성평가가 작성되었는가?	☐	☐	☐	K	안전/경고 표지가 설치되어 있는가?	☐	☐	☐
B	밀폐공간의 공기질이 측정되었는가?	☐	☐	☐	L	충분한 조명이 제공되어 있는가?	☐	☐	☐
C	산소농도는 20.9%를 만족하는가? (적거나 많으면 안됨)	☐	☐	☐	M	안전/경고 표지가 설치되어 있는가?	☐	☐	☐
D	작업 중 공기질 측정을 계속할 수 있는 준비가 되었는가?(측정기 2개 이상)	☐	☐	☐	N	관리자 및 감시자가 배치되어 있는가?	☐	☐	☐
E	작업공간은 충분히 환기가 되었는가?	☐	☐	☐	O	밀폐공간 작업자는 교육을 이수한 자인가?	☐	☐	☐
F	작업 중 국소배기장치를 계속 사용할 수 있는가?	☐	☐	☐	P	비상연락망이 게시되어 있는가?	☐	☐	☐
G	밀폐공간에 공급되는 주시설은 TO/LO 잠금과 표식을 하였는가?	☐	☐	☐	Q	밀폐공간에 출입하는 명단이 작성되어 있어야 하며, 출입하는 장소에 게시할 것			
H	비상시 구출할 수 있는 설비가 준비 되어 있는가?	☐	☐	☐	R	밀폐공간 작업계획서가 작성되어 있어야 하며, 작업장에 게시할 것			
I	밀폐공간에서 사용할 화학물질이 있는가?	☐	☐	☐					
J	적절한 개인보호구가 준비되어 있는가?	☐	☐	☐					

Section - IV 작업안전/환경위험분석

필요보호구	머리 ☐	호흡기 ☐	발 ☐	귀 ☐	안면부 ☐	전신 ☐	눈 ☐	손 ☐	기타 ☐ [ ]
기상환경위험	강풍 ☐	강우 ☐	강설 ☐	낙뢰 ☐	혹서 ☐	혹한 ☐	만개 ☐	습도 ☐	기타 ☐ [ ]
작업환경조건	추락 ☐	지반불량 ☐	조도 ☐	중장비인접 ☐	개구부인접 ☐	붕괴장소 ☐	소음 ☐	분진 ☐	기타 ☐ [ ]
환경피해위험	대기오염 ☐	소음 ☐	진동 ☐	폐기물발생 ☐	독성물질유출 ☐	토양오염 ☐	수질오염 ☐	기타 ☐ [ ]	

Section - V 사전 안전작업 승인

관리감독자	직 위		성 명		서명(Signature)		날짜 / /
안전관리자	직 위		성 명		서명(Signature)		날짜 / /
현장소장					서명(Signature)		

Section - VI 첨부자료

1. 작업계획서 2. 중량물취급계획서 3. 안전교육일지 4. 위험성평가서 5. 작업자명단 6. 비상연락망 7. 기타 [   ]

2. 관련법령, 기준 및 지침

(1) 관련법령, 기준 및 지침

건설공사 안전관리업무를 수행함에 있어 기본적으로 참조해야 할 법령 및 기준 등 관련 자료의 검색방법은 아래와 같다.

법령/기준/지침	인터넷 주소
건설기술 진흥법, 시행령, 시행규칙	법제처 홈페이지(http://www.moleg.go.kr/) →'건설기술 진흥법' 검색란 입력
건설공사 안전관리 지침	국토교통부홈페이지(http://www.molit.go.kr) →정보마당→ 훈령/지침/고시 →'건설공사 안전관리 지침' 검색란 입력
국가건설기준	국가건설기준센터 (http://www.kcsc.re.kr)
시설물의 안전관리에 관한 특별법, 시행령, 시행규칙	법제처 홈페이지(http://www.moleg.go.kr/) →'시설물의 안전관리에 관한 특별법' 검색란 입력
엔지니어링산업 진흥법, 시행령, 시행규칙	법제처 홈페이지(http://www.moleg.go.kr/) →'엔지니어링산업 진흥법' 검색란 입력
산업안전보건법, 시행령, 시행규칙	법제처 홈페이지(http://www.moleg.go.kr/) → '산업안전보건법' 검색란 입력
산업안전보건기준에 관한 규칙	법제처 홈페이지(http://www.moleg.go.kr/) → '산업안전보건기준에관한규칙' 검색란 입력
기술상의 지침 및 작업환경의 표준	안전보건공단 홈페이지(http://www.kosha.or.kr) → 안전보건정보→ 산업안전보건기준/안전보건기술지침→참조할 공종별 표준작업지침 항목 선택

2. 관련법령, 기준 및 지침

▶ 관련법령, 기준 및 지침(건설공사 관련법규)

관련 법규 항목			비고
소관부처	분야	관련 법률	
행정안전부	국민안전	재난 및 안전관리 기본법	
	소방	소방기본법, 화재예방, 소방시설 설치·유지 및 안전관리에 관한 법률	
고용노동부	산업안전	산업안전보건법	
국토교통부	건설	건설기술진흥법	
		건설기계관리법	
		시설물의 안전관리에 관한 특별법	
환경부	화학물질	화학물질관리법	
산업통상자원부	가스	고압가스 안전관리법	
		액화석유가스의 안전관리 및 사업법	
		도시가스사업법	
	전기	전기사업법	
		전기공사업법	
		전력기술관리법	
	광산	광산 보안법	
	원자력	원자력 안전법	
해양수산부	항만	항만법	

06 부록

산업안전보건법

개/정/안/내

산업안전보건법 이렇게 바뀝니다!

[건설업]

고용노동부 · 산업재해예방 안전보건공단

2. 산업안전보건법 개정안내(건설업)

I. 개정 산업안전보건법 핵심사항

● **사업주 등의 책임 및 안전관리체제 강화**

법 적용 대상 확대
새로운 유형의 노무를 제공하는 자의 산업재해 예방을 위하여 **산업안전보건법 상 보호대상**을 「(종전) 근로자 → (개정) 노무를 제공하는 자」로 **확대**하였고
» **특수형태근로종사자**와 **배달앱** 등을 통한 **배달종사자** 등에 대한 안전보건조치 등 보호 규정 마련

대표이사의 의무 ('21.1.1 시행)
산재예방 강화를 위해 회사의 대표이사에게 안전 및 보건에 관한 계획을 수립하여 **이사회에 보고하고 승인** 받도록 하였으며, **수립계획의 성실한 이행의무**를 부과함
» **대상** 전년도 시공능력평가액 순위 상위 1,000위 이내의 건설회사
» **내용** ① 전년도 안전·보건활동 실적 ② 안전·보건경영방침 및 안전·보건활동 계획 ③ 안전·보건관리 체계·인원 및 역할 ④ 안전·보건에 관한 시설 및 비용

발주자 의무
총 공사금액 50억원 이상 건설공사발주자에게 **공사 계획·설계·시공** 등 **전 과정**에서 **조치 의무**를 신설
① **계획단계** : 공사규모·예산·기간 등 사업 개요, 공사 시 유해·위험요인과 감소대책 수립 설계조건 등이 포함된 **기본안전보건대장** 작성
② **설계단계** : 기본안전보건대장을 설계자에게 제공하고 설계자로 하여금 안전한 작업을 위한 적정 공사기간·금액 산출서 등이 포함된 **설계안전보건대장**을 작성하고 확인
③ **시공단계** : 최초 건설공사 수급인에게 설계안전보건대장을 제공하고, 이를 반영하여 유해·위험방지계획서의 심사·확인결과 조치내용 등이 포함된 **공사안전보건대장**을 작성하게 하고 이행여부를 확인

안전보건 조정자
각 건설공사 금액의 합이 50억원 이상인 건설공사발주자가 작업혼재로 인하여 발생 가능한 산재예방 효과 강화를 위해 **선임하는** 안전보건조정자 대상을 변경
» 「(종전) 전기공사, 정보통신공사와 그 밖의 건설공사가 같은 장소에서 행하여지는 경우 → (개정) 2개 이상의 건설공사가 같은 장소에서 행하여지는 경우」

안전 관리자
건설업의 안전관리자 선임대상 공사 규모
「(종전) 120억 → (개정) 50억 이상」 확대
» 대규모 건설현장 안전성 확보를 위해 **안전관리자 자격 강화** 및 **공사 초·말기에 투입되는 안전관리자 수 확대***
  * 공사금액별 선임해야할 안전관리자 수의 1/2이상 선임
  ** 시행시기 : 100억 이상('20.7.1), 80억 이상('21.7.1), 60억 이상 ('22.7.1), 50억 이상('23.7.1)

경기도 건설안전 가이드라인 **319**

06 부록

I. 개정 산업안전보건법 핵심사항

● 위험기계·기구 등의 안전강화

타워크레인 등 안전강화

[문제점] 타워크레인 등의 **임대업체, 설치·해체업체**는 영세소규모 사업주로 **작업자 숙련도가 낮고 안전작업 절차 미준수** 등 안전관리에 취약하여 다수의 산업재해가 발생

» **개정법** ① **타워크레인 설치·해체업 등록제 신설**을 통해 숙련도 높은 업체가 안전 수칙을 준수하며 설치·해체 작업 등을 하도록 함

② **건설공사도급인**에게 자신의 사업장에 **타워크레인, 항타기 및 항발기** 등이 설치되어 있거나 **작동**하는 경우 또는 이를 **설치·해체·조립 작업 시 필요한 안전보건조치** 의무를 신설함

지게차 안전강화

사업장에서 중량물 운반목적으로 사용하는 **지게차의 위험을 방지**하기 위해 **안전장치 설치**와 **운전자 교육이수 신설**

* [안전장치] 후진경보기·경광등 또는 후방감지기 설치 등 후방 확인 조치

** [교육이수] 사업장에서 사용하는 지게차중 건설기계관리법에 적용 받지 않는 3톤 미만 전동식 지게차 운전자는 국가기술자격법에 따른 지게차 운전기능사 자격이 있거나 지게차 소형건설기계교육기관이 실시하는 교육을 이수

고소작업대 안전강화

지게차, 리프트 등 **24종류의 기계·기구·설비 및 건축물** 등을 타인에게 대여하거나 대여받는 자가 필요한 안전 및 보건조치를 하여야 하는 **대상품목**에 **고소작업대**가 추가됨

☑ 타워크레인 작업 위험요인 체크리스트

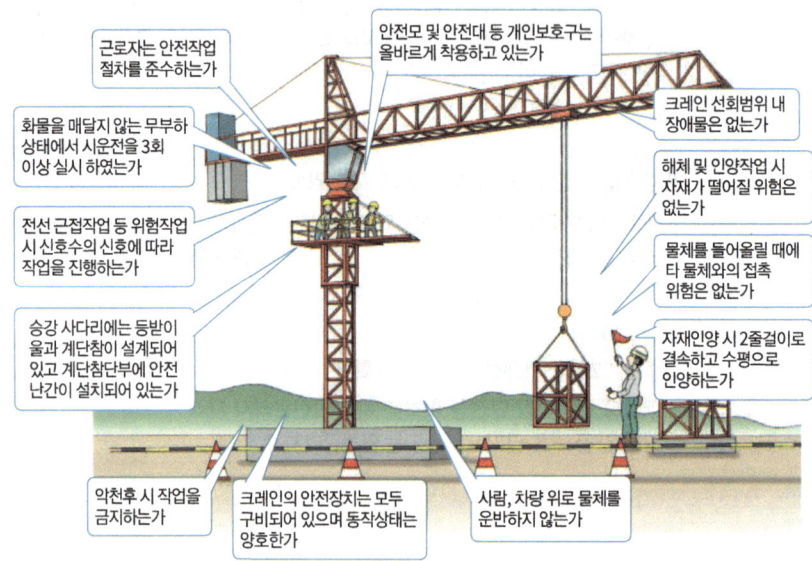

320

2. 산업안전보건법 개정안내(건설업)

I. 개정 산업안전보건법 핵심사항

● 도급 관련 개정사항

도급 관련 집행의 일관성 확보 등을 위하여 개념정의를 명확화

구분	내용
도급	명칭에 관계없이 물건의 제조·건설·수리 또는 서비스의 제공, 그 밖의 업무를 타인에게 맡기는 계약
도급인	물건의 제조·건설·수리 또는 서비스의 제공, 그 밖의 업무를 도급하는 사업주 다만, 건설공사발주자는 제외
건설공사 발주자	건설공사를 도급하는 자로서 건설공사의 시공을 주도하여 총괄·관리하지 아니하는 자
수급인	도급인으로부터 물건의 제조·건설·수리 또는 서비스의 제공, 그 밖의 업무를 도급받은 사업주
관계수급인	도급이 여러 단계에 걸쳐 체결된 경우에 각 단계별로 도급받은 사업주 전부

도급인의 안전보건조치 책임 부담 범위 확대

구분	내용
종전	도급인의 사업장 내 22개 위험장소
개정	관계수급인 근로자가 ① **도급인의 사업장 내 모든 장소**와 ② **도급인이 제공하거나 지정한 경우**로서 **도급인이 지배·관리하는 위험장소**에서 작업을 하는 경우로 도급인의 책임장소를 확대

도급인의 안전보건조치 사항 등

구분	내용
안전보건 총괄책임자 지정	관계수급인 근로자가 **도급인의 사업장**에서 작업을 하는 경우에 그 사업장의 **안전보건관리책임자**를 도급인의 근로자와 관계수급인 근로자의 산재예방 업무를 총괄 관리하는 **안전보건총괄책임자로 지정**하여야 함

* 안전보건총괄책임자를 지정한 경우 안전총괄책임자(건설기술 진흥법)를 둔 것으로 봄

 » 대상 : **총 공사금액**(관계수급인 공사금액 포함)이 **20억원 이상인 건설업**

» 업무 : 위험성평가 실시, 작업 중지 및 재개, 도급사업 시의 안전보건조치, 수급인의 산업안전보건관리비 집행 감독 등

I. 개정 산업안전보건법 핵심사항

산업재해 예방 조치
① 도급인은 관계수급인 근로자가 도급인 사업장에서 **작업 시** 자신의 근로자와 관계수급인 근로자의 산재예방을 위하여 **안전 시설 설치 등 안전보건조치**를 하여야 함
② 안전 및 보건에 관한 **협의체 구성·운영**, 작업장 **순회점검**, 안전보건**교육 장소 지원**, **경보체계 운영과 대피방법 훈련**, 위생시설 설치에 필요한 장소 제공 등에 관한 사항을 이행하여야 함
③ **도급인**은 자신과 **관계수급인***, 자신 및 해당 공정의 관계수급인 근로자 각 **1명**과 함께 **분기에 1회 이상**(건설업·선박 및 보트 건조업은 2개월 1회 이상) 작업장의 **안전보건 점검**을 하여야 함
  * 도급인과 관계수급인은 같은 사업 내에 지역을 달리하는 사업장이 있는 경우에는 그 사업장의 안전보건관리책임자로 함

정보 제공
유해·위험성 있는 화학물질을 제조·사용하는 설비의 분해·해체 등 작업, 질식·붕괴 위험 있는 작업 등을 시작하기 전 수급인에게 안전·보건 정보를 **문서로 제공**하여야 함

시정 조치
도급인은 **관계수급인 또는 관계수급인 근로자**가 **도급 받은 작업**과 관련하여 **법 또는 명령을 위반**한 경우 관계수급인에게 시정하도록 필요한 조치를 할 수 있음
» 질식·붕괴 위험 있는 작업 등 **도급 시 정보를 제공해야 하는 작업**을 도급하는 경우 **수급인 또는 수급인 근로자**가 법 또는 명령을 위반하면 수급인에게 시정하도록 필요한 조치를 할 수 있음

적격수급인 선정
산재예방 조치 능력을 갖춘 수급인을 선정하여야 함

노사협의체
공사금액 120억원 이상 건설공사의 **건설공사도급인**은 근로자위원과 사용자위원이 **동수**로 구성되는 노사협의체를 구성·운영할 수 있으며
» 이 경우 **산업안전보건위원회**와 도급인과 수급인을 구성원으로 하는 **안전 및 보건에 관한 협의체**를 각각 구성·운영한 것으로 봄

도급인의 의무이행 강화

내용
도급인이 **안전·보건조치 의무를 위반 시** 「(종전) 1년 이하의 징역 또는 1천만원 이하의 벌금 → (개정) 3년 이하의 징역 또는 3천만원 이하의 벌금」으로 처벌
» 안전·보건조치 의무 위반으로 도급인 자신의 근로자와 관계수급인 근로자가 사망한 경우 **7년 이하의 징역 또는 1억원 이하의 벌금부과** 및 5년 이내 **재범 시** 그 형의 2분의 1까지 **가중 규정**을 신설
» 유죄의 판결(선고유예 제외)을 선고하거나 약식명령을 고지하는 경우 200시간의 범위 내 산재 예방에 필요한 **수강명령 병과 규정**을 신설

2. 산업안전보건법 개정안내 (건설업)

I. 개정 산업안전보건법 핵심사항

● 특수형태근로종사자 : 건설기계 직접 운전자

특수형태 근로종사자 보호대상

개정법에서는 ① 주로 하나의 사업에 노무를 상시적으로 제공하고 보수를 받아 생활하며, ② 노무를 제공할 때 타인을 사용하지 아니하는 요건을 충족하는 **특수형태근로종사자**를 보호대상에 포함하였으며,

» 특히 **재해발생빈도가 높은 건설기계(27종)를 직접 운전하는 사람의 노무를 제공받는자**에게 **안전보건조치 및 안전보건교육** 등의 의무를 부과

산업안전보건법 적용대상 건설기계 종류

① 불도저	⑧ 모터그레이더	⑮ 콘크리트펌프	㉒ 천공기
② 굴삭기	⑨ 롤러	⑯ 아스팔트믹싱플랜트	㉓ 항타 및 항발기
③ 로더	⑩ 노상안정기	⑰ 아스팔트피니셔	㉔ 자갈채취기
④ 지게차	⑪ 콘크리트뱃칭플랜트	⑱ 아스팔트살포기	㉕ 준설선
⑤ 스크레이퍼	⑫ 콘크리트피니셔	⑲ 골재살포기	㉖ 특수건설기계
⑥ 덤프트럭	⑬ 콘크리트 살포기	⑳ 쇄석기	㉗ 타워크레인
⑦ 기중기	⑭ 콘크리트믹서트럭	㉑ 공기압축기	

안전보건조치

[공통사항]

구분	내 용
○ 기상상태	• 악천후 및 강풍 등 기상상태 불안정으로 인하여 근로자가 위험할 우려가 있는 경우 작업 중지 • 순간풍속 10m/s 초과 → 타워크레인의 설치·해체 또는 수리·점검 중지 • 순간풍속 15m/s 초과 → 타워크레인의 운전작업 중지
○ 작업계획서	• 사전조사 결과를 고려한 작업계획서 작성 및 그에 따른 작업 이행 • 작업지휘자를 지정하여 작업계획서에 따라 작업 지시
○ 운전·탑승	• 하중을 건 상태 또는 화물 적재 상태에서 운전위치 이탈금지, 갑작스러운 주행·이탈을 방지하기 위한 조치 및 시동키를 운전대에서 분리 등 • 크레인에 전용 탑승설비를 설치하고 추락 위험방지 조치 시 근로자 탑승 가능 (단, 이동식 크레인의 경우 탑승 제한) • 차량계 건설기계 및 차량계 하역운반기계를 사용하여 작업 시 승차석 외 위치에 근로자 탑승 금지
○ 사용제한	• 차량계 건설기계 및 차량계 하역운반기계는 그 기계의 주된 용도로만 사용 • 크레인, 이동식 크레인 등 양중기의 적재하중 내 사용
○ 방지조치 등	• 차량계 하역운반기계 등을 사용하는 작업 시 기계가 넘어지거나 굴러떨어짐으로써 근로자에게 위험을 미칠 우려가 있는 경우 기계유도자 배치 및 갓길 붕괴 방지 등을 위한 조치를 하여야 함 • 차량계 하역운반기계등을 사용하여 작업 시 하역운반 중인 화물이나 그 기계 등에 접촉되어 근로자가 위험해질 우려가 있는 장소에 근로자 출입제한(단, 작업지휘자 또는 유도자 배치 시 출입가능) • 굴착작업을 하는 경우 미리 운반기계, 굴착기계 등의 운행경로 및 토석 적재장소 출입방법을 근로자에게 주지

I. 개정 산업안전보건법 핵심사항

[양중기] **타워크레인, 이동식크레인** 등 동력을 사용하여 중량물을 매달아 상하좌우로 운반하는 설비인 **양중기**에 대한 다음의 안전조치 필요

구분	내 용
○ 정격하중 표시	• 운전자 또는 작업자가 보기 쉬운 곳에 정격하중, 운전속도, 경고표시 등 부착
○ 방호장치 조정	• 과부하방지장치, 권과방지장치, 비상정지장치, 제동장치 등 작업 전 작동상태 확인
○ 크레인 사용	• 훅걸이용 와이어로프 등이 훅으로부터 벗겨지는 것을 방지하기 위한 해지장치를 구비한 크레인을 사용하여야 하며, 크레인을 사용하여 짐 운반 시 해지장치 사용 • 지브 크레인을 사용하여 작업 시 지브 경사각의 범위에서 사용
○ 크레인 작업 시 안전조치	• 인양할 하물을 바닥에서 끌어당기거나 밀어내는 작업 금지 • 위험물 용기는 보관함에 담아 안전하게 운반 • 고정된 물체를 직접 분리·제거하는 작업 금지 • 작업반경 내 근로자의 출입 통제 • 인양할 하물이 보이지 아니하는 경우에는 작동 금지(단, 신호수에 의하여 작업하는 경우 제외)

[차량계 하역운반기계] **지게차** 등 동력원을 사용하여 특정되지 아니한 장소로 스스로 이동할 수 있는 하역운반용 기계인 **차량계 하역운반기계**에 대한 다음의 안전조치 필요

구분	내 용
○ 화물 적재 시 조치	• 한쪽으로 치우지지 않도록 적재하고 적재 시 운전자의 시야를 확보
○ 좌석 안전띠	• 지게차를 운전하는 근로자에게 좌석 안전띠를 착용하도록 지시

[차량계 건설기계] **굴삭기, 덤프트럭, 불도저** 등 동력원을 사용하여 특정되지 아니한 장소로 스스로 이동할 수 있는 건설기계인 **차량계 건설기계**에 대한 다음의 안전조치 필요

구분	내 용
○ 안전 장비	• 전조등 구비 • 암석이 떨어질 우려가 있는 등 위험 장소에서는 견고한 헤드가드 구비
○ 좌석 안전띠	• 지게차를 운전하는 근로자에게 좌석 안전띠를 착용하도록 지시

[항타기 및 항발기] 기초공사용 말뚝 등을 박거나 뽑는 **항타기 및 항발기**에 대한 다음의 안전조치 필요

구분	내 용
○ 무너짐 방지	• 항타기 또는 항발기를 연약한 지반에 설치하는 경우 깔판, 깔목 등을 사용 • 시설 또는 가설물 등에 설치하는 경우 내력을 확인하고 필요 시 보강 • 각부나 가대가 미끄러질 우려가 있는 경우 말뚝 또는 쐐기 등을 사용하여 고정 • 버팀대, 버팀줄, 평형추로 안정시키는 경우 각각에 대한 안전조치 실시
○ 사용 시 조치	• 권상용 와이어로프가 꼬인 경우 하중을 걸어서는 안 됨 • 항타기 또는 항발기의 권상장치에 하중을 건 상태로 정지하여 두는 경우 장비를 사용하여 제동하는 등 확실하게 정지

2. 산업안전보건법 개정안내(건설업)

I. 개정 산업안전보건법 핵심사항

안전보건교육

교육과정	교육시간
가. **최초 노무제공 시 교육**	**2시간 이상**(단기간 작업 또는 간헐적 작업에 노무를 제공하는 경우에는 1시간 이상 실시하고, 특별교육을 실시한 경우는 면제)
나. **특별교육**	**16시간 이상**(최초 작업에 종사하기 전 4시간 이상 실시하고 12시간은 3개월 이내에서 분할하여 실시가능)
	단기간 작업 또는 간헐적 작업인 경우에는 2시간 이상

교육내용
산업안전 및 사고 예방, 사고 발생 시 긴급조치 사항, 작업 개시 전 점검 등

강사자격
• 자체교육 시 안전보건관리책임자, 관리감독자 등이 교육 가능 • 교육은 안전보건교육기관에 위탁 가능

벌칙 특수형태근로종사자로부터 노무를 제공받는 자가 안전보건조치 위반 시 **1,000만원 이하 과태료** 부과, 안전보건교육 의무 위반 시 **500만원 이하 과태료** 부과

건설기계 사고예방을 위한 10계명

핵심포인트

- 반드시 신호수 배치 및 안전장치 작동여부 확인
- 안전장치 해제 사용 및 구조 임의변경 금지

사용 시 확인사항

① 운전자 자격 유무
② 작업 전 안전점검 실시 유무
③ 안전작업계획서 작성 유무
④ 작업지휘자(또는 유도자) 배치 유무
⑤ 장비 정보수집 유무 (수리, 보수, 점검, 부품교체 등)
⑥ 안전검사 실시 유무
⑦ 장비 사용장소의 지반 상태
⑧ 줄걸이 용구의 외관 손상 유무
⑨ 운전자 및 장비작업 관련 근로자 안전교육 실시 유무
⑩ 붐, 작업대 연결부재 등 주요 구조부 이상 유무

고위험 건설기계 안전장치 확인

▶ [**굴삭기**] 후신경보장치, 후방카메라, 버킷 이탈빙지장치
▶ [**트럭류**] 후진경보장치, 후방카메라, 안전블록 또는 안전지주
▶ [**크레인**] 권과방지장치, 과부하방지장치, 비상정지장치, 훅 해지장치
　※ 카고크레인의 작업대 부착 사용금지
▶ [**고소작업차**] 아웃트리거, 작업대(탑승함) 등 자동안전장치
　※ 작업대 탑승작업 시 안전대 사용
▶ [**지게차**] 후방확인장치, 좌석안전띠 착용

II. 그 외 산업안전보건법 개정사항

◯ 작업중지의 요건과 범위 명확화

» 중대재해가 발생한 **해당 작업 및 동일 작업으로 인하여** 산업재해가 재발할 급박한 위험이 있는 경우에 **그 작업의 중지**(일부 중지)를 명할 수 있고

» 화재·폭발 등으로 인하여 중대재해가 발생하여 **주변 확산 우려**가 있을 경우에 한하여 **해당 사업장의 작업을 중지**(전부 중지)할 수 있도록 함

» 한편 **작업중지 해제** 시에는 중대재해 발생 해당작업 **근로자 의견을 청취**하고, 해제 심의위원회는 **해제요청일 다음 날부터 4일 이내**(토요일·공휴일 포함)에 개최·심의 하도록 함

◯ 위험성평가 관련 근로자 참여 의무화

사업주는 **건설물, 기계·기구·설비 등의 유해·위험요인을 찾아내어** 부상 및 질병으로 이어질 수 있는 **위험성 크기**가 허용 가능 범위인지 **평가**하고 **필요한 조치**를 하여야 함

» 법률상 유해·위험요인을 파악하거나 감소대책을 수립하는 경우 근로자 참여사항이 의무화되어 **반드시 근로자가 참여**하여야 함

◯ 화재감시자 배치 확대

종전에는 대규모 공사현장 등에서 용접·용단 작업 시 화재감시자를 배치하도록 함

» 개정법령에서는 **불꽃의 비산 거리(11m) 이내·외 가연성 물질, 열전도나 열복사에 의해 발화될 우려가 있는 장소** 등으로 **화재감시자 배치를 확대**하여 화재·폭발 사고 예방을 강화하였고

» 사업주에게 작업시작 전 화재예방에 필요한 사항 확인 및 안전조치 이행 의무를 부과하고, 작업이 종료될 때까지 작업내용·일시, 안전점검 및 조치 사항 등을 서면 게시하도록 함

* 다만, 동일한 장소에서 상시·반복적 화재위험작업 수행 시 사업주의 작업승인을 생략할 수 있음

◯ 작업환경 측정 및 특수건강진단

작업 중 근로자에게 노출될 경우 건강장해를 일으킬 가능성이 있어 **주기적인 측정· 검진이 필요한 유해인자**에 2종(**인듐, 1,2-디클로로프로판**)을 추가 지정하였음

◯ 사업주의 안전보건조치 의무이행 강화

그간 사업주가 **안전보건조치 의무를 불이행하여 근로자를 사망에 이르게 한 경우** 7년 이하의 징역 또는 1억원 이하의 벌금을 부과토록 함

» 개정법에서는 산업재해 예방 효과 강화를 위해 형을 선고받고 형이 확정된 후 **5년 이내에 동일한 죄를 범한 경우 그 형의 2분의 1까지** 가중토록 하였으며

» 유죄판결(선고유예 제외)을 받을 경우 200시간 범위 내에서 **수강명령**을 병과할 수 있도록 하고 있고

» **법인**에게 10억원 이하의 **벌금형**을 부과하도록 함

2. 산업안전보건법 개정안내(건설업)

III. 건설공사 시 지켜주세요!

산재발생 시 조치

상황	조치
산재로 사망자, 부상자, 질병자 발생	산재 발생 1개월 이내에 산업재해조사표를 작성하여 관할 지방고용노동관서장에게 제출
중대재해 발생 사실을 인지	발생 개요 및 피해 상황, 조치 및 전망 등을 관할 지방고용노동관서장에게 지체 없이 보고
산재 발생	사업장 개요, 근로자 인적사항, 재해발생 일시 및 장소, 원인 및 과정 등을 기록·보존*

* 단, 산업재해조사표 사본 보존 또는 요양신청서의 사본에 재해 재발방지 계획을 첨부하여 보존한 경우 대체 가능

산업안전보건관리비 계상 건설공사발주자가 도급계약을 체결하거나 건설공사도급인이 건설공사 사업계획 수립 시 산업안전보건관리비를 계상하여야 함

유해위험방지계획서 높이 31m이상 건축물, 터널 건설 등의 공사, 깊이 10m이상 굴착공사 등의 건설공사를 착공하려는 사업주는 일정자격을 갖춘 자의 의견을 들어 유해·위험방지계획서를 작성하여야 함

재해예방지도 공사금액 1억원 이상 120억원(토목공사업은 150억원) 미만의 건설공사 도급인은 건설재해예방전문지도기관으로부터 월 2회의 지도를 받아야 함

안전보건관리체제

구분	선임 기준	역할
안전보건관리책임자	• 공사금액 20억 이상	해당 사업을 실질적으로 총괄·관리하는 자는 안전보건관리 업무를 총괄하여 관리하여야 함
관리감독자	• 상시근로자 5명 이상	사업장 내 부서단위에서의 산재예방활동 촉진을 위해 사업장의 생산 관련 업무와 그 소속 직원을 직접 지휘·감독하는 직위에 있는 자는 기계·기구·설비의 안전보건 점검 등 관련 업무 수행하여야 함
안전관리자	• 공사금액 50억원 이상 사업장(하청업체의 경우 공사금액 100억원 이상)인 경우 1명 이상 선임 • 공사금액별 안전관리자 수*를 달리하고, 1,500억원 이상 건설현장의 경우 1명 이상의 산업안전지도사 등을 선임 * 공사금액 700~3,000억원 증가될때마다 1명씩 추가 • 전체 공사기간 100 중 전·후 15에 해당하는 기간은 선임해야되는 안전관리사 수의 1/2 이상 선임	안전에 관한 기술적인 사항에 관하여 사업주 또는 안전보건관리책임자를 보좌하고 관리감독자에게 지도·조언하는 업무를 수행하여야 함
보건관리자	• 공사금액 800억 이상(토목공사업은 1,000억 이상) 또는 상시근로자 600명 이상인 경우 1명 이상 • 공사금액 800억(토목공사업은 1,000억)을 기준으로 1,400억 증가할 때마다 또는 상시근로자 600명을 기준으로 600명이 추가될 때마다 1명씩 추가	보건에 관한 기술적인 사항에 관하여 사업주 또는 안전보건관리책임자를 보좌하고 관리감독자에게 지도·조언하는 업무 수행하여야 함
산업안전보건위원회*	공사금액 120억 이상(토목공사업은 150억 이상)	근로자위원과 사용자위원 동수로 구성하여 사업장의 안전보건에 관한 중요 사항을 심의의결

* 공사금액 120억원 이상 건설공사의 건설공사도급인이 근로자위원과 사용자위원이 동수로 구성되는 노사협의체를 구성 시 산업안전보건위원회를 구성한 것으로 봄

Ⅲ. 건설공사 시 지켜주세요!

추락재해 예방조치
근로자 **추락 위험장소**에서 작업을 할 때 발생할 수 있는 산업재해를 예방하기 위하여 필요한 조치를 하여야 함

» 비계를 조립하는 등의 방법으로 **작업발판 및 안전난간, 울타리, 수직형 추락방망** 또는 **덮개** 등을 설치

※ 위 사항의 설치가 곤란한 경우 추락방호망을 설치하거나 근로자에게 안전대를 착용하게 하는 등 추락위험을 방지하기 위한 조치 실시

안전인증
사업장에서 유해·위험한 기계·기구·설비 및 방호장치, 보호구 구입 시에는 사전에 안전성이 확보된 **안전인증(30품목)** 및 **자율안전확인신고(20품목)** 제품을 구입·사용 하여야 함

안전검사
사업장에서 **프레스, 크레인 등 유해·위험한 기계·기구**를 사용하는 **사업주와 소유주**는 **정기적으로 안전검사**를 받아야 하며, 안전검사를 받지 않았거나 불합격한 유해· 위험한 기계·기구 **사용 금지**

안전보건 교육
사업주는 **건설 일용근로자를 채용**할 때 근로자로 하여금 **기초안전보건교육**을 이수 토록 하여야 함

※ 참고) 법 제29조에 따른 사업주의 근로자에 대한 안전보건교육(공통)

교육과정	교육대상		교육시간
정기교육	사무직 종사 근로자		매분기 3시간 이상
	사무직 종사 근로자 외의 근로자	판매업무에 직접 종사하는 근로자	매분기 3시간 이상
		판매업무에 직접 종사하는 근로자 외의 근로자	매분기 6시간 이상
	관리감독자의 지위에 있는 사람		연간 16시간 이상
채용 시 교육	일용근로자		1시간 이상
	일용근로자를 제외한 근로자		8시간 이상
작업내용 변경 시 교육	일용근로자		1시간 이상
	일용근로자를 제외한 근로자		2시간 이상
특별교육	일용근로자		2시간 이상
	타워크레인 신호작업 종사 일용근로자		8시간 이상
	일용근로자를 제외한 근로자		16시간 이상* - 단기간 작업 또는 간헐적 작업인 경우 2시간 이상

* 최초 작업 종사 전 4시간 이상 실시, 12시간은 3개월 이내 분할 실시 가능

작업환경 측정 및 특수 건강진단
유해인자로부터 근로자의 건강을 보호하고 쾌적한 작업환경을 조성하기 위하여 **주기적으로 작업환경측정 및 건강진단을 실시**

2. 산업안전보건법 개정안내(건설업)

고용노동부 연락처

구분	연락처	구분	연락처
고용노동부 본부	1350	의정부지청	031-850-7640
서울지방고용노동청	02-2250-5772	고양지청	031-931-2864
서울강남지청	02-584-0009	경기지청	031-259-0265
서울동부지청	02-2142-8872	성남지청	031-788-1571
서울서부지청	02-2077-6171	안양지청	031-463-7351
서울남부지청	02-2639-2271	안산지청	031-412-1974
서울북부지청	02-950-9831	평택지청	031-646-1182
서울관악지청	02-3282-9092	강원지청	033-269-3581
부산지방고용노동청	051-850-6480	강릉지청	033-650-2525
부산동부지청	051-559-6670	원주지청	033-769-0823
부산북부지청	051-309-1552	태백지청	033-552-8603
창원지청	055-239-6580	영월출장소	033-371-6240
울산지청	052-228-1889	광주지방고용노동청	062-975-6331
양산지청	055-370-0935	전주지청	063-240-3399
진주지청	055-752-1752	익산지청	063-839-0031
통영지청	055-650-1949	군산지청	063-450-0530
대구지방고용노동청	053-667-6360	목포지청	061-280-0100
대구서부지청	053-605-9150	여수지청	061-650-0137
포항지청	054-271-6833	광주지방고용노동청 제주근로개선지도센터	064-728-6100
구미지청	054-450-3550	대전지방고용노동청	042-480-6307
영주지청	054-639-1155	청주지청	043-299-1314
안동지청	054-851-8037	천안지청	041-560-2874
중부지방고용노동청	032-460-4419	충주지청	043-840-4032
인천북부지청	032-540-7980	보령지청	041-930-6142
부천지청	032-714-8788	서산출장소	041-661-5630

※ 안전보건공단 콜센터 : 1644-4544

2019-교육홍보-1520

신종 코로나바이러스감염증 예방주의 안내

최근 **중국 후베이성 등 여러나라**에서 신종 코로나바이러스감염증 환자가 다수 발생함에 따라 감염병 예방을 위하여 안내 드립니다.

주요증상
- 발열(37.5℃ 이상), 호흡기 증상(기침, 인후통 등)

위험요인
- 14일 이내 **중국 후베이성 등 방문·체류**, 기타 나라 확진자와 밀접 접촉

호흡기 증상자 위생수칙
- 마스크착용, 기침 시 옷소매로 입과 코 가리기, 손 씻기 준수

귀가 후 주의사항
- 위험요인 노출 후 14일 이내 발열, 호흡기증상(기침 등) 발생 시 질병관리본부 콜센터(☎ 1339)와 상담, 선별진료소에서 진료받기
- 호흡기 증상이 있을 경우 마스크 착용(외출 시 또는 의료기관 방문 시 반드시 착용) 및 흐르는 물에 30초 이상 손 씻기
- 의료기관 방문 시 해외 여행력(**중국 후베이성 등 방문·체류** 및 위험요인)을 의료진에게 알리기

   ※ 카카오톡 플러스친구 'KCDC질병관리본부'로 24시간 상담가능

> ※ 「감염병의 예방 및 관리에 관한 법률」제76조의2제5항에 의거 귀하의 해외여행 이력은 의료기관에 전달되어 진료 시 참고가 되고 있습니다. 관련 정보는 감염병 예방의 목적으로만 활용되면 잠복기(14일) 경과 후 즉시 파기됩니다.

3. 감염증 예방수칙 안내

감염병 예방을 위한 5대 국민행동 수칙 (질병관리본부 KCDC, 1339)

01. 비누로 30초이상 꼼꼼하게 손씻기

02. 기침할 땐 옷소매로

03. 안전한 물과 익힌 음식 먹기

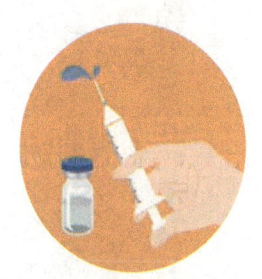
04. 예방접종 받기

05. 해외여행 전 현지 감염병 확인하기

3. 감염증 예방수칙 안내

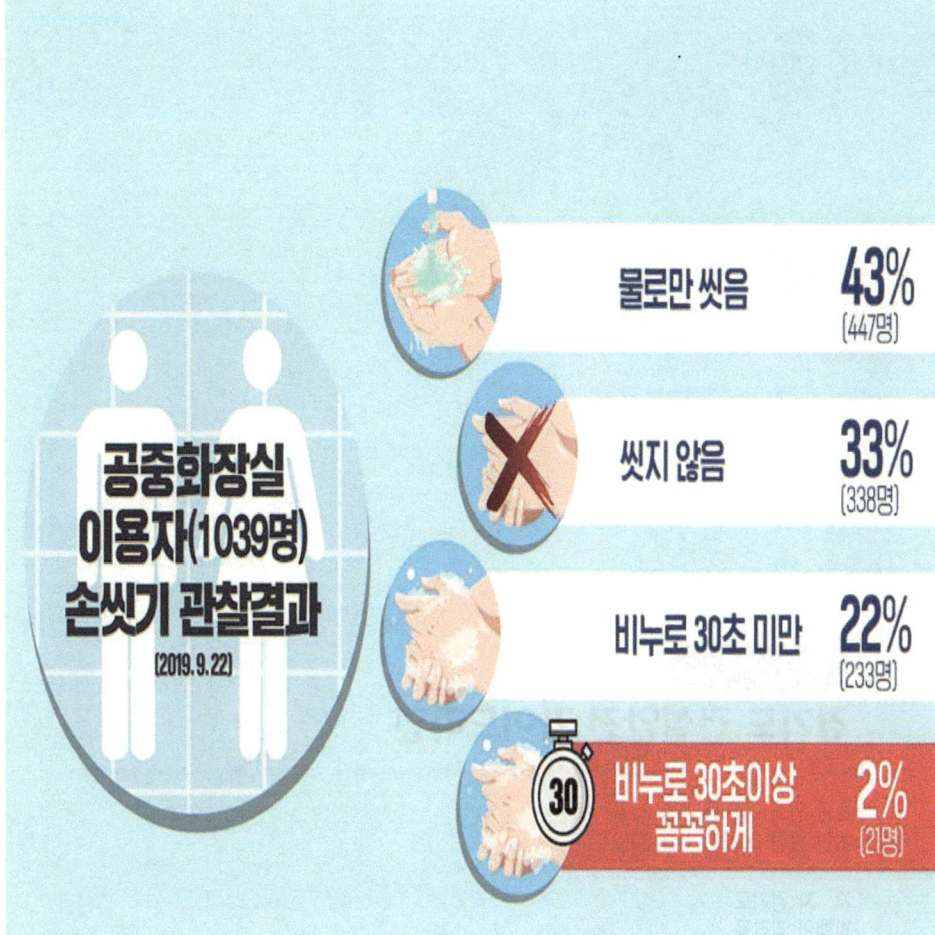

우리는 공중화장실을 이용 후
3명 중 1명은 손을 안 씻었으며,
물로만 씻는 확률이 높았습니다.

■ **기술검토** 이재창, 이상국, 김종복, 김영철, 김 민, 장형창, 김민수, 김지윤, 강동균, 김원호,
　　　　　　서보경, 김상구, 안승호, 곽선국, 배광한, 김준석, 조원목, 최재수, 박재호, 조관희

표준안전관리 기준

경기도 건설안전 가이드라인

초판 인쇄 2022년 11월 25일
초판 발행 2022년 11월 30일

저　자 경기도
발행인 김갑용

발행처 진한엠앤비
주소 서울시 서대문구 독립문로 14길 66 205호(냉천동 260)
전화 02) 364 - 8491(대) / 팩스 02) 319 - 3537
홈페이지주소 http://www.jinhanbook.co.kr
등록번호 제25100-2016-000019호 (등록일자 : 1993년 05월 25일)
ⓒ2022 jinhan M&B INC, Printed in Korea

ISBN 979-11-290-3287-4 (93350)　　　[정가 34,000원]

☞ 이 책에 담긴 내용의 무단 전재 및 복제 행위를 금합니다.
☞ 잘못 만들어진 책자는 구입처에서 교환해 드립니다.
☞ 본 도서는 [공공데이터 제공 및 이용 활성화에 관한 법률]을 근거로 출판되었습니다.